完全掌握

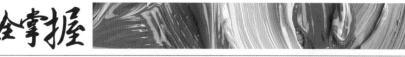

Illustrator CC

超级手册

王红卫 等编著

U0252856

机械工业出版社
China Machine Press

图书在版编目（CIP）数据

完全掌握Illustrator CC超级手册 / 王红卫等编著. —北京：机械工业出版社，2014.10

ISBN 978-7-111-48079-2

Ⅰ.①完… Ⅱ.①王… Ⅲ.①图形软件 Ⅳ.①TP391.41

中国版本图书馆CIP数据核字（2014）第222603号

　　本书以理论知识与实例操作相结合的形式，图文并茂地介绍了Adobe公司最新发布的图像处理软件Illustrator CC的功能和特性。全书以命令讲解为主线，在讲解命令的同时穿插了大量具有代表性和说明性的典型实例。书中首先讲解了Illustrator CC绘图大师的基本内容、文档视图和参考功能的设置、基本图形的绘制、图形的选择与编辑、颜色控制及图形填充；然后讲解了Illustrator CC的高级功能应用，包括修剪与图形管理、艺术工具的使用、格式化文字处理、图表的应用及效果应用技巧；最后通过进阶实例和商业案例的讲解，使读者在掌握软件应用的同时培养了设计理念，在介绍案例设计时，深入剖析了利用Illustrator CC进行各种创意设计的方法和技巧，使读者尽可能多地掌握设计中的关键技术与设计思想。

　　本书的配套光盘中，不但提供了全书所有案例的调用素材和源文件，还提供了所有案例的交互式多媒体语音教学文件，使读者身在家中就能感受到自由教学的乐趣，跟随光盘的多媒体讲解轻松学到本书的实例精华内容。

　　本书适合学习Illustrator的初级用户，以及从事平面广告设计、产品包装造型、印刷制版、工业设计、CIS企业形象策划等工作的人员和电脑美术爱好者阅读，也可作为社会培训学校、大中专院校相关专业的教学参考书或上机实践指导用书。

完全掌握Illustrator CC超级手册

出版发行：机械工业出版社（北京市西城区百万庄大街22号　邮政编码：100037）

责任编辑：夏非彼　迟振春

印　　刷：中国电影出版社印刷厂　　　　　　　版　　次：2015年1月第1版第1次印刷

开　　本：188mm×260mm　1/16　　　　　　印　　张：22.5

书　　号：ISBN 978-7-111-48079-2　　　　　　定　　价：79.00元（附光盘）
　　　　　　ISBN 978-7-89405-541-5（光盘）

凡购本书，如有缺页、倒页、脱页，由本社发行部调换

客服热线：（010）68995261　88361066　　　　投稿热线：（010）82728184　88379604

购书热线：（010）68326294　88379649　68995259　　读者信箱：hzjg@hzbook.com

本书内容

Adobe公司推出的Illustrator CC软件集矢量图形绘制、文字处理、图形高质量输入于一体。自推出之日起深受广大平面设计人员的青睐。Adobe Illustrator已经成为出版、多媒体和在线图像的开放性工业标准插画软件。无论您是一个新手还是平面设计专家，Adobe Illustrator都能提供所需的工具，帮助您获得专业的图像质量。

本书特色

1. 一线作者团队。本书由理工大学电脑部高级讲师为入门级用户量身定制，以深入浅出、语言平实的教学风格，将Illustrator 化繁为简，浓缩精华彻底掌握。

2. 超完备的基础功能及案例详解。17章超全内容，包括10章基础内容，7章专业设计案例进阶，将Illustrator CC全盘解析，从基础到案例，从入门到入行，从新手到高手。

3. 全新的写作模式。作者根据多年的教学经验，将Illustrator学习过程中常见的问题及解决方法以提示和技巧的形式展示出来，让读者轻松掌握核心技法。

4. 方便的快捷键及速查索引。在本书的附录部分，详细列出了Illustrator CC默认键盘快捷键，方便读者快速掌握制图方法；根据本书的视频讲座内容，按不同类型进行分类，制作出便于查阅的索引，以满足不同读者的工作和学习需要。

5. DVD超大容量高清语音教学。本书附带1张高清语音多媒体教学DVD，840分钟超长教学时间，4GB超大容量，75堂多媒体教学内容，真正做到多媒体教学与图书互动，使读者从零起飞，快速跨入高手行列。

本书版面说明

为了方便读者快速阅读进而掌握本书内容，使读者了解本书的特色，以达到轻松自学的目的，本书设计了"视频讲座"、"提示"、"技巧"等特色专题。

本书附录快捷键说明

为方便读者快速进入高手行列，在本书的附录部分为读者安排了针对Windows及Mac OS系统的快捷键列表，并将快捷键进行了不同的分类，方便读者查阅，进而学到快捷的操作方法。

创作团队

本书主要由王红卫编写，魏国良、孙付强、张亚兰、李志成、秦兴娟、连江山、宁慧敏、夏运华、夏卫东、王巧伶、尹金曼、杨晶、杨广于、夏红军、陈留栓、吕保成、蒋世莲、刘士刚、王香、刘鑫、孙付强、陈省、蔡桢桢、王翠花、夏雪飞、潘海峰等也参与了本书的编写工作。由于时间仓促，错误在所难免，希望广大读者批评指正。如果您在学习过程中发现问题或有更好的建议，欢迎发邮件到smbook@163.com与我们联系。

编 者
2014年7月

目　录

目　录

目　录

第1章 认识 Illustrator CC 绘图大师

〔**内容摘要**〕

　　Adobe公司出品的Illustrator绘图大师软件是集出版、多媒体和图形图像工业标准的插画绘图软件。Illustrator CC是Illustrator的最新版本。

　　本章主要讲解Illustrator的基本图形概念，如：图形的类型、分辨率等，介绍Illustrator的工作环境、菜单项和各个面板的使用控制，文件的新建、存储及打开，图形的置入输出等。

　　通过本章的学习，使读者能够快速掌握文件的基本操作，认识Illustrator CC的工作界面，为以后的学习打下坚实的基础。

〔**教学目标**〕

- 了解Illustrator CC的基本概念
- 认识Illustrator CC的操作界面
- 掌握各个面板的使用方法
- 掌握文件的基本操作

1.1 Illustrator CC的基本概念

1.1.1 位图和矢量图

　　平面设计软件制作的图像类型大致分为两种：矢量图与位图。Illustrator CC虽然可以置入多种文件类型，包括矢量图。不过Illustrator CC在处理矢量图方面的能力是其他软件不能及的。下面对这两种图像进行逐一介绍。

① 位图图像

- 位图图像的优点：位图能够制作出色彩和色调变化丰富的图像，可以逼真地表现自然界的景象，同时也可以很容易地在不同软件之间交换文件。
- 位图图像的缺点：它无法制作真正的3D图像，并且图像缩放和旋转时会产生失真的现象，同时文件较大，对内存和硬盘空间容量的需求也较高，用数码相机和扫描仪获取的图像都属于位图。

　　如图1.1和图1.2所示为位图及其放大后的效果图。

图1.1 位图放大前　　　图1.2 位图放大后

② 矢量图像

- 矢量图像的优点：矢量图像也可以说是向量式图像，用数学的矢量方式来记录图像内容，以线条和色块为主。例如一条线段的数据只需要记录两个端点的坐标、线段的粗细和色彩等，因此它的文件所占的容量较小，也可以很容易地进行放大、缩小或旋转等操作，并且不会失真，精确度较高并可以制作3D图像。

- 矢量图像的缺点：不易制作色调丰富或色彩变化太多的图像，而且绘制出来的图形不是很逼真，无法像照片一样精确地描写自然界的景象，同时也不易在不同的软件间交换文件。

如图1.3和图1.4所示为一个矢量图放大前后的效果图。

图1.3 矢量图放大前　　图1.4 矢量图放大后

提示 ❓

因为计算机的显示器是通过网格上的"点"显示来成像的，因此矢量图形和位图在屏幕上都是以像素显示的。

1.1.2 分辨率

分辨率就是指在单位长度内含有的点（即像素）的多少。需要注意的是分辨率并不单指图像的分辨率，它有很多种，可以分为以下几种类型：

① 图像的分辨率

图像的分辨率：就是每英寸图像含有多少个点或者像素，分辨率的单位为dpi，例如72dpi就表示该图像每英寸含有72个点或者像素。

在Illustrator CC中也可以用厘米为单位来计算分辨率，不同的单位计算出来的分辨率是不同的，一般情况下，图像分辨率的大小以英寸为单位。

在数字化图像中，分辨率的大小直接影响图像的质量，分辨率越高，图像就越清晰，所产生的文件就越大，在工作中所需的内存和CPU处理时间就越长。所以在创作图像时，不同用途的图像就需要设定适当的分辨率，例如要打印输出的图像分辨率就需要高一些，若仅在屏幕上显示使用就可以低一些。

② 设备分辨率

设备分辨率：是指每单位输出长度所代表的点数和像素。它和图像分辨率的不同之处在于图像分辨率可以更改，而设备分辨率则不可更改。比如显示器、扫描仪和数码相机这些硬件设备，各自都有一个固定的分辨率。

设备分辨率的单位是ppi，即每英寸上所含的像素数。图像的分辨率越高，图像上每英寸包含的像素点就越多，图像就越细腻，颜色过渡就越平滑。例如：72 ppi分辨率的1×1平方英寸的图像总共包含（72像素宽×72像素高）5184个像素。如果用较低的分辨率扫描或创建的图像，只能单纯地扩大图像的分辨率，不会提高图像的品质。

显示器、打印机、扫描仪等硬件设备的分辨率，用每英寸上可产生的点数dpi来表示。显示器的分辨率就是显示器上每单位长度显示的像素或点的数目，以点/英寸（dpi）为度量单位。打印机分辨率是激光照排机或打印机每英寸产生的油墨点数（dpi）。打印机的dpi是指每平方英寸上所印刷的网点数。网频是打印灰度图像或分色时，每英寸打印机点数或半调单元数。网频也称网线，即在半调网屏中每英寸的单元线数，单位是线/英寸（lpi）。

1.2 / Illustrator CC 操作界面

1.2.1 启动Adobe Illustrator CC

成功安装了Illustrator CC后，在操作系统的程序菜单中会自动生成Illustrator CC的子程序。在屏幕的底部单击"开始"|"所有程序"|"Adobe Illustrator CC"命令，就可以启动Adobe Illustrator CC，程序的启动画面，如图1.5所示。

Illustrator CC的工作界面由标题栏、菜单栏、控制栏、工具箱、控制面板、草稿区、绘图区、状态栏等组成，它是进行创建、编辑、处理图形、图像的操作平台，如图1.6所示。

图1.5 启动Illustrator CC界面

图1.6 Illustrator CC 工作界面

1.2.2 标题栏

Illustrator CC的标题栏位于工作区的顶部，颜色呈灰色，主要显示软件图标Ai和软件名称，如图1.7所示。如果当前编辑的文档处于最大化显示时，在软件名称后右侧，还将显示当前图像文件的名称、缩放比例及颜色模式等信息。其右侧的3个按钮，主要用来控制界面的大小和关闭。

图1.7 标题栏

- 最小化 <kbd>—</kbd> 按钮：单击此按钮，可以使Illustrator CC窗口处于最小化状态，此时只在Windows的任务栏中显示由该软件图标、软件名称等组成的按钮，单击该按钮，又可以使Illustrator CC窗口还原为刚才的显示状态。
- 最大化 <kbd>□</kbd> 按钮：单击此按钮，可以使Illustrator CC窗口最大化显示，此时最大化 <kbd>□</kbd> 按钮变为还原 <kbd>▣</kbd> 按钮；单击还原 <kbd>▣</kbd> 按钮，可以使最大化显示的窗口还原为原状态，还原 <kbd>▣</kbd> 按钮再次变为最大化 <kbd>□</kbd> 按钮。
- 关闭 <kbd>✕</kbd> 按钮：单击此按钮，可以关闭Illustrator CC软件，退出该应用程序。

技巧 ❗

当Illustrator CC窗口处于最大化状态时，在标题栏范围内按住鼠标拖动，可在屏幕中任意移动窗口的位置。在标题栏中双击鼠标可以使Illustrator CC窗口在最大化与还原状态之间切换。

1.2.3 菜单栏

菜单栏位于Illustrator CC工作界面的上部，如图1.8所示。菜单栏通过各个命令菜单提供对Illustrator CC的绝大多数操作以及窗口的定制，包括"文件"、"编辑"、"对象"、"文字"、"选择"、"效果"、"视图"、"窗口"和"帮助"9个菜单命令。

提示 ❓

如果您的电脑是宽屏，标题栏可能和菜单栏在一起。

文件(F)　编辑(E)　对象(O)　文字(T)　选择(S)　效果(C)　视图(V)　窗口(W)　帮助(H)

图1.8 Illustrator CC的菜单栏

Illustrator CC为用户提供了不同的菜单命令显示效果，以方便用户的使用，不同的显示标记含有不同的意义，分别介绍如下：

- 子菜单：在菜单栏中，有些命令的后面有右指向的黑色三角形箭头 ▶，当光标在该命令上稍停片刻后，便会出现一个子菜单。例如，执行菜单栏中的"对象"→"路径"命令，可以看到"路径"命令下一级子菜单。
- 执行命令：在菜单栏中，有些命令选择后，在前面会出现对号P标记，表示此命令为当前执行的命令。例如，"窗口"菜单中已经打开的面板名称前出现的对号P标记。
- 快捷键：在菜单栏中，菜单命令还可使用快捷键的方式来选择。在菜单栏中有些命令后面有英文字母组合，如菜单"文件"|"新建"命令的后面有"Ctrl + N"字母组合，表示的就是新建命令的快捷键，如果想执行新建命令，可以直接按键盘上的"Ctrl + N"组合键，即可启用新建命令。
- 对话框：在菜单栏中，有些命令的后面有"…"省略号标志，表示选择此命令后将打开相应的对话框。例如，执行菜单栏中的"文件"|"文档设置"命令，将打开"文档设置"对话框。

提示 ❓

对于当前不可操作的菜单项，在菜单上将以灰色显示，表示无法进行选取。对于包含子菜单的菜单项，如果不可用，则不会弹出子菜单。

1.2.4 工具箱

工具箱在初始状态下一般为于窗口的左端，当然也可以根据自己的习惯拖动到其他的地方去。利用工具箱所提供的工具，可以进行选择、绘画、取样、编辑、移动、注释和度量等操作。还可以更改前景色和背景色、使用不同的视图模式。

提示 ?

若想要知道各个工具的快捷键，可以将鼠标指向工具箱中的某个工具按钮图标，稍等片刻后，即会出项一个工具名称的提示，提示括号中的字母即快捷键。

在工具箱中没有显示出全部工具，有些工具被隐藏起来了。只要细心观察，会发现有些工具图标中有一个小三角的符号，这表明在该工具中还有与之相关的其他工具，如图1.9所示。要打开这些工具，有两种方法：

- 方法1：将鼠标移至含有多个工具的图标上，单击鼠标并按住不放。此时，出现一个工具选择菜单，然后拖动鼠标至想要选择的工具图标处释放鼠标即可。
- 方法2：在含有多个工具的图标上按住鼠标并将光标移动到"拖出"三角形上，释放鼠标，即可将该工具条从工具箱中单独分离出来。如果要将一个已分离的工具条重新放回工具箱中，可以单击右上角的"关闭"按钮。

图1.9　工具箱展开效果

工具箱中的工具，除了直接单击鼠标选择，还可以应用快捷键来选择工具，下面将工具所对应的快捷键及工具的基本功能列表如表1.1所示。

表1.1 工具快捷键及基本功能

工具名称	图标	快捷键	功能
选择工具		V	单击或框选对象，也可以用来移动对象
直接选择工具		A	选择对象内的锚点或路径线段，也可以控制曲线的手柄或选择群中的对象
编组选择工具			选择群组中的对象或群组中的组
魔棒工具		Y	配合"魔棒"面板，选择具有属性相似的对象
套索工具		Q	同"直接选择工具"类似，更适合选择不规则范围内对象的锚点或路径线段
钢笔工具		P	直接单击可绘制直线段，单击并拖动可创建曲线对象
添加锚点工具		+	可以在路径线段上单击添加锚点
删除锚点工具		-	在路径锚点上单击，可以删除该锚点
转换锚点工具		Shift + C	可以将平滑点转换成角点或将角点转换成平滑点
文字工具		T	创建单独文字或拖动创建文本框架，输入水平排列的文字，也可以用来编辑文字
区域文字工具			在封闭路径上单击，可以将路径改为文本框，并可以在其中输入文字或编辑文字
路径文字工具			在绘制好的路径上单击，可以将路径更改为文字路径，并在路径上输入沿路径排列的文字，也可以编辑文字
直排文字工具			与"文字工具"用法相同，只是输入的文字为直排文字
直排区域文字工具			与"区域文字工具"用法相同，只是输入的文字为直排文字
直排路径文字工具			与"路径文字工具"用法相同，只是输入的文字垂直排列在路径上
直线段工具		\	直接按住鼠标拖动绘制直线段。按"Shift"键的同时可以绘制水平、垂直或成45角倍数的直线段
弧形工具			直接按住鼠标拖动绘制弧线。绘制中按键盘上的上箭头#或下箭头$可以修改弧线的弧度。也可以双击弧线，打开"弧线段选项"对话框来修改弧线
螺旋线工具			直接按住鼠标拖动绘制顺时针和逆时针螺旋线。在绘制过程中，按键盘上的上箭头#或下箭头$可以增加或减少螺旋线的线段数量，配合"Ctrl"键可以修改螺旋线的半径和衰减值。选择螺旋线工具后，在页面中单击，可以打开"螺旋线"对话框来修改螺旋线
矩形网格工具			直接拖动绘制矩形网格。在绘制过程中，按键盘上的上箭头#或下箭头$，可以增加或减少行数；按右箭头"或左箭头!，可以增加或减少列数。直接双击该工具，可以打开"矩形网格工具选项"对话框，对矩形网格进行更详细的设置
极坐标网格工具			直接拖动鼠标绘制类似统计图表的极坐标网格。在绘制过程中，按键盘上的上箭头#或下箭头$，可以增加或减少同心圆分隔线；按右箭头或左箭头!，可以增加或减少径向分隔线。直接双击该工具，可以打开"极坐标网格工具选项"对话框，对其进行更详细的设置

完全掌握 Illustrator CC 超级手册

工具名称	图标	快捷键	功能
矩形工具		M	直接拖动可绘制矩形或正方形。选择该工具后，在页面中单击鼠标，可打开"矩形"对话框，精确绘制矩形或正文形
圆角矩形工具			直接拖动鼠标可绘制具有一定圆角度的矩形或正文形。在绘制过程中，按键盘上的上箭头#或下箭头$，可以增加或减小圆角半径。也可以选择该工具后在页面中单击，打开"圆角矩形"对话框，进行更详细的设置
椭圆工具		L	直接拖动鼠标可绘制圆或椭圆。选择该工具后在页面中单击，打开"椭圆"对话框，进行更详细的设置
多边形工具			直接拖动鼠标绘制多边形。在绘制过程中，按键盘上的上箭头#或下箭头$，可以增加或减少多边形的边数
星形工具			直接拖动鼠标绘制星形。在绘制过程中，按键盘上的上箭头#或下箭头$，可以增加或减少星形的角点数，配合"Ctrl"键，可修改星形的角度。选择该工具后，在页面中单击可打开"星形"对话框，进行更详细的设置
光晕工具			绘制类似镜头光晕或太阳光晕的效果。双击该工具，打开"光晕工具选项"对话框，可以更加详细的设置参数
画笔工具		B	配合"画笔"面板，可以徒手绘制类似画笔效果的曲线路径。双击该工具，还可以打开"画笔工具首选项"对话框，修改画笔的参数设置
铅笔工具		N	徒手随意的绘制曲线。双击该工具，还可以打开"铅笔工具首选项"对话框，修改铅笔的参数设置
平滑工具			在曲线上拖动，可以平滑税利的曲线路径。双击该工具，可以打开"平滑工具首选项"对话框，修改平滑工具的参数设置
路径橡皮擦工具			可以拖动擦除画错的路径或锚点
旋转工具		R	单击设置固定点，围绕固定点旋转对象，按"Alt"键可以复制旋转对象。选择对象后，双击该工具，可以打开"旋转"对话框，精确旋转对象，还可以复制旋转的对象
镜像工具		O	单击设置镜像固定点，围绕固定点翻转对象，按"Alt"键可以复制镜像对象。选择对象后，双击该工具，可以打开"镜像"对话框，精确镜像对象，还可以复制镜像的对象
比例缩放工具		S	单击设置缩放固定点，围绕固定点调整对象大小，按"Alt"键可以复制缩放对象。选择对象后，双击该工具，可以打开"比例缩放"对话框，精确缩放对象，还可以复制缩放的对象
倾斜工具			单击设置倾斜固定点，围绕固定点倾斜对象，按"Alt"键可以复制倾斜对象。选择对象后，双击该工具，可以打开"倾斜"对话框，精确倾斜对象，还可以复制倾斜的对象
改变形状工具			拖动锚点或线段，可以在保持路径细节的情况下改变锚点或线段形状
变形工具		Shift + R	可以根据变形笔刷的大小，在对象上拖动修改对象形状。双击该工具，可以打开"变形工具选项"对话框，修改"全局画笔尺寸"和"变形选项"参数设置

工具名称	图标	快捷键	功能
旋转扭曲工具			在对象上按住鼠标不动或拖动鼠标，可以将对象旋转扭曲。双击该工具，可以打开"旋转扭曲工具选项"对话框，修改"全局画笔尺寸"和"旋转扭曲选项"参数设置
缩拢工具			在对象上按住鼠标不动或拖动鼠标，可以将对象向内收缩变形。双击该工具，可以打开"收缩工具选项"对话框，修改"全局画笔尺寸"和"收缩选项"参数设置
膨胀工具			该工具与"缩拢工具"的应用方法相同，只是变形的方向相反，可以将对象向外扩张变形。双击该工具，可以打开"膨胀工具选项"对话框，修改"全局画笔尺寸"和"膨胀选项"参数设置
扇贝工具			在对象上按住鼠标不动或拖动鼠标，可以使对象产生三角形状的随机弯曲效果。双击该工具，可以打开"扇贝工具选项"对话框，修改"全局画笔尺寸"和"扇贝选项"参数设置
晶格化工具			该工具与"扇贝工具"应用方法相同，只是该工具产生晶格变形效果。双击该工具，可以打开"晶格化工具选项"对话框，修改"全局画笔尺寸"和"晶格化选项"参数设置
皱褶工具			该工具与"扇贝工具"应用方法相同，只是该工具产生类似皱纹和折叠的变形效果。双击该工具，可以打开"皱褶工具选项"对话框，修改"全局画笔尺寸"和"皱褶选项"参数设置
自由变形工具		E	利用该工具，可以对所选对象进行移动、缩放、旋转和扭曲倾斜操作。在移动时按Shift键为按角度移动，在旋转时按Shift键为按角度旋转，按Alt键为以对象的中心为原点进行缩放，如果在按下Ctrl + Alt键的同时对边进行缩放。要倾斜或扭曲对象，单击并拖动中间的一个柄，然后按下Ctrl键即可
符号喷枪工具		Shift + S	结合"符号"面板，可以直接拖动来喷射绘制多个符号。双击该工具，可以打开"符号工具选项"对话框，设置符号工具的直径、强度和符号组密度等相关参数
符号移位器工具			使用该工具拖动符号，可以改变符号的位置。按"Shift"键可以将符号前移一层；按"Shift + Alt"组合键，可以将符号后移一层
符号紧缩器工具			在符号上按住鼠标不动或拖动鼠标，可以将符号收缩在一起；如果在操作时按住"Alt"键，可以将符号扩展开来
符号缩放器工具			在符号上按住鼠标不动或拖动鼠标，可以将符号放大；如果在操作时按住"Alt"键，可以将符号缩小
符号旋转器工具			在符号上拖动鼠标，符号将会随着鼠标拖动的方向旋转
符号着色器工具			使用该工具，在符号上单击或拖动鼠标，可以以前景色为基础为符号上色；对于已经上色的符号，按住"Alt"键进行操作，可以减少上色程度
符号滤色器工具			使用该工具，在符号上单击或拖动鼠标，可以调整符号的不透明度，使符号变透明；利用"Alt"键，可以使透明的符号减小透明度

完全掌握Illustrator CC超级手册

工具名称	图标	快捷键	功能
符号样式器工具	◎		配合"图形样式"面板，可以使用样式来修改符号的外观；利用"Alt"键，可降低样式应用强度
柱形图工具		J	用来创建住形图表。以垂直柱形来比较数值
堆积柱形图工具			与住形图类似，但它是将柱形图堆积起来，多用于表示部分与总体的关系
条形图工具			创建的图表与柱形图类似，但条形图是将柱形水平并列放置，而不是垂直并列放置
堆积条形图工具			创建的图表与堆积柱形图类似，但堆积条形图是将条形水平堆积放置而不是垂直堆积放置
拆线图工具			用来创建拆线图表，这种图表类型多用来表示在一段时间内一个或多个主题的趋势
面积图工具			用来创建面积图表。与拆线图类似，但它更能显示数值的整体和变化情况
散点图工具			用来创建散点图表。以数据点作为坐标点显示，多用来识别数据中的图案或趋势
饼图工具			用来创建饼形图表。多用来表示所占的百分比例情况
雷达图工具	◉		用来创建雷达图表。可以在某一特定时间点或特定类别上比较数值组，并以圆形格式表示
网格工具		U	一种很特别的上色工具，类似渐变，但比渐变更加复杂，可以以创建网格的形式来编辑填充颜色
渐变工具		G	与"渐变"面板配合使用，对于已经填充渐变的对象，利用该工具在对象上拖动，可以修改渐变的起点、终点和渐变角度
吸管工具		I	单击某个对象，可以拷贝该对象属性到其他对象，包括填充特性、文字属性和外观属性等
度量工具			与"信息"面板配合使用，在两点点拖动或分别单击两个点，测量两点之间的距离、角度等信息
混合工具		W	用来创建多个对象的颜色或形状混合效果。双击该工具，将打开"混合"对话框，可以对混合属性进行设置
实时上色工具		K	这是Illustrator CC新增的功能。利用该工具，可以将任意对象按按当前的上色属性绘制实时上色组的表面和边缘进行上色操作
实时上色选择工具		Shift + L	用于选择实时上色组中的填充区域或描边。双击该工具，将打开"实时上色选择选项"对话框，可以对其进行详细的选择设置
画板工具		Shift + O	拖动鼠标可以创建绘图区，可以修改绘图区的大小
切片工具		Shift + K	切片工具一般多用于网页设计中，可以将图形分割为单独的 Web 图像，利用大图形的下载速度或内容修改
切片选择工具			与"切片工具"配合使用，用来选择或移动分割的 Web 切片
橡皮擦工具		Shift + E	使用该工具在图形上单击或拖动，可以将图形擦除。双击该工具，打开"橡皮擦工具选项"对话框，可以对橡皮擦的角度、圆度和直径进行设置
剪刀工具		C	在路径上单击，可以将路径剪断

工具名称	图标	快捷键	功能
刻刀			在对象上拖动，可以将对象分割成新的封闭形状。按"Alt"键可以拉出直线进行分割
抓手工具		H	在页面中拖动，可以移动页面的位置。双击该工具，可以将页面以适合窗口大小的形式显示
页面工具			可以用来调整页面网格打印范围，以匹配当前页面中的打印图形
缩放工具		Z	在页面中单击或拖动，可以放大当前页面的显示比例；按住"Alt"键单击，可缩小当前页面的显示比例。双击该工具，可以将页面以实际大小的形式显示

技巧

在任意形状下，按住空格健都可以直接切换到抓手工具，在页面中拖动可以移动页面的位置。

在工具箱的最下方，还有几个按钮，主要是用来设置填充和描边，还有用来查看图像的，图示应用及名称如图1.10所示。

图1.10 图示应用及名称

1.2.5 工具"控制栏"

工具"控制栏"位于菜单栏的下方，用于对相应的工具进行各种属性设置。在工具箱中选择一个工具，工具"控制栏"中就会显示该工具对应的属性设置，比如在工具箱中选择了"画笔工具"，工具"控制栏"的显示效果，如图1.11所示。

图1.11 工具"控制栏"

1.2.6 浮动面板

浮动面板在大多数软件比较常见，它能够控制各种工具的参数设定，完成颜色选择、图像编辑、图层操作、信息导航等各种操作，浮动面板给用户带来了太多的方便。

Illustrator CC为用户提供了30多种的浮动面板，其中最主要的浮动面板包括信息、动作、变换、图层、图形样式、外观、对齐、导航器、属性、描边、字符、段落、渐变、画笔、符号、色板、路径查找器、透明度、链接、颜色、颜色参考和魔棒等面板。下面简要介绍各个面板的作用。

1 "信息"面板

该面板主要用来显示当前对象的大小、位置和颜色等信息。执行菜单栏中的"窗口"|"信息"命令，或按"Ctrl + F8"组合键，可打开或关闭该面板，"信息"面板如图1.12所示。

完全掌握Illustrator CC超级手册

图1.12 "信息"面板

❷ "动作"面板

Illustrator CC为用户提供了很多默认的动作，使用这些动作可以快速为图形对象创建特殊效果。首先选择要应用动作的对象，然后选择某个动作后，单击面板下方的"播放当前所选动作" ▶ 按钮，即可应用该动作。

执行菜单栏中的"窗口"|"动作"命令，可以打开或关闭"动作"面板。"动作"面板如图1.13所示。

图1.13 "动作"面板

❸ "变换"面板

"变换"面板在编辑过程中应用广泛，在精确控制图形时是一般工具所不能比的。它可以不但移动对象位置、调整对象大小、旋转和倾斜对象，还可以设置变换的内容，比如仅变换对象、仅变换图案或变换两者。

执行菜单栏中的"窗口"|"变换"命令，可打开或关闭"变换"面板。"变换"面板如图1.14所示。

图1.14 "变换"面板

❹ "图层"面板

默认情况下，Illustrator CC提供了一个图层，所绘制的图形都位于这个层上。对于复杂的图形，可以借助"图层"面板创建不同的图层来操作，这样更有利于复杂的图形编辑。利用图层还可以进行复制、合并、删除、隐藏、锁定和显示设置等多种操作。

执行菜单栏中的"窗口"|"图层"命令，或按"F7"键，可以打开或关闭"图层"面板。"图层"面板如图1.15所示。

图1.15 "图层"面板

❺ "图形样式"面板

"图形样式"面板为用户提供了多种默认的样式效果，只需要选择图形后，单击这些样式即可应用。样式可以包括填充、描边和各种特殊效果。当然，用户也可以利用菜单命令来编辑图形，然后单击"新建图形样式" ▣ 按钮，创建属于自己的图形样式。

执行菜单栏中的"窗口"|"图形样式"命令，或按"Shift + F5"组合键，打开或关闭"图形样式"面板。"图形样式"面板如图1.16所示。

> **提示** ❓
>
> "图形样式"是Illustrator CC的新叫法，在以前的版本中，该面板叫"图层样式"。

图1.16 "图形样式"面板

❻ "外观"面板

"外观"面板是图形编辑的重要组合部分，它不但显示了填充和描边的相关信息，还显示使用的效果、透明度等信息，可以直接选择相关的信息进行再次修改。使用它还可以将图形的外观清除、简化至基本外观、复制所选项目和删除所选项目等操作。

执行菜单栏中的"窗口"|"外观"命令，或按"Shift + F6"组合键，可以打开或关闭"外观"面板。"外观"面板如图1.17所示。

图1.17 "外观"面板

⑦ "对齐"面板

"对齐"面板主要用来控制图形的对齐和分布。不但可以控制多个图形的对齐与分布，还可以控制一个或多个图形相对于画板的对齐与分布。如果指定分布的距离，并单击某个图形，可以控制其他图形与该图形的分布间距。

执行菜单栏中的"窗口"|"对齐"命令，或按"Shift + F7"组合键，可以打开或关闭"对齐"面板。"对齐"面板如图1.18所示。

⑧ "导航器"面板

利用"导航器"面板，不但可以缩放图形，还可以快速导航局部图形。只需要在"导航器"面板中单击需要查看的位置或直接拖动红色方框到需要查看的位置，即可快速查看局部图形。

执行菜单栏中的"窗口"|"导航器"命令，即可打开或关闭"导航器"面板。"导航器"面板如图1.19所示。

图1.18 "对齐"面板　图1.19 "导航器"面板

⑨ "属性"面板

"属性"面板不但可以对图形的印刷输出设置叠印效果，还可以配合"切片工具"创建图像映射，即超链接效果，将带有图像映射的图形输出为 Web 格式后，可以直接单击该热点打开相关的超链接。

执行菜单栏中的"窗口"|"属性"命令，或按"Ctrl + F11"组合键，可以打开或关闭"属性"面板。"属性"面板如图1.20所示。

⑩ "描边"面板

利用"描边"面板，可以设置描边的粗细、端点形状、转角连接类型、描边位置等，还可以设置描边为实线还是虚线，并可以设置不同的虚线效果。

执行菜单栏中的"窗口"|"描边"命令，或按"Ctrl + F10"组合键，可以打开或关闭"描边"面板。"描边"面板如图1.21所示。

图1.20 "属性"面板　图1.21 "描边"面板

⑪ "字符"面板

"字符"面板用来为文字进行格式化处理。包括设置文字的字体、字体大小、行距、水平缩放、垂直缩放、旋转和基线偏移等各种字符属性。

执行菜单栏中的"窗口"|"文字"|"字符"命令，或按"Ctrl + T"组合键，可以打开或关闭"字符"面板。"字符"面板如图1.22所示。

⑫ "段落"面板

"段落"面板用来为段落进行格式化处理，包括设置段落对齐、左/右缩进、首行缩进、段前/段后间距、中文标点溢出、重复字符处理和避头尾法则类型等。

执行菜单栏中的"窗口"|"文字"|"段落"命令，或按"Alt + Ctrl + T"组合键，可以打开或关闭"段落"面板。"段落"面板如图1.23所示。

完全掌握 Illustrator CC 超级手册

图1.22 "字符"面板　　图1.23 "段落"面板

⑬ "渐变"面板

由两种或多种颜色或同一种颜色的不同深浅度逐渐混合变化的过程就是渐变。"渐变"面板是编辑渐变色的地方，可以根据自己的需要创建各种各样的渐变，然后通过"渐变工具"修改渐变的起点、终点和角度位置。

执行菜单栏中的"窗口"|"渐变"命令，或按"Ctrl + F9"组合键，可以打开或关闭"渐变"面板。"渐变"面板如图1.24所示。

⑭ "画笔"面板

Illustrator CC为用户提供了4种画笔效果，包括书法画笔、散点画笔、图案画笔和艺术画笔。利用这些画笔，可以轻松绘制出美妙的图案。

执行菜单栏中的"窗口"|"画笔"命令，或按"F5"键，可以打开或关闭"画笔"面板。"画笔"面板如图1.25所示。

图1.24 "渐变"面板　图1.25 "画笔"面板

⑮ "符号"面板

符号是一种特别的图形，它可以被重复使用，而且不会增加图像的大小。在"符号"面板中，选择需要的符号后，使用"符号喷枪工具"在文档中可以喷洒出符号实例；也可以直接将符号从"符号"面板中拖动到文档中，或选择符号后，单击"符号"面板下方的"置入符号实例"按钮，将符号添加到文档中。同时，用户也可以根据自己的需要，创建属于自己的符号或删除不需要的符号。

执行菜单栏中的"窗口"|"符号"命令，或按"Shift + Ctrl + F11"组合键，可以打开或关闭"符号"面板。"符号"面板如图1.26所示。

⑯ "色板"面板

"色板"用来存放印刷色、特别色、渐变和图案，为了更好地重复使用颜色、渐变和图案。使用"色板"可以填充或描边图形，也可以创建属于自己的颜色。

执行菜单栏中的"窗口"|"色板"命令，可以打开或关闭"色板"面板。"色板"面板如图1.27所示。

图1.26 "符号"面板　　图1.27 "色板"面板

⑰ "路径查找器"面板

"路径查找器"面板中的各按钮相当实用，是进行复杂图形创作的利器，许多复杂的图形利用"路径查找器"面板中的相关命令可以轻松搞定。其中的各命令可以对图形进行相加、相减、相交、分割、修边、合并等操作，是一个使用率相当高的面板。

执行菜单栏中的"窗口"|"路径查找器"命令，或按"Shift + Ctrl + F9"组合键，可以打开或关闭"路径查找器"面板。"路径查找器"面板如图1.28所示。

⑱ "透明度"面板

利用"透明度"面板可以为图形设置混合模式、不透明度、隔离混合、反相蒙板和剪切等功能，该功能不但可以在矢量图中使用，还可以直接应用于位图图像。

执行菜单栏中的"窗口"|"透明度"命令，或按"Shift + Ctrl + F10"组合键，可以打

开或关闭"透明度"面板。"透明度"面板如图1.29所示。

图1.28 "路径查找器" 图1.29 "透明度"面板
面板

⑲ "链接"面板

"链接"面板用来显示所有链接或嵌入的文件，通过这些链接来记录和管理转入的文件，如重新链接、转至链接、更新链接和编辑原稿等，还可以查看链接的信息，以更好的管理链接文件。

执行菜单栏中的"窗口"|"链接"命令，可以打开或关闭"链接"面板。"链接"面板如图1.30所示。

⑳ "颜色"面板

当"色板"面板中没有需的颜色时，就要用到"颜色"面板了。"颜色"面板是编辑颜色的地方，主要用来填充和描边图形，利用"颜色"面板也可以创建新的色板。

执行菜单栏中的"窗口"|"颜色"命令，或按"F6"键，可以打开或关闭"颜色"面板。"颜色"面板如图1.31所示。

图1.30 "链接"面板 图1.31 "颜色"面板

㉑ "颜色参考"面板

该面板是Illustrator CC新增的浮动面板，可以说成是集"色板"与"颜色"面板功能于一身，可以直接选择颜色，也可以编辑需要的颜色，同时，该面板还提供了淡色/暗色、冷色/暖色、亮光/暗光这些常用的颜色，以及中性、儿童素材、网站、肤色、自然界等具有不同色系的颜色，以配合不同的图形需要。

执行菜单栏中的"窗口"|"颜色参考"命令，或按"Shift + F3"组合键，可以打开或关闭"颜色参考"面板。"颜色参考"面板如图1.32所示。

㉒ "魔棒"面板

"魔棒"面板要配合"魔棒工具" 使用，在"魔棒"面板中可以勾选要选择的选项，包括描边颜色、填充颜色、描边粗细、不透明度和混合模式，还可以根据需要设置不同的容差值，以选择不同范围的对象。

执行菜单栏中的"窗口"|"魔棒"命令，可以打开或关闭"魔棒"面板。"魔棒"面板如图1.33所示。

图1.32 "颜色参考"面板 图1.33 "魔棒"面板

1.2.7 操作浮动面板

默认情况下，面板是以面板组的形式出现，位于Illustrator CC界面的右侧，是Illustrator CC对当前图像的颜色、图层、描边以及其他重要操作的地方。浮动面板都有几个相同的地方，如标签名称、折叠/展开按钮、关闭和菜单等，在面板组中，单击标签名称可以显示相关的面板内容；单击折叠/展开按钮，可以将面板内容折叠或展开；单击关闭按钮，可以将浮动面板关闭；单击菜单按钮，可以打开该面板的面板菜单，如图1.34所示。

图1.34 浮动面板

Illustrator CC的浮动面板可以任意进行分离、移动和组合。浮动面板的多种操作方法如下：

完全掌握Illustrator CC超级手册

① 打开或关闭面板

在"窗口"菜单中，选择不同的命令，可以打开或关闭不同的浮动面板，也可以单击浮动面板右上方的关闭按钮来关闭该浮动面板。

② 显示隐藏面板

反复按键盘中的Tab键，可显示或隐藏工具"控制栏"、工具箱及所有浮动面板。如果只按键盘中的"Shift + Tab"键，可以单独将浮动面板显示或隐藏。

③ 显示面板内容

在多个面板组中，如果想查看某个面板内容，可以直接单击该面板的标签名称，即可显示该面板内容。其操作过程，如图1.35所示。

图1.35 显示面板内容的操作过程

④ 移动面板

按住某一浮动面板标签名称或顶部的空白区域拖动，可以将其移动到工作区中的任意位置，方便不同用户的操作需要。

⑤ 分离面板

在面板组中，在某个标签名称处按住鼠标左键向该面板组以外的位置拖动，即可将该面板分离成独立的面板。操作过程如图1.36所示。

图1.36 分离面板效果

⑥ 组合面板

在一个独立面板的标签名称位置按住鼠标，然后将其拖动到另一个浮动面板上，当另一个面板周围出现蓝色的方框时释放鼠标，即可将面板组合在一起，操作方法及效果如图1.37所示。

图1.37 组合面板效果

⑦ 停靠面板组

为了节省空间，还可以将组合的面板停靠在右侧边缘位置，拖动浮动面板组中边缘的空白位置，将其移动到下侧边缘位置，当看到变化时，释放鼠标，即可将该面板组停靠在边缘位置。操作过程如图1.38所示。

图1.38 停靠边缘位置

⑧ 折叠面板组

按折叠为图标▶▶，可以将面板组折叠起来，以节省更大的空间，如果想展开折叠面板组，可以按扩展停放图标◀◀，将面板组展开，如图1.39所示。

图1.39 面板组折叠效果

1.2.8 状态栏

状态栏位于Illustrator CC绘图区页面的底部，用来显示当前图像的各种参数信息以及当前所用的工具信息。

单击状态栏中的 ▶ 按钮，可以弹出一个菜单，如图1.40所示。从中可以选择要提示的信息项。其中的主要内容如下：

图1.40 状态栏以及选项菜单

- "画板名称"：显示当前正在使用的画板的名称。
- "当前工具"：显示当前正在使用的工具。
- "日期和时间"：显示当前文档编辑的日期和时间。
- "还原次数"：显示当前操作中的还原与重做次数。
- "文档颜色配置文件"：显示当前文档的颜色模式配置。

1.3 文件的基本操作

在这一小节中，将详细介绍有关Illustrator CC的一些基本操作，包括文件的新建、打开、保存及置入等，为以后的深入学习打下一个良好的基础。

视频讲座1-1：建立新文档

 案例分类：软件功能类
视频位置：配套光盘\movie\视频讲座1-1：建立新文档.avi

要进行绘图，首先就需要创建一个新的文档，然后在文档中进行绘图。在Illustrator CC中，可以利用新建命令来创建新的文档，具体的操作方法如下：

步骤01 执行菜单栏中的"文件"|"新建"命令，将打开"新建文档"对话框，如图1.41所示，在其中可以对所要建立的文档进行各种设定。

图1.41 "新建文档"对话框

"新建文档"对话框中各选项的含义如下：

- "名称"：设置新建的文件的名称。在此选项右侧的文本框中可以输入新文件的名称，以便设计中窗口的区分，其默认的名称为"未标题-1"，并依次类推。

- "配置文件"：从右侧的下拉菜单中，可以选择默认的文档配置文件，如打印、Web、视频和胶片和基本RGB等。"大小"右侧的下拉列表中包含多种常用的标准文档尺寸。如果现有的尺寸不能满足需要，可以直接在"宽度"和"高度"选项中根据需要自行设置文档的尺寸，并可以在"单位"下拉列表中选择度量单位，如pt（点）、派卡、毫米、英寸、厘米和像素等单位，通常平面设计中都应用厘米为单位。还可以设置文档的取向，包括纵向和横向两种类型。

提示 **?**

pt是点的缩写，全称为point（点）。在Illustrator中，有多种单位表示方式，in表示英寸，cm表示厘米，mm表示毫米，可以通过"编辑"｜"首选项"｜"单位和显示性能"命令，打开"首选项"对话框来设定它的单位。

- "颜色模式"：指定新建文档的颜色模式。如果用于印刷的平面设计，一般选择CMYK模式；如果用于网页设计，则应该选择RGB模式。

- "栅格效果"：设置栅格图形添加特效时的特效解析度，值越大，解析度越高，图像所占空间越大，图像越清晰。

- "预览模式"：设置图形的视图预览模式。可以选择默认值、像素和叠印，一般选择默认值。

步骤02 在"新建文档"对话框中，设置好相关的参数后，单击"确定"按钮，即可创建一个新的文档，创建的新文档效果如图1.42所示。

图1.42 创建的新文档效果

视频讲座1-2：存储文件

案例分类：软件功能类
视频位置：配套光盘\movie\视频讲座
1-2：存储文件.avi

当完成一件作品或者处理完成一幅打开的图像时，需要将完成的图像进行存储，这时就可应用存储命令，在"文件"菜单下面有两个命令可以将文件进行存储，分别为"文件"|"存储"和"文件"|"存储为"命令。

当应用新建命令创建一个新的文档并进行编辑后，要将该文档进行保存。这时，应用"存储"和"存储为"命令性质是一样的，都将打开"存储为"对话框，将当前文件进行存储。

当对一个新建的文档应用过保存后，或打开一个图像进行编辑后，再次应用"存储"命令时，不会打开"存储为"对话框，而是直接将原文档覆盖。

如果不想将原有的文档覆盖，就需要使用"存储为"命令。利用"存储为"命令进行存储，无论是新创建的文件还是打开的图片都可以弹出"存储为"对话框，将编辑后的图像重新命名进行存储。

执行菜单栏中的"文件"|"存储"命令，或执行菜单栏中的"文件"|"存储为"命令，都将打开"存储为"对话框，如图1.43所示。在打开的"存储为"对话框中，设置合适的文件名和保存类型后，单击"保存"按钮即可将图像进行保存。

图1.43 "存储为"对话框

"存储为"对话框中各选项的含义分别如下。

- "保存在"：可以在其右侧的下拉菜单中选择要存储图像文件的路径位置。
- "文件名"：可以在其右侧的文本框中，输入要保存文件的名称。
- "保存类型"：可以从右侧的下拉菜单中选择要保存的文件格式。

视频讲座1-3：打开文件

案例分类：软件功能类
视频位置：配套光盘\movie\视频讲座
1-3：打开文件.avi

执行菜单栏中的"文件"|"打开"命令，弹出"打开"对话框，选择要打开的文件后，在"打开"对话框中会显示该图像的缩略图，如图1.44所示。

图1.44 "打开"对话框

"打开"对话框中各选项的含义如下：

- "返回到"：可以根据存储文件的路径一级级地返回到上一层文件夹，当"查找范围"选项窗口中显示为"桌面"时，此按钮显示为灰色的不可用状态。
- "前进到"：当使用"返回到"之后，此按钮将会由灰色显示为可用状态，可以根据储存文件的路径一级级地前进到开始返回的文件夹。
- "新文件夹"：单击该按钮，将在当前目录下创建新文件夹。

完全掌握Illustrator CC超级手册

- "查看"菜单" ▼：设置"打开"对话框中的文件的显示形式，包括"平铺"、"图标"、"列表"和"详细信息"等选项。
- "文件名"：在其右侧的文本框中，显示当前所选择的图像文件名称。
- "文件类型"：可以设置所要打开的文件类型，设置类型后当前文件夹列表中只显示与所设置类型相匹配的文件，一般情况下"文件类型"默认为"所有格式"。

1.3.1 置入文件

Illustrator CC中可以置入其他程序设计的位图图像文件，如Adobe Photoshop图形处理软件设计的.psd等格式的文件。"置入"命令就是用于在当前图像文件中放置EPS和.psd格式的位图图像文件的。

执行菜单栏中的"文件"|"置入"命令后，弹出"置入"对话框，在弹出的对话框中选择所要置入的文件，然后单击"置入"按钮即可。

1.3.2 关闭文件

如果想关闭某个文档，可以使用以下两种方法来操作：

- 方法1：执行菜单栏中的"文件"|"关闭"命令。即可将该文档关闭。
- 方法2：直接单击文档右上角的 ×

（关闭）按钮，即可将该文档关闭。

如果该文档是新创建的文档或是打开编辑过的文档，而且没有进行保存，那么在关闭时，将打开一个询问对话框，如图1.45所示。如果要保存该文档，可以单击"是"按钮，然后对文档进行保存；如果不想保存该文档，可以单击"否"按钮；如果操作有误而不想关闭文档，可以单击"取消"按钮。

图1.45 询问对话框

1.3.3 退出程序

如果不想再使用Illustrator CC软件，就需要退出该程序，退出程序的可以使用下面两种方法来操作。

- 方法1：执行菜单栏中的"文件"|"退出"命令。即可退出该程序。
- 方法2：直接单击标题栏右侧的 × （关闭）按钮，即可退出该程序。

如果程序窗口中的文档是新创建的文档或是打开编辑过的文档，而且没有进行保存，那么在退出程序时，将打开一个"询问"对话框，询问是否保存文档。如果要保存该文档，可以单击"是"按钮，然后对文档进行保存；如果不想保存该文档，可以单击"否"按钮；如果操作有误而不想退出程序，可以单击"取消"按钮。

第2章 文档视图和参考功能设置

〔内容摘要〕

　　本章主要介绍了Illustrator CC的文档视图与参考功能设置。包括屏幕模式、窗口新建与排列、视图的预览与查看、标尺参考线和网格的使用方法。利用这些视图工具能够使读者多角度、多方位地编辑图形对象。另外，由于标尺、参考线和网格提供了精确的作图参考功能，使Illustrator CC能够绘制出工业标准的图形对象。熟练掌握这些功能，可以提高今后创作的工作效率。

〔教学目标〕

- 了解窗口的不同显示模式
- 了解视力预览与缩放
- 掌握文档的导航技术
- 掌握标尺、参考线和网格的使用设置
- 掌握智能参考线的使用技巧

2.1 窗口显示模式

　　Illustrator CC每次新建，都将建立一个新窗口，用户可以在新窗口中绘制或编辑图形。为了方便用户绘图与查看，Illustrator CC为用户提供了多种屏幕显示模式及窗口的查看功能。

2.1.1 屏幕模式

　　在Illustrator CC工具箱的底部，单击鼠标可打开一个下拉菜单，显示3种屏幕模式，包括正常屏幕模式、带有菜单栏的全屏模式和全屏模式，如图2.1所示。用户可以根据自己设计的需要，选择不同的屏幕模式，以便进行图形的编辑和打印。

图2.1　屏幕模式

① 正常屏幕模式

　　这是Illustrator CC 的默认的屏幕显示模式，它可以完整地显示菜单、浮动面板、工具栏等，在这种屏幕模式下，文档窗口以最大化的形式显示。正常屏幕模式如图2.2所示。

图2.2 正常屏幕模式

❷ 带有菜单栏的全屏模式

　　在这种模式下，计算机的任务栏及Illustrator CC软件的标题栏、状态栏及文字窗口的滑动条都将不可见，只显示菜单栏、工具箱和浮动面板，文档窗口将以最大化的形式显示。这样有利于更大空间的查看和编辑图形。带有菜单栏的全屏模式如图2.3所示。

图2.3 带有菜单栏的全屏模式

③ 全屏模式

全屏模式与带有菜单栏的全屏模式很相似，唯一的不同点是不再显示菜单栏，而只显示工具箱和浮动面板，可以节省更大的显示空间来进行图形的查看和编辑。全屏模式如图2.4所示。

图2.4 全屏模式

> **技巧**
>
> 在英文输入法下，反复按键盘上的"Tab"键，可以在最大化屏幕模式、标准屏幕模式带有菜单栏的全屏模式和全屏模式这4种屏幕模式中进行切换。按"Tab"键，可以将工具箱、控制栏和浮动面板全部隐藏或显示；按"Shift + Tab"组合键，可以只隐藏或显示浮动面板。

2.1.2 窗口新建和排列

利用"窗口"菜单中的相关命令，可以创建新的窗口，并可以对多个窗口进行排列处理，使多窗口操作变得更加容易。

① 新建窗口

利用"新建窗口"命令可以对当前选定的窗口创建一个副本，选定要制作副本的窗口后，执行菜单栏中的"窗口"|"新建窗口"命令，创建一个与原窗口内容相同的窗口，而且两个窗口具有关联性，修改任何一个窗口的内容，另一个窗口也将跟着变化。新建的窗口名称与原名称相一致。如原名称为"未标题-1"，应用"新建窗口"命令后，创建的新窗口的名称为"未标题-1*：2"，原名称"未标题-1"将自动更改为"未标题-1*：1"。

创建新窗口的好处是可以利用不同的窗口显示模式和视图来编辑处理图形，以更好地把握图形的整体与部分。创建新窗口后的效果如图2.5所示。

图2.5 创建新窗口

❷ 排列窗口

当Illustrator CC处理多个文档窗口时，可以对这些窗口进行不同排列，以更加合适的方法编辑图形。Illustrator CC为用户提供了2种排列窗口的方法，包括层叠和平铺。

- 层叠就是将窗口以叠加的形式显示，位于后面的文档只显示出标题栏，如果想编辑其他的文档，直接单击标题栏即可将其切换为当前文档。层叠窗口效果如图2.6所示。

图2.6 层叠窗口

- 层叠窗口只能看到后面文档窗口的标题栏，不能看到其内容，有时会误操作。这时可以应用平铺窗口的形式来排列当前的多个文档，平铺就是将多个窗口以水平的形式接排起来，不但可以显示文档标题栏，还可以看到该文档的内容。平铺窗口效果如图2.7所示。

图2.7 平铺窗口

2.2 视图预览与查看

在进行绘图和编辑中，Illustrator CC为用户提供了多种视图预览和查看的方法。不但可以用不同的方式预览图形，还可以利用相关的工具和命令查看图形，如缩放工具、手形工具和导航器面板等。

2.2.1 视图预览

在讲解视图预览之前，首先了解文档窗口的各个组成部分，如图2.8所示。文档窗口中包括绘图区、草稿区和出血区3部分。

提示

出血区是在新建文档时，设置出血后才会出现的，如果在创建时没有创建出血，是不会出现出血区的。

绘图区为打印机能够打印的部分，通常称为页面部分，即黑色实线所包含的所有区域；草稿区指的是出血区以外的部分，在草稿区可以进行创建、编辑和存储线稿图形，还可以将创建好的图形移动到绘图区，草稿区的图形不能被打印出来；出血区指的是页面边缘的空白区域，这里是外围红线和黑色实线之间的空白

部分，比如图2.8中红线与黑线之间的3毫米的区域即为出血区。

图2.8 文档窗口

提示

选择工具箱中的"页面工具" ，在文档页面中按住鼠标拖动，即可修改绘图区与页面的位置。

在使用Illustrator CC设计图形时，选择不同的视图模式对操作会有很大的帮助。不同的视图模式有不同的特点，针对不同的绘图需要，在"视图"菜单下选择不同的菜单命令，以适合不同的操作方法。

Illustrator CC为用户提供了4种视图模式，包括预览、轮廓、叠印预览和像素预览。下面来分别介绍这4种视图预览的使用方法和技巧。

① 预览

"预览"视图模式能够显示图形对象的颜色、阴影和细节等，将以最接近打印后的图形来显示图形对象。同时，预览也是Illustrator CC默认的视图模式。执行菜单栏中的"视图"|"预览"命令，即可开启"预览"视图模式。利用此模式，可以查看最真实的图形效果。"预览"视图模式效果如图2.9所示。

图2.9 "预览"视图模式

提示

因为预览模式为默认视图模式，在执行菜单栏中的"视图"命令时，默认状态下是"轮廓"命令，只有使用了"轮廓"命令，此项才会显示为"预览"命令。

② 轮廓

"轮廓"视图模式以路径的形式显示线稿，隐藏每个对象的着色填充属性，只显示图形的外部框架。执行菜单栏中的"视图"|"轮廓"命令，即可开启"轮廓"视图模式。利用此模式，在处理复杂路径图形时，方便选择图形，同时，可以加快画面的显示速度。"轮廓"视图模式效果如图2.10所示。

图2.10 "轮廓"视图模式

技巧

按"Ctrl + Y"组合键，可以快速在"预览"视图模式和"轮廓"视图模式间切换。

③ 叠印预览

"叠印预览"视图模式主要用来显示实际印刷时图形的叠印效果，这样做可以在印刷前查看设置叠印或控制在印刷后所呈现的最终效果，以防止出现错误。首先选择要叠印的图形，然后在"属性"面板中，勾选要叠印的选项，然后执行菜单栏中的"视图"|"叠印预览"命令，即可开启"叠印预览"视图模式。使用"叠印预览"的前后效果，分别如图2.11和图2.12所示。

图2.11 设置叠印图形　　图2.12 叠印预览效果

技巧

按"Alt + Shift + Ctrl + Y"组合键，可以快速开启"叠印预览"视图模式。

④ 像素预览

"像素预览"视图模式主要是将图形以位图的形式显示，也叫点阵图的形式显示，以确

定该图形在非矢量图保存使用时，像素预览的效果。执行菜单栏中的"视图"|"像素预览"命令，即可开启"像素预览"视图模式。利用该模式，可以提前预览矢量图转换为位图后的像素显示效果。使用"像素预览"视图模式的前后效果，分别如图2.13和图2.14所示。

图2.13 "预览"视图模式 　图2.14 "像素预览"视图模式

技巧

按"Alt + Ctrl + Y"组合键，可以快速开启"叠印预览"视图模式。

2.2.2 缩放工具

在绘制绘图或编辑图形时，往往需要将图形放大许多倍来绘制局部细节或进行精细调整，有时也需要将图形缩小许多倍来查看整体效果，这时就可以应用"缩放工具" 🔍 来进行操作。

选择工具箱中的"缩放工具" 🔍 ，将它移至需要放大的图形位置上，鼠标形状呈 🔍 状时，单击鼠标可以放大该位置的图形对象。如果要缩小图形对象，可以在使用"缩放工具" 🔍 时按住"Alt"键，鼠标形状呈 "🔍" 状时，单击鼠标可以缩小该位置的图形对象。

如果需要快速将图形局部放大，可以使用"缩放工具"在需要放大的位置按住鼠标拖动到另外一处绘制矩形框，如图2.15所示。释放鼠标后，即可将该区域放大，放大后的效果如图2.16所示。

技巧

双击工具箱中的"缩放工具" 🔍 ，可以将图形以100%的比例显示。

图2.15 绘制矩形框

图2.16 放大效果

2.2.3 缩放命令

除了使用上面讲解的利用缩放工具缩放图形外，还可以直接应用缩放命令缩放图形，使用相关的缩放命令快捷键，可以更加方便地进行实际操作。

- 执行菜单栏中的"视图"|"放大"命令，或按"Ctrl ＋ ＋"组合键，可以以当前图形显示区域为中心放大图形比例。
- 执行菜单栏中的"视图"|"缩小"命令，或按"Ctrl ＋ －"组合键，可以以当前图形显示区域为中心缩小图形比例。
- 执行菜单栏中的"视图"|"适合窗口大小"命令，或按"Ctrl ＋ 0"组合键，图形将以最适合窗口大小的形式显示完整的图形效果。
- 执行菜单栏中的"视图"|"实际大小"命令，或按"Ctrl ＋ 1"组合键，图形将以100%的比例显示完整图形效果。

2.2.4 手形工具

在编辑图形时，如果需要调整图形对象的视图位置，可以选择工具箱中的"抓手工具"。将鼠标移至到页面中，它的形状变为，按住鼠标左键它的形状变为，此时，拖动鼠标到达适当位置后，释放鼠标即可将要显示的区域移动到适当的位置，这样可以将图形移动到需要的位置，方便查看或修改图形的各个部分。具体的操作过程及效果，如图2.17和图2.18所示。

图2.17　拖动过程

图2.18　拖动后的效果

技巧

双击工具箱中的"抓手工具"，图形将以最适合窗口大小的形式显示完整的图形效果。按空格键可以随意切换到"抓手工具"，以方便移动页面位置。

2.2.5 导航器面板

使用导航器面板可以对图形进行快速定位和缩放。执行菜单栏中的"窗口"|"导航器"命令，即可打开"导航器"面板，如图2.19所示。

图2.19　"导航器"面板

"导航器"面板中红色的方框叫视图框，当视图框较大时，着重从整体查看图形对象，图形显示较小；视图框较小时，着重从局部细节上查看对象，图形显示较大。

技巧

默认状态下，视图框的颜色为红色，如果想修改视图框的颜色，可以从"导航器"面板菜单中，选择"面板选项"命令，打开"面板选项"对话框进行修改。如果只想查看工作区中绘图区内的图形，不查看绘图区外草稿区的图形，可以在弹出式菜单上选择"仅查看画板/裁剪区域"命令。

如果需要放大视图，可以在"导航器"面板左下方的比例框中输入视图比例，如"60%"，然后按回车键即可；也可以拖动比例框右面的滑动条来改变视图比例；还可以单击滑动条左右两端的缩小、放大按钮来缩放图形。

技巧

在"导航器"面板中，按住"Ctrl"键将鼠标移动到"导航器"面板的代理预览区域内，光标将变成状，按住鼠标拖动绘制一个矩形框，可以快速预览该框内的图形。

在"导航器"面板中，还可以通过移动视图框来查看图形的不同位置。将鼠标移到"导航器"面板中的代理预览区域中，光标将变成状，单击鼠标即可将视图框的中心移动到鼠标单击处。当然，也可以将鼠标移动到视图框内，光标将变成状，按住鼠标左键，光标将变成状，拖动视图框到合适的位置即可。利用"导航器"显示图形不同效果，如图2.20所示。

图2.20 利用"导航器"显示图形不同效果

2.3 标尺、参考线和网格

Illustrator CC提供了很多参考处理图像的工具，包括标尺、参考线和网格。它们都用于精确定位图形对象，这些命令大多在"视图"菜单中。这些工具对图像不做任何修改，但是在处理图像时可以用来参考。熟练应用可以提高处理图像的效率。在实际应用中，有时一个参考命令不够灵活，可以同时应用多个参考功能来完成图形。本节将详细讲解有关标尺、参考线和网格的使用方法。

视频讲座2-1：标尺

 案例分类：软件功能类
视频位置：配套光盘\movie\视频讲座
2-1：标尺.avi

标尺不但可以用来显示当前鼠标指针所在位置的坐标，还可以更准确地查看图形的位置，以便精确地移动或对齐图形对象。

① 显示标尺

执行菜单栏中的"视图"|"显示标尺"命令，即可启动标尺，此时"显示标尺"命令将变成"隐藏标尺"命令。标尺有两个，其中一个在文档窗口的顶部叫水平标尺，另外一个在文档窗口的左侧叫垂直标尺，如图2.21所示。

② 隐藏标尺

当标尺处于显示状态时，单击菜单"视图"|"隐藏标尺"命令，可以看到在"隐藏标尺"命令变成"显示标尺"命令，表示标尺隐藏。

技巧

按"Ctrl + R"组合键，可以快速在显示标尺和隐藏标尺命令中切换。

图2.21 显示标尺效果

③ 更改标尺零点

Illustrator提供的两个标尺相当于一个平面直角坐标系。顶部标尺相当于这个坐标系的X轴，左侧标尺相当于这个坐标系的Y轴，虽然标尺上没有说明有负坐标值，但是实际上有正负之分，水平标尺零点往左为正、往右为负；垂直标尺零点住上为正、往下为负。

使用鼠标时在标尺上会出现一个虚线称为指示线，表示这时鼠标所指示的当前位置。当移动鼠标时，标尺上的指示线也随之改变。

标尺零点也叫标尺原点，类似于数学中的原点，标尺的默认零点，位于文档页面左下角（0，0）的位置。在水平标尺和垂直标尺的

完全掌握Illustrator CC超级手册

交界处，即文档窗口的左上角处与文档形成一个框，叫零点框。如果要修改标尺零点的位置，可以将光标移动到零点框内按住鼠标拖动将出现一个交叉的十字线，在适当的位置释放鼠标，即可修改标尺零点的位置，如图2.22所示。

图2.22 修改标尺零点效果

④ 还原标尺零点

如果要恢复Illustrator默认的文档页面左下角的标尺零点位置，只需要在零点框内双击鼠标即可。

⑤ 修改标尺单位

如果想快捷地修改水平和垂直标尺的单位，可以在水平或垂直标尺上单击鼠标右键，从弹出的快捷菜单中，选择需要的单位即可。

视频讲座2-2：参考线

 案例分类：软件功能类
视频位置：配套光盘\movie\视频讲座
2-2：参考线.avi

参考线是在精确绘图时用来作为参考的线，它只是显示在文档画面中方便对齐图像，并不参加打印。可以移动或删除参考线，或者也可以锁定参考线，以免不小心移动它。它的优点在于可以任意设定它的位置。

创建参考线，可以直接从标尺中拖动来创建，也可以将现有的路径，比如矩形、椭圆等图形制作成参考线，利用这些路径创建的参考线有助于在一个或多个图形周围设计和创建其他图形对象。

提示 ？

文字路径不能用来制作参考线。

① 创建标尺参考线

创建标尺参考线的方法很简单，将光标移动到水平标尺位置，按住鼠标向下拖动可拉出一条线，拖动到达目标位置后释放鼠标，即可创建一条水平参考线。将光标移动到垂直标尺位置，鼠标向右拖动可拉出一条线，拖动到达目标位置后释放鼠标，即可创建一条垂直参考线，创建出的水平和垂直参考线如图2.23所示。

技巧 ！

按住键盘中的Shift键的同时，从标尺位置创建参考线，可以使参考线与标尺刻度吸附对齐。

图2.23 创建标尺参考线

技巧 ！

从标尺拖动参考线时，如果按住"Alt"键的同时拖动，可以从水平标尺中创建垂直参考线；从垂直标尺中创建水平参考线。

② 隐藏参考线

当创建完参考线后，如果暂时用不到参考线，又不想将其删除，为了不影响操作，可以将参考线隐藏。执行菜单栏中的"视图"｜"参考线"｜"隐藏参考线"命令，即可将其隐藏。

③ 显示参考线

将参考线隐藏后，如果想再次应用参考线，可以将隐藏的参考线再次显示出来。执行菜单栏中的"视图"｜"参考线"｜"显示参考线"命令，即可显示隐藏的参考线。

技巧

按"Ctrl + ;"组合键,可以在隐藏参考线和显示参考线命令间转换。

❹ 锁定和解锁参考线

为了避免在操作中误移动或删除参考线,可以将参考线锁定,锁定的参考线将不能再进行编辑操作。具体的操作方法如下:

● 锁定或解锁参考线:执行菜单栏中的"视图"|"参考线"|"锁定参考线"命令,该命令的左侧出现√对号,表示锁定了参考线;再次应用该命令,取消出现的√对号显示,将解锁参考线。

技巧

按"Ctrl + Alt + ;"组合键,可以快速锁定或解锁参考线。

● 锁定或解锁某层上的参考线:在"图层"面板中,双击该图层的名称,在打开的"图层选项"对话框中,勾选"锁定"复选框,如图2.24所示。即可将该层上的参考线锁定。同样的方法,取消勾选"锁定"复选框,即可解锁该层上的参考线。但是它也将该图层上的其他所有对象锁定了。

图2.24 "图层选项"对话框

技巧

除了使用"图层选项"来锁定参考线,也可以在"图层"面板中,单击该层名称左侧的空白框,出现锁形标志时即可将其锁定,如图2.25所示。

图2.25 "图层"面板

提示

使用"图层选项"锁定或解锁参考线,只对当前层中的参考线起作用,不会影响其他层中的参考线。因为锁定了该层参考线的同时也锁定了该层的其他所有图形的编辑,所以该方法对于锁定参考线来说不太实用。

❺ 选择参考线

要想对参考线进行编辑,首先要选择参考线。在选择参考线前,确认菜单"视图"|"参考线"|"锁定参考线"命令处于取消状态,选择参考线的方法如下:

● 选择单条参考线:使用"选择工具"将光标移动到要选择的参考线上,光标的右下角将出现一个方块,此时单击鼠标,即可选择该参考线,选中后的参考线显示为蓝色。

● 选择多条参考线:按住"Shift"键的同时,使用选择单条参考线的方法,分别单击要选择的参考线,即可选择多条参考线。还可以使用框选的形式,使用鼠标拖动一个矩形框进行框选,与矩形框交叉的参考线都可以被选中。

提示

使用框选的方法选择参考线时,拖出的选择框如果接触到其他绘制的图形或文字对象,则其他对象也将被选中。

❻ 移动参考线

创建完参考线后,如果对现存的参考线位置不满意,可以利用"选择工具"来移动参考线的位置。将光标放置在参考线上,光标的右下角将出现一个方块,按住鼠标拖动到合适的位置，释放鼠标即可移动该参考线，如图2.26所示。

图2.26 移动参考线

⑦ 图形化参考线

上面讲解的参考线，都是水平或垂直方向的，有时在绘图时需要不规则的参考线，此时可以应用"制作参考线"命令来将路径转换为参考线，这种方法也叫图形化参考线。

首先选择要制作成为参考线的路径，然后执行菜单栏中的"视图"|"参考线"|"建立参考线"命令，即可将选择的路径转换为参考线，而原来的路径对象的全部属性将消失，该路径只作为参考线存在，而且不能被打印出来。

当然，对于现有的参考线，如果想转换为路径，也是可以的，选择参考线后，执行菜单栏中的"视图"|"参考线"|"释放参考线"命令，可以将选择的参考线转换为图形对象，原来的参考线属性消失，该图形对象将作为路径存在，而且具有了路径的一切属性。

⑧ 清除参考线

创建了多个参考线后，如果想清除其中的某条或多条参考线，可以使用以下方法进行操作：

- 清除指定参考线：选择要清除的参考线后，按键盘上的"Delete"键，即可将指定的参考线删除。
- 清除所有参考线：要清除所有参考线，可以执行菜单栏中的"视图"|"参考线"|"清除参考线"命令，即可将所有参考线清除。

⑨ 设置参考线

执行菜单栏中的"编辑"|"首选项"|"参考线和网格"命令，可以打开"首选项"|"参考线和网格"对话框，通过"颜色"右侧的下拉列表，选择一种颜色来修改参考线的颜色；如果这里的颜色不能满足要求，可以单击右侧的颜色块，打开"颜色"对话框，自行设置颜色；还可以通过"样式"右侧的下拉列表修改参考线的样式，如直线或点线。如图2.27所示。

图2.27 "首选项"|"参考线和网格"对话框

视频讲座2-3：智能参考线

案例分类：软件功能类
视频位置：配套光盘\movie\视频讲座
2-3：智能参考线.avi

智能参考线是Illustrator对图形对象显示的临时的参考线，它对图形对象的创建、对齐、编辑和变换带来极大的方便。当移动、选择、旋转、比例缩放、倾斜对象时，智能参考线将出现不同的提示信息，以方便操作。

执行菜单栏中的"视图"|"智能参考线"命令，即可启用智能参考线。当移动光标经过图形对象时，Illustrator将在光标处显示相应的图形信息，比如位置、路径、锚点、交叉等，这些信息的提示，大大方便了用户的操作。

启用智能参考线后，将光标移动到路径上时，会自动在光标位置显示"路径"字样，当光标移动到路径的锚点上时，则会显示"锚点"字样，而且在路径上将以"×"来显示当前鼠标所在的位置。如图2.28所示为光标移动到路径上的显示效果。

图2.28 智能显示效果

利用智能参考线移动对象，在路径上选定一点并拖动鼠标，可以沿着智能参考线移动图形对象，智能参考线上有一条小竖线"|"和智能参考线相交表示对象的当前位置。如图2.29所示。

图2.29 水平移动效果

除了上面讲解的智能效果，智能应用还有很多，这里就不再赘述了，读者可以自行操作，感受一下智能参考线的强大之处。

视频讲座2-4：网格

案例分类：软件功能类
视频位置：配套光盘\movie\视频讲座
2-4：网格.avi

网格能有效地帮助确定图形的位置和大小，以便在操作中对齐物体，方便图形位置摆放的准确操作。它可以显示为直线，也可以以点线来显示，它不会被打印出来，只是作为一种辅助元素出现。

1 显示网格

执行菜单栏中的"视图"|"显示网格"命令，即可启用网格。此时，"显示网格"命令将变成"隐藏网格"命令。网格以灰色网格状显示，网格的显示效果如图2.30所示。

图2.30 网格效果

② 隐藏网格

执行菜单栏中的"视图"|"隐藏网格"命令，即可隐藏网格。此时，"隐藏网格"命令将变成"显示网格"命令。

技巧

按"Ctrl + ""组合键，可以快速在显示网格和隐藏网格命令中切换。

③ 对齐网格

执行菜单栏中的"视图"|"对齐网格"命令，即可启用网格的吸附功能。在该命令的左侧将出现一个√对号标志，取消√对号标志即取消了相应网格的对齐。在绘制图形和移动图形时，图形将自动沿网格吸附，以方便图形的对齐操作。

技巧

按"Shift + Ctrl + ""组合键，可以快速启用或关闭对齐网格功能。

④ 对齐点

执行菜单栏中的"视图"|"对齐点"命令，即可启用对齐点功能。在该命令的左侧将出现一个√对号标志，取消√对号标志即取消了相应点的对齐。启用该功能后，在移动图形时，锚点会自动对齐。当使用选择工具移动图形时，鼠标的光标为黑色的实心箭头，当靠近锚点时，鼠标光标将变成空心的白箭头，表示点的对齐。光标的变化效果如图2.31所示。

图2.31 光标变化效果

技巧

按"Alt + Ctrl + ""组合键，可以快速启用或关闭对齐点功能。

⑤ 设置网格

如果使用默认的网格，不仅能满足排版的

需要，还可以通过首选项命令，对网格进行更加详细的自定义设置。

执行菜单栏中的"编辑"|"首选项"|"参考线和网格"命令，可以打开"首选项"|"参考线和网格"对话框，在这里可以对网格进行详细的设置。如图2.32所示。

通过"颜色"右侧的下拉列表，选择一种颜色来修改参考线的颜色；如果这里的颜色不能满足要求，可以双击右侧的颜色块，打开"颜色"对话框，自行设置颜色；还可以通过"样式"右侧的下拉列表修改参考线的样式，如直线或点线。如图2.32所示。

图2.32 "首选项"|"参考线和网格"对话框

"首选项"|"参考线和网格"对话框中"网格"选项组中的选项含义说明如下：

- "颜色"：设置网格的颜色。可以选择现有的颜色，也可以选择"其他"命令，打开"颜色"对话框，设置自己需要的颜色。
- 颜色块：双该颜色块，也可打开"颜色"对话框，自行设置网格颜色。
- "样式"：通过"样式"右侧的下拉列表选项，修改网格线的显示样式，如直线或点线。
- "网格线间隔"：直接在右侧的文本框中输入数值，用来修改粗线网格间的距离。
- "次分隔线"：直接在右侧的文本框中输入数值，用来修改粗网格内细方格的数量。
- "网格置后"：勾选该复选框，网格将显示在所有图形的后面，以免影响其他图形的显示。

第3章 基本图形的绘制

〔**内容摘要**〕

　　本章首先介绍了路径和锚点的概念；然后讲解了如何利用钢笔工具绘制路径；接着介绍了基本图形的绘制，包括直线、弧线、螺旋线等；再介绍了几何图形的绘制，包括矩形、椭圆和多边形等；还介绍了徒手绘图工具的使用，包括铅笔、平滑、橡皮擦等工具的使用技巧。不仅讲解了基本的绘图方法，而且详细讲解了各工具的参数设置，这对于精确绘图有很大的帮助。通过本章的学习，能够进一步掌握各种绘图工具的使用技巧，并利用简单的工具绘制出精美的图形。

〔**教学目标**〕

- 了解路径和锚点的含义
- 掌握钢笔工具的不同使用技巧
- 掌握简单线条形状的绘制
- 掌握简单几何图形的绘制
- 掌握徒手绘图工具的使用

3.1 认识路径和锚点

　　路径和锚点（节点）是矢量绘图中的重要概念。任何一种矢量绘图软件的绘图基础都是建立在对路径和节点的操作之上的。Illustrator 最吸引人之处就在于它能够把非常简单的、常用的几何图形组合起来并做色彩处理，生成具有奇妙形状和丰富色彩的图形。这一切得以实现是因为引入了路径和节点的概念。本节重点介绍Illustrator CC中的各种路径和各种锚点。

3.1.1 认识路径

　　在Illustrator CC中，使用绘图工具绘制的所有对象，无论是单一的直线、曲线对象或者是矩形、多边形等几何形状，甚至使用文本工具录入的文本对象，都可以称为路径，这是矢量绘图中一个相当特殊但又非常重要的概念。绘制一条路径之后，可通过改变它的大小、形状、位置和颜色并对它进行编辑。

　　路径是由一条或多条线段或曲线组成，在Illustrator CC中的路径根据使用的习惯以及不同的特性可以分为3种类型：开放路径、封闭路径和复合路径。

① 开放路径

　　开放路径是指像直线或曲线那样的图形对象，它们的起点和终点没有连在一起。如果要填充一条开放路径，则程序将会在两个端点之间绘制一条假想的线并且填充该路径。如图3.1所示。

图3.1 开放路径效果

❷ 封闭路径

封闭路径是指起点和终点相互连接着的图形对象，如矩形、椭圆和圆、多边形等。如图3.2所示。

图3.2 封闭路径效果

❸ 复合路径

复合路径是一种较为复杂的路径对象，它是由两个或多个开放或封闭的路径组成，可以利用菜单中的"对象"|"复合路径"|"建立"命令来制作复合路径，也可以利用菜单中的"对象"|"复合路径"|"释放"命令将复合路径释放。

3.1.2 认识锚点

锚点也叫节点，是控制路径外观的重要组成部分，通过移动锚点，可以修改路径的形状，使用"直接选择工具"选择路径时，将显示该路径的所有锚点。在Illustrator中，根据锚点属性的不同，可以将它们分为两种，分别是角点和平滑点，如图3.3所示。

图3.3 角点和平滑点

角点会突然改变方向，而且角点的两侧没有控制柄。平滑点不会突然改变方向，在平滑点某一侧或两侧将出现控制柄，有时平滑点的一侧会是直线，另一侧是曲线。

❶ 角点

角点是指能够使通过它的路径的方向发生突然改变的锚点。如果在锚点上两个直线相交成一个明显的角度，这种锚点就叫做角点，角点的两侧没有控制柄。

❷ 平滑点

在Illustrator CC中曲线对象使用最多的锚点就是平滑点，平滑点不会突然的改变方向，在平滑点某一侧或两侧将出现控制柄，而且控制柄是独立的，可以单独操作以改变路径曲线，有时平滑点的一侧是直线，另一侧是曲线。

3.2 钢笔工具的使用

"钢笔工具"是Illustrator里功能最强大的工具之一，利用"钢笔工具"可以绘制各种各样的图形，可以轻松绘制直线和相当精确的平滑、流畅曲线。

3.2.1 利用钢笔工具绘制直线

利用"钢笔工具"绘制直线是相当简单的，首先从工具箱中选择"钢笔工具"，把光标移到绘图区，在任意位置单击一点作为起点，然后移动光标到适当位置单击确定第2点，两点间就出现了一条直线段，如果继续单击鼠标，则又在落点与上一次单击点之间画出一条直线，如图3.4所示。

图3.4 绘制直线

3.2.2 利用钢笔工具绘制曲线

选择"钢笔工具"，在绘图区单击鼠标确定起点，然后移动光标到合适的位置，按住鼠标向所需的方向拖动绘制第2点，即可得到一条曲线；同样的方法可以继续绘制更多的曲线。如果想起点也是曲线点，可以在起点绘制时按住鼠标拖动，可以将起点也绘制成曲线点。在拖动时绘制曲线时，将出现两个控制柄，控制柄的长度和坡度将决定了线段的形状。绘制过程如图3.5所示。

图3.5 绘制曲线

3.2.3 利用钢笔工具绘制封闭图形

下面利用"钢笔工具"来绘制一个封闭的

心形效果，首先在绘图区单击绘制起点；然后在适当的位置单击拖动，绘制出第2个曲线点，即心形的左肩部；然后再次单击鼠标绘制心形的第3点；在心形的右肩部单击拖动，绘制第4点；将鼠标移动到起点上，当放置正确时在指针的旁边会出现一个小的圆环，单击鼠标封闭该路径。绘制过程如图3.6所示。

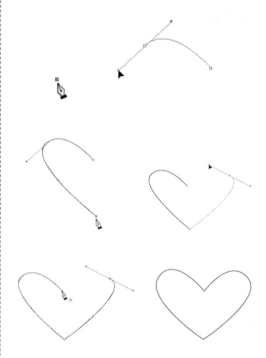

图3.6 绘制心形过程

3.2.4 钢笔工具的其他用法

"钢笔工具"不但可以绘制直线和曲线，还可以在绘制过程中添加和删除锚点、重绘路径和连接路径，具体的操作介绍如下。

① 添加和删除锚点

在绘制路径的过程中，或选择一个已经绘制完成的路径图形，选择钢笔工具，将光标靠近路径线段，当钢笔光标的右下角出现一个加号时单击鼠标，即可在此处添加一个锚点，操作过程如图3.7所示。如果要删除锚点，可以将光标移动到路径锚点上，当光标右下角出现一个减号时单击鼠标，即可将该锚点删除。

图3.7 添加锚点过程

② 重绘路径

在绘制路径的过程中，不小心中断了绘制，此时再次绘制路径将与刚才的路径独立，不再是一个路径了，如果想从刚才的路径点重新绘制下去，就可以应用重绘路径的方法来继续绘制。

首先选择"钢笔工具" ✏️，然后将光标移动到要重绘的路径锚点处，当光标变成 ◆ 状时单击鼠标，此时可以看到该路径变成选中状态，然后就可以继续绘制路径了。操作过程如图3.8所示。

图3.8 重绘路径的操作过程

③ 连接路径

在绘制路径的过程中，利用"钢笔工具"还可以将两条独立的开放路径连接成一条路径。首先选择"钢笔工具" ✏️，然后将光标移动到要重绘的路径锚点处，当光标变成 ◆ 状时单击鼠标，然后将光标移动到另一条路径的要连接的起点或终点的锚点上，当光标变成 ◆ 状时，单击鼠标即可将两条独立的路径连接起来，连接时系统会根据两个锚点最近的距离生成一条连接线。操作过程如图3.9所示。

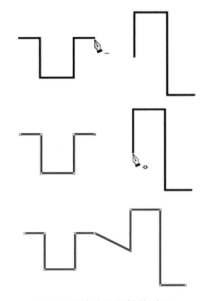

图3.9 连接路径的操作过程

3.3 简单线条形状的绘制

Illustrator CC为用户提供了简单线条形状的绘制工具，包括"直线段工具" ╱ 、"弧形工具" ╱ 、"螺旋线工具" ◎ 、"矩形网格工具" ▦ 和"极坐标网格工具" ◉ ，利用这些工具，可以轻松绘制各种简单的线条形状。

3.3.1 直线段工具

"直线段工具"主要用来绘制不同的直线，可以使用直接绘制的方法来绘制直线段，也可以利用"直线段工具选项"对话框来精确绘制直线段,具体的操作方法介绍如下。

在工具箱中选择"直线段工具" ,然后在绘图区的适当位置按下鼠标确定直线的起点,然后在按住鼠标不放的情况下向所需要的位置拖动,当到达满意的位置时释放鼠标即可绘制一条直线段。绘制过程如图3.10所示。

图3.10 绘制直线段过程

在绘制直线段时,按住空格键可以移动直线的位置;按住"Shift"键可以绘制出成45度整数倍方向的直线;按住"Alt"键可以从单击点为中心向两端延伸绘制直线;按住"~"键的同时拖动鼠标,可以绘制出多条直线段;按住"Alt+~"组合键可以绘制多条以单击点为中心并向两端延伸的直线段。

也可以利用"直线段工具选项"对话框来精确绘制直线。首先选择"直线段工具" ,在绘图区内单击确定起点,将弹出如图3.11所示的"直线段工具选项"对话框,并在其中的"长度"文本框中输入直线的长度值;在"角度"文本框中输入所绘直线的角度;如果勾选"线段填色"复选框,绘制的直线段将具有内部填充的属性,完成后单击"确定"按钮,即可绘制出直线段。

图3.11 "直线段工具选项"对话框

3.3.2 弧形工具

弧形工具的绘制方法与绘制直线段的方法相同,利用"弧线工具"可以绘制任意的弧形和弧线。具体的操作方法介绍如下。

在工具箱中选择"弧形工具" ,然后在绘图区的适当位置按下鼠标确定弧线的起点,然后在按住鼠标不放的情况下向所需要的位置拖动,当到达满意的位置时释放鼠标即可绘制一条弧线。绘制过程如图3.12所示。

图3.12 弧线绘制过程

在绘制弧形或弧线时按住空格键可以移动弧形或弧线;按住"Alt"键可以绘制以单击点为中心向两边延伸的弧形或弧线;按住"~"键可以绘制多条弧线和多个弧形;按住"Alt+~"组合键可以绘制多条以单击点为中心并向两端延伸的弧形或弧线。在绘制的过程中,按"C"键可以在开启和封闭弧形间切换;按"F"键可以在原点维持不动的情况下翻转弧形;按向上方向键↑或向下方向键↓,可以增加或减少弧形角度。

也可以利用"弧线段工具选项"对话框精确绘制弧线或弧形。首先选择"弧形工具" ,在绘图区内单击确定起点,将弹出如图3.13所示的"弧线段工具选项"对话框。在"X轴长度"文本框中输入弧形水平长度值;在"Y轴长度"文本框中输入弧形垂直长度值;在"基准点" 上可以设置弧线的基准点。在"类型"下拉列表中选择弧形为开放路径或封闭路径;在"基线轴"下拉列表中选择弧形方向,指定X轴(水平)或Y轴(垂直)基准线;在"斜率"文本框中,指定弧形斜度的方向,负值偏向"凹"方,正值偏向"凸"方,也可以直接拖动下方的滑块来确定斜率;如果勾选"弧线填色"复选框,绘制的弧线将自动填充颜色。完成后单击"确定"按钮，即可绘制出弧线或弧形。

图3.13 "弧线段工具选项"对话框

视频讲座3-1：绘制风景画

案例分类：进阶技能类
视频位置：配套光盘\movie\视频讲座
3-1：绘制风景画.avi

本实例首先使用"矩形工具"绘制出矩形，然后将其填充为渐变制作出背景；接着使用"弧形工具"制作花朵效果；最后添加符号和光晕，完成整个风景画的绘制。通过本例的制作，了解符号的应用，掌握弧形工具的使用方法。

步骤01 新建一个页面。选择"矩形工具" 　，在页面中绘制一个矩形。

步骤02 按"Ctrl＋F9"打开"渐变"面板，设置渐变的颜色为从青色（C:80；M:0；Y:0；K:0）到土黄色（C:20；M:0；Y:50；K:0）的线性渐变，如图3.14所示，然后将其填充到矩形中，并将描边的颜色设置为无，如图3.15所示。

图3.14 渐变设置　　图3.15 填充效果

步骤03 选择"弧形工具" 　，按住"~"键的同时，在页面中从右至左迅速拖动鼠标，绘制出多条弧线，将它们的填充设为无，描边颜色设为洋红色（C:14，M:100，Y:60，K:0），描边粗细设为1pt，效果如图3.16所示。

步骤04 选择"弧形工具" 　，在页面中适当位置按下鼠标并拖动，绘制出一条弧线，将弧线的填充颜色设为无，描边颜色设为绿色（C:70，M:0，Y:85，K:0），描边粗细设为10pt，效果如图3.17所示。

图3.16 弧线效果图　　图3.17 绘制弧线

步骤05 使用上面同样的方法，选择"弧形工具" 　，按住"~"键的同时在页面中绘制多条弧线，设置其填充为无，描边颜色为绿色（C:70，M:0，Y:85，K:0），描边粗细设为1pt，制作出花的叶片效果，如图3.18所示。

步骤06 选取刚绘制的花叶的所有弧线，双击工具箱中的"镜像工具" 　，弹出"镜像"对话框，在其中选中"垂直"单选按钮，然后单击"复制"按钮，即可复制出一个花叶，将复制生成的花叶水平向右移至适当位置，效果如图3.19所示。

图3.18 绘制花叶　　图3.19 "镜像"对话框

步骤07 再次使用"弧形工具" 　，并结合"~"键在页面中绘制其他的花叶效果，效果如图3.20所示。

步骤08 添加符号。打开"符号"面板，单击右上的 　按钮，在弹出的快捷菜单中选择"打开符号库"｜"自然"命令，打开"自然"符号面板，如图3.21所示。

图3.20 绘制花叶　　图3.21 "自然"符号面板

步骤09 在"自然"符号面板中分别拖动一些符号到页面中，调整它们的位置和大小，效果如图3.22所示。

步骤10 选择"光晕工具" （此处为工具图标），在页面中适当的位置按下鼠标并拖动，绘制出光晕，将鼠标指针移至其他位置单击，得到整个光晕和环形效果，这样就完成了整个风景画的绘制，完成的最终效果如图3.23所示。

图3.22 添加符号的效果　　图3.23 最终效果

3.3.3 螺旋线工具

螺旋线工具可以根据设定的条件数值，绘制螺旋状的图形。在工具箱中选择"螺旋线工具" ⊚，然后在绘图区的适当位置按下鼠标确定螺旋线的中心点，然后在按住鼠标不放的情况下向外拖动，当到达满意的位置时释放鼠标即可绘制一条螺旋线。绘制过程如图3.24所示。

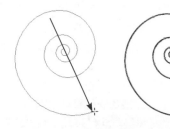

图3.24 螺旋线绘制过程

技巧

在绘制螺旋线的过程中，按住"Ctrl"键拖动鼠标，可以修改螺旋线的衰减度大小，拖动时，靠近中心点向里拖动可以增大螺旋线的衰减度；向外拖动可以减小螺旋线的衰减度。按向上方向键↑或向下方向键↓，可以增加或减少螺旋线的段数。按住"～"键可以绘制多条螺旋线。

也可以利用"螺旋线"对话框精确绘制螺旋线。首先选择"螺旋线工具" ⊚，在绘图区内单击确定螺旋线的中心点，将弹出如图3.25所示的"螺旋线"对话框。在"半径"文本框中输入螺旋线的半径值，用来指定螺旋形中心点至最外侧点的距离；在"衰减"文本框中输入螺旋线的衰减值，指定螺旋形的每一圈与前一圈相比之下，减少的数量。在"段数"文本框中输入螺旋线的区段数，螺旋形状的每一整圈包含4个区段，也可单击"下箭头"来修改段数值。在"样式"选项中设计螺旋线的方向，包括 ⊚ 顺时针和 ⊚ 逆时针。

螺旋线

半径(R)：60 mm

衰减(D)：70%

段数(S)：10

样式(T)： ⊚ ⊚

确定　　取消

图3.25 "螺旋线"对话框

3.3.4 矩形网格工具

"矩形网格工具"可以根据设定的条件数值快速绘制矩形网格。在工具箱中选择"矩形网格工具" ▦，然后在绘图区的适当位置按下鼠标确定矩形网格的起点，然后在按住鼠标不放的情况下向需要的位置拖动，当到达满意的位置时释放鼠标即可绘制一个矩形网格。绘制过程如图3.26所示。

图3.26 矩形网格绘制过程

技巧

在绘制矩形网格时，按"Shift"键可以绘制出正方形网格。按"Alt"键可以绘制出以单击点为中心并向两边延伸的网格。按"Shift + Alt"组合键可以绘制出以单击点为中心并向两边延伸的正方形网格。按住空格键可以移动网格。按向上方向键↑或向下方向键↓，可用来增加或删除水平线段。按向右方向键→或向左方向键←，可用来增加或移除垂直线段。按"F"键可以让水平分隔线的对数偏斜值减少10%，按"V"键可以让水平分隔线的对数偏斜值增加10%。按"X"键可以让垂直分隔线的对数偏斜值减少10%，按"C"键可以让垂直分隔线的对数偏斜值增加10%。按住"～"键可以绘制多个网格；按住"Alt + ～"组合键可以绘制多个以单击点为中心并向两端延伸的网格。

在绘制矩形网格时，按"Shift"键可以绘制出正方形网格。按"Alt"键可以绘制出以单击点为中心并向两边延伸的网格。按"Shift + Alt"组合键可以绘制出以单击点为中心并向两边延伸的正方形网格。按住空格键可以移动网格。按向上方向键↑或向下方向键↓，可用来增加或删除水平线段。按向右方向键→或向左方向键←，可用来增加或移除垂直线段。按"F"键可以让水平分隔线的对数偏斜值减少10%，按"V"键可以让水平分隔线的对数偏斜值增加10%。按"X"键可以让垂直分隔线的对数偏斜值减少10%，按"C"键可以让垂直分隔线的对数偏斜值增加10%。按住"～"键可以绘制多个网格；按住"Alt + ～"组合键可以绘制多个以单击点为中心并向两端延伸的网格。也可以利用"矩形网格工具选项"对话框精确绘制网格。首先选择"矩形网格工具" 在绘图区内单击确定网格的起点，将弹出如图3.27所示的"矩形网格工具选项"对话框。

图3.27 "矩形网格工具选项"对话框

"矩形网格工具选项"对话框中各选项的含义说明如下：

- "默认大小"：设置网格整体的大小。"宽度"用来指定整个网格的宽度；"高度"用来指定整个网格的高度；基准点用来设置绘制网格时的参考点，就是确认单击时的起点位置位于网格的哪个角。
- "水平分隔线"：在"数量"文本框中输入在网格上下之间出现的水平分隔线数目，"倾斜"用来决定水平分隔线偏向上方或下方的偏移量。
- "垂直分隔线"：在"数量"文本框中输入在网格左右之间出现的垂直分隔线数目，"倾斜"用来决定垂直分隔线偏向左方或右方的偏移量。
- "使用外部矩形作为框架"：将外矩形作为框架使用，决定是否用一个矩形对象取代上、下、左、右的线段。
- "填色网格"：勾选该复选框，使用当前的填色颜色填满网格线，否则填充色就会被设定为无。

3.3.5 极坐标网格工具

"极坐标网格工具"的使用方法与矩形网格工具相同。在工具箱中选择"极坐标网格工具"，然后在绘图区的适当位置按下鼠标确定极坐标网格的起点，然后在按住鼠标不放的情况下向需要的位置拖动，当到达满意的位置时释放鼠标即可绘制一个极坐标网格。绘制过程如图3.28所示。

图3.28 极坐标网格绘制过程

技巧

在绘制极坐标网格时，按"Shift"键可以绘制出正圆形极坐标网格。按"Alt"键可以绘制出以单击点为中心并向两边延伸的极坐标网格。按"Shift + Alt"组合键可以绘制出以单击点为中心并向两边延伸的正圆形极坐标网格。按住空格键可以移动极坐标网格的位置。按向上方向键↑或向下方向键↓，可用来增加或删除同心圆分隔线。按向右方向键→或向左方向键←，可用来增加或移除径向分隔线。按"F"键可以让径向分隔线的对数偏斜值减少10%，按"V"键可以让径向分隔线的对数偏斜值增加10%。按"X"键可以让同心圆分隔线的对数偏斜值减少10%，按"C"键可以让同心圆分隔线的对数偏斜值增加10%。按住"～"键可以绘制多个极坐标网格；按住"Alt + ～"组合键可以绘制多个以单击点为中心并向两端延伸的极坐标网格。

也可以利用"极坐标网格工具选项"对话框精确绘制极坐标网格。首先选择"矩形网格工具"▦在绘图区内单击确定极坐标网格的起点，将弹出如图3.29所示的"极坐标网格工具选项"对话框。

"极坐标网格工具选项"对话框中各选项的含义说明如下：

● "默认大小"：设置极坐标网格的大小。"宽度"用来指定极坐标网格的宽度；"高度"用来指定极坐标网格的高度；基准点▣用来设置绘制极坐标网格时的参考点，就是确认单击时的起点位置位于极坐标网格的哪个角点位置。

图3.29 "极坐标网格工具选项"对话框

● "同心圆分隔线"：在"数量"文本框中输入在网格中出现的同心圆分隔线数目，然后在"倾斜"文本框中输入向内或向外偏移的数值，以决定同心圆分隔线偏向网格内侧或外侧的偏移量。

● "径向分隔线"：在"数量"文本框中输入在网格圆心和圆周之间出现的向向分隔线数目。然后在"倾斜"文本框中输入向下方或向上方偏移的数值，以决定径向分隔线偏向网格的顺时针或逆时针方向的偏移量。

● "从椭圆创建复合路径"，根据椭圆形建立复合路径，可以将同心圆转换为单独的复合路径，而且每隔一个圆就填色。勾选与不勾选该复选框的填充效果对比，如图3.30所示。

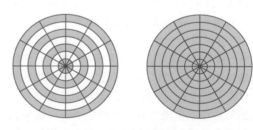

图3.30 勾选与不勾选"从椭圆创建复合路径"复选框的填充效果对比

● "填色网格"：勾选该复选框，将使用用当前的填色颜色填满网格，否则填充色就会被设定为无。

3.4 简单几何图形的绘制

Illustrator CC为用户提供了几种简单的几何图形工具，利用这些工具可以轻松绘制几何图形，主要包括"矩形工具" 、"圆角矩形工具"、"椭圆工具"、"多边形工具"、"星形工具"和"光晕工具"。

视频讲座3-2：矩形工具的使用

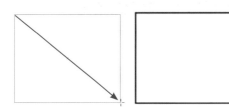

案例分类：软件功能类
视频位置：配套光盘\movie\视频讲座3-2：矩形工具的使用.avi

"矩形工具"主要用来绘制长方形和正方形，是最基本的绘图工具之一，可以使用以下几种方法来绘制矩形。

① 使用拖动法绘制矩形

在工具箱中选择"矩形工具" ，此时光标将变成了十字型，然后在绘图区中适当位置按下鼠标确定矩形的起点，然后在按住鼠标不放的情况下向需要的位置拖动，当到达满意的位置时释放鼠标即可绘制一个矩形。绘制过程如图3.31所示。当使用"矩形工具"绘制矩形，在拖动鼠标时，第1次单击的起点的位置并不发生变化，当向不同方向拖动不同距离时，可以得到不同形状、不同大小的矩形。

图3.31 直接拖动绘制矩形

技巧

在绘制矩形的过程中，按"Shift"键可以绘制一个正方形；按"Alt"键可以以单击点为中心绘制矩形；按"Shift + Alt"组合键可以以单击点为中心绘制正方形；按空格键可以移动矩形的位置。按住"～"键可以绘制多个矩形；按住"Alt+～"组合键可以绘制多条以单击点为中心并向两端延伸的矩形。

② 精确绘制矩形

在绘图过程中，很多情况下需要绘制尺寸精确的图形。如果需要绘制尺寸精确的矩形或正方形，用拖动鼠标的方法显然不行。这时就需要使用"矩形"对话框来精确绘制矩形。

首先在工具箱中选择"矩形工具" ，然后将光标移动到绘图区合适的位置单击，即可弹出如图3.32所示"矩形"对话框，在"宽度"文本框中输入合适的宽度值；在"高度"文本框中输入合适的高度值，然后单击"确定"按钮即可创建一个精确的矩形。

图3.32 "矩形"对话框

视频讲座3-3：圆角矩形工具的使用

案例分类：软件功能类
视频位置：配套光盘\movie\视频讲座3-3：圆角矩形工具的使用.avi

"圆角矩形工具"的使用方法与"矩形工具"相同，直接拖动鼠标可绘制具有一定圆角度的矩形或正方形。绘制过程如图3.33所示。

图3.33 直接拖动绘制圆角矩形

在绘制圆角矩形的过程中，按"Shift"键可以绘制一个圆角正方形；按"Alt"键可以以单击点为中心绘制圆角矩形；按"Shift + Alt"组合键可以以单击点为中心绘制圆角正方形；按空格键可以移动圆角矩形的位置。按向上方向键↑或向下方向键↓，可用来增加或减小圆角矩形的圆角半径大小。按向右方向键→，可以以最半圆形的圆角度绘制圆角矩形；按向左方向键←，可用来绘制矩形。按住"～"键可以绘制多个圆角矩形；按住"Alt+～"组合键可以绘制多条以单击点为中心并向两端延伸的圆角矩形。

当然，也可以像绘制矩形一样精确绘制圆角矩形。首先在工具箱中选择"圆角矩形工具" ▣，然后将光标移动到绘图区合适的位置单击，即可弹出如图3.34所示"圆角矩形"对话框，在"宽度"文本框中输入数值，指定圆角矩形的宽度；在"高度"文本框中输入数值，指定圆角矩形的高度；在"圆角半径"文本框中输入数值，指定圆角矩形的圆角半径大小。然后单击"确定"按钮即可创建一个精确的圆角矩形。

图3.34 "圆角矩形"对话框

视频讲座3-4：椭圆工具的使用

案例分类：软件功能类
视频位置：配套光盘\movie\视频讲座3-4：椭圆工具的使用.avi

"椭圆工具"的使用方法与"矩形工具"相同，直接拖动鼠标可绘制一个椭圆或正圆形。绘制过程如图3.35所示。

图3.35 直接拖动绘制椭圆或正圆

在绘制椭圆的过程中，按"Shift"键可以绘制一个正圆；按"Alt"键可以以单击点为中心绘制椭圆；按"Shift + Alt"组合键可以以单击点为中心绘制正圆；按空格键可以移动椭圆的位置。按住"～"键可以绘制多个椭圆；按住"Alt+～"组合键可以绘制多条以单击点为中心并向两端延伸的椭圆。

当然，也可以像绘制矩形一样精确绘制椭圆或正圆。首先在工具箱中选择"椭圆工具" ▣，然后将光标移动到绘图区合适的位置单击，即可弹出如图3.36所示"椭圆"对话框。在"宽度"文本框中输入数值，指定椭圆的宽度值，即横轴长度；在"高度"文本框中输入数值，指定椭圆的高度值，即纵轴长度；如果输入的宽度值和高度值相同，绘制出来的就是正圆形。然后单击"确定"按钮即可创建一个精确的椭圆。

图3.36 "椭圆"对话框

视频讲座3-5：多边形工具

案例分类：软件功能类
视频位置：配套光盘\movie\视频讲座3-5：多边形工具.avi

利用多边形工具可以绘制各种多边形效果，如三角形、五边形、十边形等。多边形的绘制与其他图形稍有不同，在拖动时它的单击点为多边形的中心点。

在工具箱中选择"多边形工具" ▣，然后在绘图区适当位置按下鼠标并向外拖动，即可绘制一个多边形，其中鼠标落点是图形的中心点，鼠标的释放位置为多边形的一个角点，拖动的同时可以转动多边形角点位置。绘制过程如图3.37所示。

完全掌握Illustrator CC超级手册

图3.37 绘制多边形效果

技巧

在绘制多边形的过程中，按"Shift"键可以绘制一个正多边形；按空格键可以移动圆角矩形的位置。按住"～"键可以绘制多个多边形；按住"Alt+～"组合键可以绘制多个以单击点为中心并向两端延伸的多边形。

用数值方法绘制精确的多边形。选中"多边形工具"之后，单击屏幕的任何位置，将会弹出如图3.38所示的"多边形"对话框。在"半径"文本框中输入数值，指定多边形的半径大小；在"边数"文本框中输入数值，指定多边形的边数。

图3.38 "多边形"对话框

视频讲座3-6：星形工具

案例分类：软件功能类
视频位置：配套光盘\movie\视频讲座
3-6：星形工具.avi

利用"星形工具"可以绘制各种星形效果，使用方法与多边形相同，直接拖动即可绘制一个星形。在绘制星形时，如果按住"～"键、"Alt＋～"组合键或"Shift＋～"组合键，可以绘制出不同的多个星形效果，其效果分别如图3.39、图3.40和图3.41所示。

图3.39 按住"～"键

图3.40 按住"Alt＋～"组合键

图3.41 按住"Shift＋～"组合键

技巧

在绘制星形的过程中，按住"Shift"键可以把星形摆正；按住"Alt"键可以使每个角两侧的"肩线"在一条直线上；按住空格键可以移动星形的位置。按住"Ctrl"键可以修改星形内部或外部的半径值；按向上方向键↑或↓向下方向键，可用来增加或减少星形的角数。

使用"星形"对话框精确绘制星形。在工具箱中选择"星形工具"，然后在绘图区适当位置单击，则会弹出如图3.42所示的"星形"对话框。在"半径1"文本框中输入数值，指定星形中心点到星形最外部点的距离；在"半径2"文本框中输入数值，指定星形中心点到星形内部点的距离；在"角点数"文本框中输入数值，指定星形的角点数目。

技巧

"半径1"和"半径2"到外部和内部点的距离不是固定的，一般来说，谁的值大谁表示星形中心到最外部点的距离。两者的差值越大，绘制的星形越尖；两者的差值越小，绘制的星形就钝。如果两个值相同，可以绘制出多边形。

图3.42 "星形"对话框

视频讲座3-7：光晕工具

案例分类：软件功能类
视频位置：配套光盘\movie\视频讲座
3-7：光晕工具.avi

"光晕工具"可以模拟相机拍摄时产生的光晕效果。光晕的绘制与其他图形的绘制很不相同，首先选择"光晕工具"，然后在绘图区的适当位置按住鼠标拖动绘制出光晕效果，达到满意效果后释放鼠标，然后在合适的位置单击鼠标，确定光晕的方向，这样就绘制出了光晕效果，如图3.43所示。

拖动绘制出光晕

单击确定光晕的方向

图3.43 光晕的绘制效果

技巧

在绘制光晕的过程中，按向上方向键↑或↓向下方向键，可用来增加或减少光晕的射线数量。

如果想精确绘制光晕，可以在工具箱中选择"光晕工具"，然后在绘图区的适当位置单击鼠标，弹出如图3.44所示的"光晕工具选项"对话框，对光晕进行详细设置。

图3.44 "光晕工具选项"对话框

"光晕工具选项"对话框中各选项的含义说明如下：

- "居中"：设置光晕中心的光环设置。"直径"用来指定光晕中心光环的大小。"不透明度"用来指定光晕中心光环的不透明度，值越小越透明。"亮度"用来指定光晕中心光环的明亮程度，值越大，光环越亮。
- "光晕"：设置光环外部的光晕。"增大"用来指定光晕的大小，值越大，光晕也就越大。"模糊度"用来指定光晕的羽化柔和程度，值越大越柔和。
- "射线"：勾选该复选框，可以设置光环周围的光线。"数量"用来指定射线的数目。"最长"用来指定射线的最长值，以此来确定射线的变化范围。"模糊度"用来指定射线的羽化柔和程度，值越大越柔和。
- "环形"：设置外部光环及尾部方向的光环。"路径"用来指定尾部光环的偏移数值。"数量"用来指定光圈的数量。"最大"用来指定光圈的最大值，以此来确定光圈的变化范围。"方向"用来设置光圈的方向，可以直接在文本框中输入数值，也可以拖动其左侧的指针来调整光圈的方向。

3.5 徒手绘图工具

除了前面讲过的线条绘制和几何图形绘制，还可以选择以徒手形式来绘制图形。徒手绘图工具包括"铅笔工具" ✐、"平滑工具" ✐、"路径橡皮擦工具" ✐、"橡皮擦工具" ▱、"剪刀工具" ✂ 和"刻刀" ✐，利用这些工具可以徒手绘制各种比较随意的图形效果。

3.5.1 铅笔工具

使用"铅笔工具"能够绘制自由宽度和形状的曲线，创建开放路径和封闭路径。就如同在纸上用铅笔绘图一样。这对速写或建立手绘外观很有帮助，当完成绘制路径后，还可以随时对其进行修改。与"钢笔工具"相比，尽管"铅笔工具"所绘制的曲线不如"钢笔工具"精确，但"铅笔工具"能绘制的形状更为多样，使用方法更为灵活，容易掌握。可以说使用"铅笔工具"就可完成大部分精度要求不是很高的几何图形。

另外，使用"铅笔工具"还可以设置它的保真度、平滑度及填充与描边，有了这些设置使"铅笔工具"在绘图中更加随意和方便。

① 设置铅笔工具的参数

设置"铅笔工具"的参数和前面讲过的工具不太相同，要打开"铅笔工具选项"对话框必须双击工具箱里的"铅笔工具" ✐ 图标。"铅笔工具选项"对话框如3.45所示。

图3.45 "铅笔工具选项"对话框

"铅笔工具选项"对话框中各选项的含义说明如下：

- "保真度"：设置"铅笔工具"绘制曲线时路径上各点的精确度，值越小，所绘曲线越粗糙；值越大，路径越平滑且越简单。取值范围为0.5~20像素之间。

- "平滑度"：指定"铅笔工具"所绘制曲线的光滑度。平滑度的范围为0%~100%，值越大，所绘制的曲线越平滑。

- "填充新铅笔锚边"：勾选该复选框，在使用"铅笔工具"绘制图形时，系统会根据当前填充颜色将铅笔绘制的图形进行填色。

- "保持选定"：勾选该复选框，将使"铅笔工具"绘制的曲线处于选中状态。

- "编辑所选路径"：勾选该复选框，则可编辑选中的曲线的路径，可使用"铅笔工具"来改变现有选中的路径。并可以在范围设置文本框中设置编辑范围。当"铅笔工具"与该路径之间的距离接近设置的数值，即可对路径进行编辑修改。

② 绘制开放路径

在工具箱中选择"铅笔工具" ✐，然后将光标移动到绘图区，此时光标将变成 ✐ 状，按住鼠标根据自己的需要拖动，当达到所需要求时释放鼠标，即可绘制一条开放路径，如图3.46所示。

图3.46 绘制开放路径

③ 绘制封闭路径

选择铅笔工具，在绘图区按住鼠标拖动开始路径的绘制，当达到自己希望的形状时，返回到起点处按住"Alt"键，可以看到铅笔光标的右下角出现一个圆形，释放鼠标即可绘制一个封闭的图形。绘制封闭路径过程如图3.47所示。

图3.47 绘制封闭路径过程

技巧

在绘制过程中，必须是先绘制再按"Alt"键；当绘制完成时，要先释放鼠标后再释放"Alt"键。这也是大部分辅助键的使用技巧，要特别注意。另外，如果此时铅笔工具并没有返回到起点位置，在中途按"Alt"键并释放鼠标，系统会沿起点与当前铅笔位置自动连接一条线将其封闭。

④ 编辑路径

如果对绘制的路径不满意，还可以使用"铅笔工具"本身来快速修改绘制的路径。首先要确认路径处于选中状态，将光标移动到路径上，当光标变成✐状时，按住鼠标按自己的需要重新绘制图形，绘制完成后释放鼠标即可看到路径的修改效果。操作效果如图3.48所示。

图3.48 编辑路径效果

⑤ 转换封闭与开放路径

利用"铅笔工具"还可以将封闭的路径转换为开放路径，或将开放路径转换为封闭路径，首先选择要修改的封闭路径，用"铅笔工具"在封闭路径上当光标变成✐状时，按住鼠标向路径的外部或内部拖动，当到达满意的位置后，释放鼠标即可将封闭路径转换为开放的路径。操作效果如图3.49所示。

提示

这里为了让读者能够清楚的看到路径的断开效果，故意将路径锚点移动了一些。

图3.49 转移为开放路径操作效果

如果要将开放的路径封闭起来，可以先选择要封闭的开放路径，然后将光标移动到开放路径的其中的一个锚点上当光标变成✐状时，然后按住鼠标拖动到另一个开放的锚点上，释放鼠标即可将开放的路径封闭起来。封闭操作过程如图3.50所示。

图3.50 封闭路径操作效果

3.5.2 平滑工具

"平滑工具"可以将锐利的曲线路径变得更平滑。"平滑工具"主要是在原有路径的基础上，根据用户拖动出的新路径自动平滑原有路径，而且可以多次拖动以平滑路径。

在使用"平滑工具"前，可以通过"平滑工具选项"对话框，对"平滑工具"进行相关的平滑设置。双击工具箱中的"平滑工具"✐，将弹出"平滑工具选项"对话框，如图3.51所示。

图3.51 "平滑工具选项"对话框

"平滑工具选项"对话框中各选项的含义说明如下：

● "保真度"：设置"平滑工具"平滑时路径上各点的精确度，值越小，路径越粗糙；值越大，路径越平滑且越简单。取值范围为0.5~20像素之间。

● "平滑度"：指定"平滑工具"所修改路径的光滑度。平滑度的范围为

0%~100%，值越大，修改的路径越平滑。

要对路径进行平滑处理，首先选择要处理的路径图形，然后使用"平滑工具" 在图形上按住鼠标拖动，如果一次不能达到满意效果，可以多次拖动将路径平滑。平滑路径效果，如图3.52所示。

图3.52 平滑路径效果

3.5.3 路径橡皮擦工具

使用"路径橡皮擦工具" 可以擦去画笔路径的全部或其中一部分，也可以将一条路径分割为多条路径。

要擦除路径，首先要选中当前路径，然后使用"路径橡皮擦工具" 在需要擦除的路径位置按下鼠标，在不释放鼠标的情况下拖动鼠标擦除路径，到达满意的位置后释放鼠标，即可将该段路径擦除。擦除路径效果如图3.53所示。

图3.53 擦除路径效果

技巧！

使用"路径橡皮擦工具"在开放的路径上单击，可以在单击处将路径断开，分割为两个路径；如果在封闭的路径上单击，可以将该路径整个删除。

3.5.4 橡皮擦工具

Illustrator CC中的"橡皮擦工具"与现实生活中的橡皮擦在使用上基本相同，主要用来

擦除图形，但橡皮擦只能擦除矢量图形，对于导入的位置是不能使用橡皮擦进行擦除处理的。

在使用"橡皮擦工具"前，可以首先设置橡皮擦的相关参数，比如橡皮擦的角度、圆度和直径等。在工具箱中双击"橡皮擦工具" 按钮，将弹出"橡皮擦工具选项"对话框，如图3.54所示。

图3.54 "橡皮擦工具选项"对话框

"橡皮擦工具选项"对话框中各选项的含义说明如下：

● "调整区"：通过该区可以直观地调整橡皮擦的外观。拖动图中黑色的小黑点，可以修改橡皮擦的圆角度；拖动箭头可以修改橡皮擦的角度。如图3.55所示。

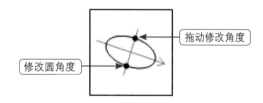

图3.55 调整区

● "预览区"：用来预览橡皮擦的设置效果。
● "角度"：在右侧的文本框中输入数值，可以修改橡皮擦的角度值。它与"调整区"中的角度修改相同，只是调整的方法不同。从下拉列表中，可以修改角度的变化模式，"固定"表示以的角度来擦除；"随机"表示在擦除时角度会出现随机的变化。其他选项需要搭配绘图板来设置绘图笔刷的压力、光笔轮等效果，以产生不同的擦除效果。另外，通过修改"变化"值，可以设置角度的变化范围。

- "圆度"：设置橡皮擦的圆角度，与"调整区"中的圆角度相同，只是调整的方法不同。它也有随机和变化的设置，与角度用法一样，这里不再赘述。
- "大小"：设置橡皮擦的大小。其他选项与"角度"用法一样。

设置完成后，如果要擦图形，可以在工具箱中选择"橡皮擦工具" ✐，然后在合适的位置按下鼠标拖动，擦除完成后释放鼠标即可将鼠标经过的图形擦除。擦除效果如图3.56所示。

图3.56 擦除图形效果

3.5.5 剪刀工具

"剪刀工具"主要用来将选中的路径分割开来，可以将一条路径分割为两条或多条路径，也可以将封闭的路径剪成开放的路径。

下面来将一个路径分割为两个独立的路径。在工具箱中选择"剪刀工具" ✂，将光标移动到路径线段或锚点上，在需要断开的位置单击鼠标，然后移动光标到另一个要断开的路径线段或锚点上，再次单击鼠标，这样就可以将一个图形分割为两个独立的图形。分割后的图形如图3.57所示。

图3.57 分割图形效果

3.5.6 刻刀

刻刀与剪刀工具都是用来分割路径的，但刻刀可以将一个封闭的路径分割为两个独立的封闭路径，而且剪刀只应用在封闭的路径中，对于开放的路径则不起作用。

要分割图形，首先选择"刻刀" ✐，然后在适当位置按住鼠标拖动，可以清楚地看到刻刀的拖动轨迹，分割完成后释放鼠标，可以看到图形自动处于选中状态，并可以看到刻刀划出的切割线条效果。这要就完成的路径的分割，利用"选择工具"可以单独移动分割后的图形。分割图形效果如图3.58所示。

图3.58 分割图形效果

完全掌握Illustrator CC超级手册

第4章 图形的选择与编辑

〔内容摘要〕

在前面的章节中讲解了Illustrator的基本图形的绘制。但在实际创作中，不可能一次绘制就得到所要的效果，更多的创作工作表现在对图形对象的编辑过程中。

本章首先会介绍如何选择图形对象，包括选择、直接选择、编组、魔术棒和套索等工具的使用，以及菜单选择命令的使用；然后介绍了路径的调整和编辑，最后讲解了图形的变换与各种变形工具的使用。

通过本章的学习，读者应该能够掌握各种选择工具的使用方法、路径的编辑方法，以及图形的变换和变形技巧。

〔教学目标〕

- 学习各种选择工具的使用
- 学习路径的编辑技巧
- 掌握各种变换命令的使用
- 掌握液化变形工具的使用
- 掌握封套扭曲的使用技巧

4.1 图形的选择

在绘图的过程中，需要不停地选择图形来进行编辑。因为在编辑一个对象之前，必须先把它从它周围的对象中区分开来，然后再对其进行移动、复制、删除、调整路径等编辑。Illustrator CC提供了5种选择工具，包括"选择工具" ▶、"直接选择工具" ▶、"编组选择工具" ▶、"魔棒工具" ▒ 和"套索工具" ▒，这5种工具在使用上各有各的特点和功能，只有熟练掌握了这些工具的用法，才能更好地绘制出优美的图形。

视频讲座4-1：选择工具

案例分类：软件功能类
视频位置：配套光盘\movie\视频讲座4-1：选择工具.avi

选择工具主要用来选择和移动图形对象，它是所有工具中使用最多的一个工具。当选择图形对象后，图形将显示出它的路径和一个定界框，在定界框的四周显示八个空心的正方形，表示定界框的控制点。在定界框的中心位置，还将显示定界框的中心点。如图4.1所示。

图4.1 选择的图形效果

图4.2 框选效果

技巧

如果不想显示定界框，可以执行菜单栏中的"视图"|"隐藏定界框"命令，即可将其隐藏，此时"隐藏定界框"命令将变成"显示定界框"命令，再次单击可以将定界框显示出来。另外，按"Shift + Ctrl + B"组合键，可以快速隐藏定界框。

❶ 选择对象

使用选择工具选取图形分有两种选择方法：点选和框选。下面来详细讲解这两种方法的使用技巧。

● 方法1：点选

所谓点选就是单击选择图形。使用选择工具，将光标移动到目标对象上，当光标变成 状时单击鼠标，即可将目标对象选中。在选择时，如果当前图形只是一个路径轮廓，而没有填充颜色，需要将光标移动到路径上进行点选。如果当前图形有填充，只需要单击填充位置即可将图形选中。

点选一次只能选择一个图形对象，如果想选择更多的图形对象，可以在选择时按住"Shift"键，以添加更多的选择对象。

● 方法2：框选

框选就是使用拖动出一个虚拟的矩形框的方法进行选择。使用选择工具在适当的空白位置按下鼠标，在不释放鼠标的情况下拖动出一个虚拟的矩形框，到达满意的位置后释放鼠标，即可将图形对象选中。在框选图形对象时，不管图形对象是部分与矩形框接触相交，还是全部在矩形框内都将被选中。框选效果如图4.2所示。

技巧

如果要取消图形对象的选择，可以在任意的空白区域位置单击鼠标即可。

❷ 移动对象

在文档中选择要移动的图形对象，然后将光标移动到定界框中，当光标变成 状时，按住鼠标拖动图形，到达满意的位置后释放鼠标即可，移动图形位置效果如图4.3所示。

图4.3 移动图形位置效果

❸ 复制对象

利用选择工具不但可以移动图形对象，还可以复制图形对象。选择要复制的图形对象，然后按住"Alt"键的同时拖动图形对象，此时光标将变成 状，拖动到合适的位置后先释放鼠标，然后释放"Alt"键，即可复制一个图形对象。复制图形对象效果如图4.4所示。

图4.4 复制图形对象效果

在移动或复制图形时，按住"Shift"键可以沿水平、垂直或成45度倍数的方向移动或复制图形对象。

④ 调整对象

使用选择工具不但可以调整图形对象的大小，还可以旋转图形对象。调整大小和旋转图形对象的操作方法也是非常简单的。

● 调整图形对象的大小：首先选择要调整大小的图形对象，将光标移动到定界框中的任意一个控制点上，当光标变成↔、↕、↖、或↗状时，按住鼠标向外或向内拖动，就可以调整图形的大小。调整图形大小的操作过程如图4.5所示。

图4.5 调整图形大小的操作过程

在调整图形对象的大小时，按住"Shift"键可以等比缩放图形对象；按住"Alt"键可以从所选图形的中心点缩放图形对象；按"Shift + Alt"组合键可以从所选图形的中心点等比缩放图形对象。

● 旋转图形对象：首先选择要旋转的图形对象，将光标移动到定界框的任意一个控制点上，当光标变成↰、↱、↺、↻、↲、↳、↴、↵或↶状时，按住鼠标拖动，旋转到合适的位置后释放鼠标，即可将图形旋转一定的角度。旋转图形操作过程如图4.6所示。

图4.6 旋转图形操作过程

在旋转图形时，按住"Shift"键拖动定界框，可以将图形成45度倍数进行旋转。

视频讲座4-2：直接选择工具

案例分类：软件功能类
视频位置：配套光盘\movie\视频讲座
4-2：直接选择工具.avi

直接选择工具与选择工具在用法上基本相同，但直接选择工具主要用来选择和调整图形对象的锚点、曲线控制柄和路径线段。

利用直接选择工具单击可以选择图形对象上的一个或多个锚点，也可以直接选择一个图形对象上的所有锚点。下面来讲解具体的操作方法。

① 选择一个或多个锚点

选取"直接选择工具"，将光标移动到图形对象的锚点位置，此时锚点位置会自动出现一个白色的矩形框，并且在光标的右下角出现一个空心的正方形图标，此时单击鼠标即可选择该锚点。选中的锚点将显示为实色填充的矩形效果，而没有选中的锚点将显示为空心的矩形效果，也就是锚点处于激活的状态中，这样可以清楚地看到各个锚点和控制柄，有利用编辑修改。如果想选择更多的锚点，可以按住"Shift"键继续单击选择锚点。选择单个锚点效果如图4.7所示。

图4.7 选择单个锚点效果

直接选择工具也可以应用点选和框选，其用法与选择工具选取图形对象的操作方法相同，这里不再赘述。

❷ 选择整个图形的锚点

选取"直接选择工具",将光标移动到图形对象的填充位置,可以看到在光标的右下角出现一个实心的小矩形,此时单击鼠标,即可将整个图形的锚点全部选中。选择整个图形锚点如图4.8所示。

提示 ？

这里要特别注意的是,这种选择方法只能用于带有填充颜色的图形对象,没有填充颜色的图形对象则不能利用该方法选择整个图形的锚点。

图4.8 选择整个图形锚点

如果光标位置不在图形对象的填充位置,而是位于图形对象的描边路径部分,光标右下角也会出现一个实心的小矩形,但此时单击鼠标选择的不是整个图形对象的锚点,而是将整个图形对象的锚点激活,显示出没有选中状态下的锚点和控制柄效果。选择路径部分显示效果如图4.9所示。

图4.9 选择路径部分显示效果

4.1.1 编组选择工具

编组选择工具主要用来选择编组的图形,特别是在对混合的图形对象和图表对象的修改

中具有重要作用。与选择工具相同点是都可以选择整个编组的图形对象,不同点在于,选择工具不能选择编组中的单个图形对象,而编组选择工具可以选择编组中的单个图形对象。

编组选择工具与直接选择工具相同点是都可以选择组中的单个图形对象或整个编组;不同点在于,直接选择工具可以修改某个图形对象的锚点位置和曲线方向等外观改变,而编组工具只能选择却不能修改图形对象的外观,但它能通过多次的单击选择整个编组的图形对象。

利用编组选择工具,可以选择一个组内的单个图形对象、或一个复合组内的一个组。在编组图形中单击某个图形对象,可以将该对象选择,再次单击鼠标,可以将该组内的其他对象全部选中。同样的方法,多次单击可以选择更多的编组集合。要想了解编组选择工具的使用,首先要先了解什么是编组,如何进行编组。

❶ 创建编组

编组其实就是将两个或两个以上的图形对象组合在一起,以方便选择,比如绘制一朵花,可以将组成花朵的花瓣组合,将绿叶和叶脉组合,如果想选择花朵,直接单击花朵组合就可以选择整朵花,而不用一个一个的选择花瓣了。编组的具体操作如下:

步骤01 这里可以自己随意绘制一些图形,也可以打开配套光盘中"调用素材\第4章\小花.ai"素材文件,这是由两朵小花组成的文件,而且两朵小花的花瓣都是独立的图形对象。

步骤02 使用选择工具,利用框选的方法将左侧的小花全部选中,如图4.10所示。然后执行菜单栏中的"对象"|"编组"命令,即可将选择的小花组合。

图4.10 选择左侧小花

完全掌握Illustrator CC超级手册

按"Ctrl + G"组合键可以快速将选择的图形对象编组。如果想取消编组，可以执行菜单栏中的"对象"|"取消编组"命令，或按"Shift + Ctrl + G"组合键。

② 使用编组工具

下面来使用编组选择工具选择编组的图形对象。在左侧的小花的其中一个花瓣上单击，即可选择一个花瓣，如果再次在这个花瓣上单击，即可将这个花瓣所在的组合全部选中，选择编组图形效果如图4.11所示。

如果在右侧小花的花瓣上单击，也可以选择该花瓣，但如果再次在这个花瓣上单击，则不能选择右侧的小花，因为右侧的小花并不是一个组合。

图4.11 选择编组图形

4.1.2 魔棒工具

"魔棒工具" 的使用需要配合"魔棒"面板，主要用来选取具有相同或相似的填充颜色、描边颜色、描边粗细和不透明度等图形对象。

在选择图形对象前，要根据选择的需要设置"魔棒"面板的相关选项，以选择需要的图形对象。双击工具箱中的"魔棒工具" ，即可打开"魔棒"面板，如图4.12所示。

执行菜单栏中的"窗口"|"魔棒"命令，也可以打开"魔棒"面板。

图4.12 "魔棒"面板

默认的"魔棒"面板只显示"填充颜色"选项，可以从"魔棒"面板菜单中，选择"显示描边选项"和"显示透明选项"命令，以显示其他选项。

"魔棒"面板中各选项的含义说明如下：

- "填充颜色"：勾选该复选框，使用魔棒工具可以选取出填充颜色相同或相似的图形。

- "容差"：该项主要用来控制选定的颜色范围，值越大，颜色区域越广。其他选项也有容差设置，用法相同，不再赘述。

- "描边颜色"：勾选该复选框，使用魔棒工具可以选取出笔画颜色相同或相似的图形。

- "笔画粗细"：勾选该复选框，使用魔棒工具可以选取出笔画宽度相同或相近的图形。

- "不透明度"：勾选该复选框，使用魔棒工具可以选取出不透明度相同或相近的图形。

- "混合模式"：勾选该复选框，使用魔棒工具可以选取相同混合模式的图形。

使用"魔棒工具" 还要注意，在"魔棒"面板中，选择的选项不同，选择的图形对象也不同，选项的多少也会影响选择的最终结果。比如勾选了"填充颜色"和"描边颜色"两个复选框，在选择图形对象时不但要满足填充颜色的相同或相似，还要满足笔画颜色的相同或相似。选择更多的选项就要满足更多的选项要求才可以选择图形对象。下面来具体讲解使用"魔棒工具" 选择图形的方法。

步骤01 这里可以自己随意绘制一些图形，也可以打开配套光盘中"调用素材\第4章\魔棒应用.ai"素材文件，这是由很多的小花组成的文件，而且它们的填充颜色相同，但描边的粗细和颜色不相同。

步骤02 选择工具箱中的"魔棒工具" ，然后在"魔棒"面板中勾选"填充颜色"复选框，在左侧最大的花朵的填充颜色上单击鼠标，即可将所有填充颜色相同的花朵选中，如图4.13所示。

图4.13 填充颜色选择效果

步骤03 勾选"填充颜色"和"描边颜色"复选框，在左侧最大的花朵的填充颜色上单击。也可以勾选"填充颜色"、"描边颜色"和"描边粗细"复选框，并将"描边粗细"的"容差"值设置为0，再次在左侧最大的花朵的填充颜色上单击。不同选项设置的选择效果如图4.14所示。

图4.14 不同选项设置的选择效果

"套索工具" 主要用来选择图形对象的锚点、某段路径或整个图形对象，它与其他工具最大的不同点在于，它可以方便地拖出任意形状的选框，以选择位于不同位置的图形对象，只要与拖动的选框有接触的对象都将被选中，特别适合在复杂图形中选择某些图形对象。

使用"套索工具" 在适当的位置按住鼠标拖动，可以清楚地看到拖动的选框效果，到达满意的位置后释放鼠标，即可将选框内部或与选框有接触锚点、路径和图形全部选中。套索工具选择效果如图4.15所示。

图4.15 套索工具选择效果

技巧

在使用"套索工具"时，按住"Shift"键在图形上拖动，可以加选更多的对象；按住"Alt"键在图形上拖动，可以将不需要的对象从当前选择中减去。

前面讲解了使用选择工具选择图形的操作方法，在有些时候使用这些工具就显得有些麻烦，对于特殊的选择任务，可以使用菜单命令来完成。使用菜单命令不但可以选择具有相同属性的图形对象，还可以选择当前文档中的全部图形对象或是图形对象的选择，还可以利用反转命令快速选择其他图形对象。另外，还可以将选择的图形进行存储，更加方便了图形的编辑操作。下面来具体讲解"选择"菜单中各项的使用方法。

- "全部"：选择该命令，可以将当前文档中的所有图形对象选中。其快捷键为"Ctrl＋A"，这是个非常常用的命令。
- "取消选择"：选择该命令，可以将当前文档中所选中的图形对象取消选中状态，相当于使用"选择工具"在文档空白处单击鼠标来取消选择。其快捷键为"Shift＋Ctrl＋A"。
- "重新选择"：在默认状态下，该命令处于不可用状态，只有使用过"取消选择"命令后，才可以使用该命令，用来重新选择刚取消选择的原图形对象。其快捷键为"Ctrl＋6"。

- "反向"：选择该命令，可以将当前文档中选择的图形对象取消，而将没有选中的对象选中。比如在一个文档中，需要选择一部分图形对象A，而在这些图形对象中有一部分不需要选中B，而且B部分对象相对来说选择比较容易，这时就可以选择B部分对象，然后应用"反向"命令选择A部分对象，同时取消B部分对象的选择。

- "上方的下一个对象"：在Illustrator CC中，绘制图形的顺序不同，图形的层次也就不同，一般来说，后绘制的图形位于先绘制图形的上面。利用该命令可以选择当前选中对象的上一个对象。其快捷键为"Alt＋Ctrl＋]"。

- "下方的下一个对象"：利用该命令，可以选择当前选中对象的下一个对象。其快捷键为"Alt＋Ctrl＋["。

- "相同"：其子菜单中有多个选项，可以在当前文档中选择具有相同属性的图形对象，其用法与前面讲过的"魔棒"面板选项相似，可以参考一下前面的讲解。

- "对象"：其子菜单中有多个选项，可以在当前文档中选择这些特殊的对象，如同一图层上的所有对象、方向手柄、画笔描边、剪切蒙版、游离点和文本对象等。

- "存储所选对象"：当在文档中选择图形对象后，该命令才处于激活状态，其用法类似于编组，只不过在这里只是将选择的图形对象作为集合保存起来，使用选择工具选择时，还是独立存在的对象，而不是一个集合。使用该命令后将弹出一个"存储所选对象"对话框，可以为其命名，然后按"确定"按钮，在"选择"菜单的底部将出现一个新的命令，选择该命令即可重新选择这个集合。

- "编辑所选对象"：只有使用"存储所选对象"命令存储过对象，该项才可以应用。选择该命令将弹出"编辑所选对象"对话框，可以利用该对话框对存储的对象集合重新命名或删除对象集合。

4.2 路径的编辑

前面讲解了图形的选择，下面来讲解路径的编辑。对路径的编辑包括添加和删除锚点、转换锚点，路径的连接、平均、轮廓化和偏移路径等多项操作，以使路径更加美观。

4.2.1 调整路径工具

调整路径工具主要对路径进行锚点和角点的调整，如添加、删除锚点，转换角点与曲线点等，包括"添加锚点工具"、"删除锚点工具"和"转换锚点工具"。

① 添加锚点工具

锚点的多少直接影响路径的形状，一般来说，锚点越多，路径越精细。如果想在某个路径上添加更多的锚点，可以使用"添加锚点工具"来完成锚点的添加。

在工具箱中选择"添加锚点工具"，将光标移动到要添加锚点的路径上，然后单击鼠标即可添加一个新的锚点。同样的方法可以添加更多的锚点。添加锚点过程如图4.16所示。

图4.16 添加锚点

② 删除锚点工具

太多的锚点会增加路径的复杂程度，需要删除一些锚点，这时就可以应用"删除锚点工具” 来完成。

在工具箱中选择"删除锚点工具"，将光标移动到不需要的锚点上，然后单击鼠标即可将该锚点删除。同样的方法可以删除更多的锚点。删除锚点的过程如图4.17所示。

图4.17 删除锚点

❸ 转换锚点工具

转换锚点工具用于在角点与曲线点之间的转换，它可以将角点转换为曲线点，也可以将曲线点转换为角点。

● 将角点转换为曲线点：在工具箱中选择"转换锚点工具"，将光标移动到要转换为曲线点的角点上，然后按住鼠标向外拖动，释放鼠标即可将角点转换为曲线点。转换效果如图4.18所示。

图4.18 角点转换曲线点效果

● 将曲线点转换为角点：在工具箱中选择"转换锚点工具"，将光标移动到要转换为角点的曲线点，然后单击鼠标，即可将曲线点转换为角点。转换效果如图4.19所示。

图4.19 曲线点转换角点效果

4.2.2 路径编辑命令

前面学习了路径编辑工具的使用。下面来讲解路径编辑命令。菜单栏中的"对象"|"路径"命令子菜单为用户提供了更多的编辑路径的命令，包括"连接"、"平均"、"轮廓化描边"、"偏移路径"、"简化"、"添加锚点"和"移去锚点"等10种路径编辑命令，下面来详细讲解这些命令的使用方法和技巧。

❶ 连接

连接命令用来连接两个开放路径的锚点，并将它们连接成一条路径。在工具箱中选取"直接选择工具"，然后选择要连接的两个锚点，执行菜单栏中的"对象"|"路径"|"连接"命令，系统会在两个锚点之间自动生成一条线段并将选择锚点的两条路径连接在一起。连接操作如图4.20所示。

图4.20 连接效果

❷ 平均

"平均"命令可以将选择的两个或多个锚点在"水平"、"垂直"或"两者兼有"3种位置来对齐。首先使用"直接选择工具"，选择要对齐的锚点，然后执行菜单栏中的"对

象"|"路径"|"平均"命令，打开"平均"对话框，在该对话框中，可以选择对齐坐标轴的方向，"水平"表示选择的锚点会以水平的平均位置进行对齐；"垂直"表示选择的锚点会以垂直的平均位置进行对齐；"两者兼有"表示选择的锚点会以水平和垂直的位置进行对齐。水平平均的操作效果如图4.21所示。

图4.21 水平平均效果

❸ 轮廓化描边

"轮廓化描边"命令可以将所选对象的笔画路径转换为封闭的填充路径，并用与原来的笔画路径相同宽度和相同填充方式的图形对象替代它。

首先选择要轮廓化描边的图形对象，然后执行菜单栏中的"对象"|"路径"|"轮廓化描边"命令，即可将选择的图形对象的描边轮廓化。轮廓化后的描边变成填充区域，可以利用将其填充渐变或图案。轮廓化描边的前后效果如图4.22所示。

图4.22 轮廓化描边前后效果

在Illustrator CC中，描边路径是不能填充为渐变颜色的，如果一个图形的描边想制作出渐变填充效果，这时就可以将图形的边缘轮廓化，将描边转换为填充区域再进行渐变的填充。

❹ 偏移路径

"偏移路径"命令可以通过设置"位移"的值，将路径向外或向内进行偏移。选择要偏移的图形对象后，执行菜单栏中的"对象"|"路径"|"偏移路径"命令，将打开如图4.23所示的"偏移路径"对话框。在该对话框中，可以对偏移的路径进行详细的设置。

图4.23 "偏移路径"对话框

"偏移路径"对话框中的各选项的含义说明如下：

- "位移"：设置路径的位移量。输入正值路径向外偏移，输入负值路径向内偏移。
- "连接"：设置角点连接处的连接方式，包括"斜接"、"圆角"和"斜角"3个选项。
- "斜接限制"：设置尖角的极限程度。
- "预览"：勾选该复选框，可以在文档中查看偏移的效果。

如图4.24所示为"位移"值为1.5厘米，"连接"方式为"斜接"，"斜接限制"为4的路径偏移效果。

在实际的作图中，利用"偏移路径"命令制作图形的描边效果非常实用，特别为文字的描边，是使用描边功能所不能比拟的。

图4.24 偏移路径效果

❺ 简化

"简化"命令可以对复杂的路径描点进行适当地简化处理，以提高系统的显示及图形的外观。选择要简化的图形对象，然后执行菜单栏中的"对象"|"路径"|"简化"命令，将打开如图4.25所示的"简化"对话框，利用该对话框，可以对选择的图形对象进行简化处理。

图4.25 "简化"对话框

"简化"对话框中各选项的含义说明如下：

- "曲线精度"：设置路径曲线的精确程度。取值范围为0~100%，值越大表示曲线精度越大，简化效果越接近原始图形；值越小曲线精度越小，简化效果偏离原始图形越大。
- "角度阈值"：设置角度的临近点，即角度的变化极限。取值范围为0~180。值越大，图形的外观变化越小。
- "直线"：勾选该复选框，可以将曲线路径转换为直线路径。
- "显示路径"：勾选该复选框，可以显

示没有变化的原始图形的路径效果，用来与变化后的路径效果相对比。只是用来观察图形变化效果，不会对图形变化产生任何影响。

如图4.26所示为设置曲线精度为65%、角度阈值为0、勾选"直线"复选框的不同简化图形效果。

图4.26 不同简化图形效果

❻ 添加锚点

在前面已经讲解过多种添加锚点的方法，比如使用钢笔工具和添加锚点工具。另外，还可以使用"添加锚点"命令来为图形添加锚点，只不过利用该命令不像其他工具那么随意，"添加锚点"命令会在路径上每两个相邻的锚点的中间位置添加一个锚点。"添加锚点"命令可以多次使用，每次都会在两个相邻的锚点中间位置添加一个锚点。添加锚点的前后对比效果如图4.27所示。

图4.27 添加锚点的前后对比效果

❼ 移去锚点

"移去锚点"是Illustrator CC新增加的一个命令。首先选择要删除的锚点，然后执行菜单栏中的"对象"|"路径"|"移去锚点"命令，即可将选择的锚点删除。该命令与直接选择锚点后，按键盘上的"Delete"键删除非常相似。

❽ 分割下方对象

"分割下方对象"命令可以根据选择的路径分割位于它下面的图形对象。选择的路径可以是开放路径，也可以是封闭路径，但只能选择一条路径，作为分割的路径，不能是多条。

首先选择作为分割的路径，然后执行菜单栏中的"对象"|"路径"|"分割下方对象"命令，可以看到分割后的图形自动处于选中状态，并显示出分割的路径痕迹，分割后的图形可以利用选择工具选择并移动位置，更清楚地看到分割后的效果。分割下方对象效果如图4.28所示。

图4.28 分割下方对象效果

❾ 分割为网格

"分割为网格"命令可以将任意形状的图形对象，以网格的形式进行分割。利用该命令可以制作网格背景效果，还可以制作图形对象的参考线。选择要进行分割的图形对象，然后执行菜单栏中的"对象"|"路径"|"分割为网格"命令，打开如图4.29所示的"分割为网格"对话框，在该对话框中可以对网格的行和列等参数进行详细设置。

图4.29 "分割为网格"对话框

提示 ❓

在应用"分割为网格"命令时，选择的图形对象必须是一个或多个封闭的路径对象或矩形。

"分割为网格"对话框中各选项的含义说明如下：

- "行"：通过修改"数量"参数，可以设置网格的水平行数；通过修改"高度"参数，可以设置网格的高度大小；通过修改"栏间距"参数，可以设置网格的垂直间距大小；通过修改"总计"参数，可以设置整个网格的总高度。
- "列"：通过修改"数量"参数，可以设置网格的垂直列数；通过修改"高度"参数，可以设置网格的宽度大小；通过修改"间距"参数，可以设置网格的水平间距大小；通过修改"总计"参数，可以设置整个网格的总宽度。
- "添加参考线"：勾选该复选框，将按网格的分布情况添加并显示参考线。

利用"分割为网格"命令分割图形对象的效果如图4.30所示。

图4.30 分割为网格效果

❿ 清理

在实际的制图中，往往会产生一些对图形没有任何作用的对象，如游离点、未上色的对象、空白的文本路径和空白的文本框等。这些东西不但会影响操作，还会增加文档的大小，而且删除这些对象可以提高图形的存储、打印和显示效率，所以需要将其删除，但有些对象是无色的，根本不能看到，要使用手动的方式去删除有一定的难度，这时就可以应用"清理"命令来轻松完成操作。

"清理"命令不需要选择任何对象，直接执行菜单栏中的"对象"|"路径"|"清理"命令，即可打开如图4.31所示的"清理"对话框。该对话框中有3个选项："游离点"表示孤立的、单独存在的锚点；"未上色对象"表示没有任何填充和描边颜色的图形对象；"空文本路径"表示空白的文字路径或文本框。

图4.31 "清理"对话框

视频讲座4-3：制作变形字

案例分类：进阶技能类
视频位置：配套光盘\movie\视频讲座
4-3：制作变形字.avi

本实例首先使用"文字工具"输入文字，然后利用"创建轮廓"命令将文字转换为图形，然后使用"直接选择工具"对文字进行调整，最后添加花朵符号，完成变形字的制作。

通过本例的制作，学习路径的调整与删除，学习使用"创建轮廓"命令转换文字的方法，掌握变形字的制作技巧。

步骤01 选择"文字工具" T ，在文档中输入文字，设置字体为"方正准圆简体"，设置合适的大小，并填充为橘红色（C:0；M:80；Y:95；K:0），效果如图4.32所示。

步骤02 选择文字，然后执行菜单栏中的"文字"|"创建轮廓"命令，将文字转化为图形，效果如图4.33所示。

图4.32 输入文字　　图4.33 创建轮廓的效果

步骤03 选择"直接选择工具" ，在文档中选择文字的右半边部分，选择后的效果如图4.34所示。

步骤04 选择文字后，在按住"Shift"键的同时向上移动一段距离，并作适当调整，调整后的效果如图4.35所示。

图4.34 选择文字　　图4.35 移动图形

技巧

在选择的时候，可以使用拖动的方法进行选择，并可以辅助"Shift"键去加选。

步骤05 使用"直接选择工具" ，选择新字其中的一部分，然后将其向右移动一段距离，移动后的效果如图4.36所示。

步骤06 使用"直接选择工具" 将文字中不需要的部分选中，按"Delete"键将其删除，删除后的效果如图4.37所示。

图4.36 移动效果　　图4.37 删除后的效果

步骤07 打开"符号"面板，单击右上的 按钮，在弹出的快捷菜单中选择"打开符号库"|"花朵"命令，打开"花朵"符号面板，选择第1行第6个符号，如图4.38所示。将其拖动到文档中，并将其放置到合适的位置，然后复制多个花朵，并适当地缩放，完成变形字的制作，完成的效果如图4.39所示。

图4.38 "花朵"面板

图4.39 最终效果

4.3 变换对象

当制作一幅图形的时候，经常需要对图形对象进行变换以达到最好的效果，除了使用路径编辑工具编辑路径，Illustrator CC还提供了相当丰富的图形变换工具，使得图形变换十分方便。

变换可以用两种方法来实现：一种是使用菜单命令进行变换；另一种是使用工具箱中现有的工具对图形对象进行直观的变换。两种方法各有优点：使用菜单命令进行变换可以精确设定变换参数，多用于对图形尺寸、位置精度要求高的场合。使用变换工具进行变换操作步骤简单，变换效果直观，操作随意性强，在一般图形创作中很常用。

4.3.1 旋转对象

旋转工具主要用来旋转图形对象，它与前面讲过的利用定界框旋转图形相似，但利用定界框旋转图形是按照所选图形的中心点来旋转的，中心点是固定的。而旋转工具不但可以沿所选图形的中心点来旋转图形，还可以自行设置所选图形的旋转中心，使旋转更具有灵活性。

利用旋转工具不但可以对所选图形进行旋转，还可以只旋转图形对象的填充图案，旋转的同时还可以利用辅助键来完成复制。

❶ 旋转菜单命令

执行菜单栏中的"对象"|"变换"|"旋转"命令，将打开如图4.40所示的"旋转"对话框，利用该对话框可以设置旋转的相关参数。

图4.40 "旋转"对话框

"旋转"对话框中各选项的含义说明如下：

- "角度"：指定图形对象旋转的角度，取值范围为-360~360。如果输入负值，将按顺时针方向旋转图形对象；如果输入正值，将按逆时针方向旋转图形对象。
- "选项"：设置旋转的目标对象。勾选"变换对象"复选框，表示旋转图形对象；勾选"变换图案"复选框，表示旋转图形中的图案填充。
- "复制"：单击该按钮，将按所选参数复制出一个旋转图形对象。

❷ 使用"旋转工具"旋转对象

利用"旋转工具"旋转图形分为两种情况：一种是沿所选图形的中心点旋转图形；另一种是自行设置旋转中心点旋转图形，下面来详细讲解这两种操作方法。

- 沿所选图形的中心点旋转图形：利用旋转工具可以沿所选图形对象的默认中心点进行旋转操作，首先选择要旋转的图形对象，然后在工具箱中选择"旋转工具" 🔄，将光标移动到文档中的任意位置按住鼠标拖动，即可沿所选图形对象的中心点旋转图形对象。沿图形中心点旋转效果如图4.41所示。

图4.41 沿图形中心点旋转

- 自行设置旋转中心点旋转图形：首先选择要旋转的图形对象，然后在工具箱中选择"旋转工具" 🔄，在文档中的适当位置单击鼠标，可以看到在单击处出现一个中心点标志 ✛，此时的光标也变化为 ▶ 状，按住鼠标拖动，图形对象将以刚才鼠标单击点为中心旋转图形对象。设置中心点旋转效果如图4.42所示。

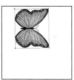

图4.42 设置中心点旋转

❸ 旋转并复制对象

首先选择要旋转的图形对象，然后在工具箱中选择"旋转工具" 🔄，在文档中的适当位置单击鼠标，可以看到在单击处出现一个中

心点标志 ✧，此时的光标也变化为 ▶ 状，按住 "Alt" 键的同时拖动鼠标，可以看到此时的光标显示为 ▶ 状，当到达合适的位置后释放鼠标即可旋转并复制出一个相同的图形对象，按 "Ctrl + D" 组合键，可以按原旋转角度再次复制出一个相同的图形，多次按 "Ctrl + D" 组合键，可以复制出更多的图形对象。旋转并复制图形对象效果如图4.43所示。

图4.43 旋转并复制图形对象效果

❹ 旋转图案

在旋转图形对象时，还可以对图形的旋转目标对象进行修改，比如旋转图形对象还是图形图案。如图4.44所示为原始图片、勾选 "变换对象" 复选框、勾选 "变换对象" 和 "变换图案" 复选框的旋转效果。

图4.44 不同选项的旋转变换效果

视频讲座4-4：绘制鲜花

 案例分类：进阶技能类
视频位置：配套光盘\movie\视频讲座4-4：绘制鲜花.avi

本例首先利用 "钢笔工具" 绘制鲜花的花瓣，然后使用 "旋转工具" 将其旋转复制出多个花瓣效果，通过多次缩放并填充不同的颜色，使花瓣更具层次、更美观。最后应用 "倾斜工具" 将花朵倾斜，以制作出花的立体感，最后复制几支相同的鲜花并缩小，完成整个鲜花的制作。

通过本例的制作，学习图形的缩放操作，学习旋转和倾斜工具的使用，掌握关联复制的应用技巧。

步骤01 选择工具箱中的 "钢笔工具" ✒，在绘图区绘制一个花瓣，并填充为紫红色（C:13，M:76，Y:20，K:0）。

步骤02 选中花瓣，在工具箱中选择 "旋转工具" ↻，将鼠标指针移动到花瓣的底部中心位置单击，将旋转中心点调整到花瓣的底部位置，如图4.45所示，然后按住 "Alt" 键的同时拖动鼠标，将花瓣旋转一定的角度，效果如图4.46所示。

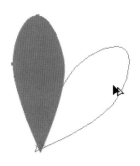

图4.45 调整中心点　　图4.46 旋转复制

步骤03 旋转复制花瓣后，多次按"Ctrl + D"组合键，将花瓣复制多个，直到完成整个的花朵，旋转复制后的效果如图4.47所示。

步骤04 将所有的花瓣选中，然后按"Ctrl + C"组合键，将花朵复制，然后按"Ctrl + F"组合键，将复制的花朵粘贴在原花朵的前面，并将其缩小，填充为浅红色（C:7，M:36，Y:22，K:0），效果如图4.48所示。

图4.47 复制多份　　图4.48 缩小并填充

步骤05 在没有取消选择的情况下，再次按"Ctrl + C"组合键，将花朵复制，然后按"Ctrl + F"组合键，将复制的花朵粘贴在原花朵的前面，并将其缩小，填充为浅黄色（C:0，M:10，Y:25，K:0），效果如图4.49所示。

步骤06 同样的方法再次复制粘贴，并将其缩小填充为黄色（C:0，M:10，Y:60，K:0），效果如图4.50所示。

图4.49 填充浅黄色　　4.50 填充黄色

步骤07 将所有的花瓣选中，选择工具箱中的

"倾斜工具" ，在花朵的中心位置单击鼠标，将倾斜中心定位在花朵的中心位置，然后拖动鼠标倾斜花朵，效果如图4.51所示。

步骤08 使用"钢笔工具" 绘制一条路径，然后将其描边颜色设置为绿色（C:100，M:0，Y:100，K:0），并将描边的粗细设置为6pt，制作花朵的花茎，效果如图4.52所示。

图4.51 倾斜效果　　图4.52 绘制路径

步骤09 选择花茎，按"Shift + Ctrl +["组合键，将其移动到花朵的下方，然后将花朵和花茎全部选中，利用"镜像工具" 并辅助"Alt"键，将其镜像复制一份，然后将其缩小并移动到合适的位置，将花茎的粗细设置为5pt，如图4.53所示。

步骤10 同样的方法，复制多个花朵，并修改花茎的粗细和花朵的大小，将其移动到合适的位置，完成鲜花的绘制。完成的最终效果如图4.54所示。

图4.53 镜像复制　　图4.54 最终效果

4.3.2 镜像对象

　　镜像也叫反射，在制图中比较常用。一般用来制作对称图形和倒影，对于对称的图形的倒影来说，重复绘制不但会带来大的工作量，而且绘制出来的图形也不能与原图形完全相同，这时就可以应用"镜像工具" 或镜像命令来轻松地完成图像的镜像翻转效果和对称效果。

① 镜像菜单命令

执行菜单栏中的"对象"|"变换"|"对称"命令，将打开如图4.55所示的"镜像"对话框，利用该对话框可以设置镜像的相关参数。在"轴"选项组中，选中"水平"单选按钮，表示图形以水平轴线为基础进行镜像，即图形进行上下镜像；选中"垂直"单选按钮，表示图形以垂直轴线为基础进行镜像，即图形进行左右镜像；选中"角度"单选按钮，可以在右侧的文本框中输入一个角度值，取值范围为 $-360 \sim 360$ 度，指定镜像参考轴与水平线的夹角，以参考轴为基础进行镜像。

技巧

在工具箱中双击"镜像工具" 或使用"镜像工具" ，按住"Alt"键在文档中单击鼠标，也可以打开"镜像"对话框。

图4.55 "镜像"对话框

② 使用镜像工具反射对象

利用镜像工具反射图形也可以分为两种情况：一种是沿所选图形的中心点镜像图形；另一种是自行设置镜像中心点反射图形，操作方法与旋转工具的操作方法相同。

下面利用自行设置镜像中心点反射图形。首先选择图形，然后在工具箱中选择"镜像工具" ，将光标移动到合适的位置并单击鼠标，确定镜像的轴点，按住"Alt"键的同时拖动鼠标，将其拖动到合适的位置后释放鼠标、松开"Alt"键，即可镜像复制一个图形，如图4.56所示。

图4.56 镜像复制图形

技巧

在拖动镜像图形时，按住"Alt"键可以镜像复制图形，按住"Alt + Shift"组合键可以成90度倍数镜像复制图形。

4.3.3 缩放对象

比例缩放工具和缩放命令主要是对选择的图形对象进行放大或缩小操作，可以缩放整个图形对象，也可以缩放对象的填充图案。

① 缩放菜单命令

执行菜单栏中的"对象"|"变换"|"缩放"命令，将打开如图4.57所示的"比例缩放"对话框，在该对话框中可以对缩放进行详细设置。

图4.57 "比例缩放"对话框

"比例缩放"对话框中的选项的含义说明如下：

- "等比"：选中该单选按钮后，在文本框中输入数值，可以对所选图形进行等比例的缩放操作。当值大于100%时，放大图形；当值小于100%时缩小图形。

- "不等比"：勾选该复选框后，可以分别在"水平"或"垂直"文本框中输入不同的数值，用来缩放图形的长度和宽度。

- "比例缩放描边和效果"：勾选该复选框将对图形的描边粗细和图形的效果进行缩放操作。如图4.58所示为原图、勾选该复选框并缩小50%、不勾选该复选框并缩小50%的效果。

图4.58 勾选与不勾选"比例缩放描边和效果"

❷ 使用比例缩放工具缩放对象

使用比例缩放工具也可以分为两种情况进行缩放图形：一种是沿所选图形的中心点缩放图形；另一种是自行设置缩放中心点缩放图形，操作方法与与前面讲解过的旋转工具的操作方法相同。

下面利用自行设置缩放中心点来缩放图形。首先选择图形，然后在工具箱中选择"比例缩放工具" 🔲，光标将变为十字 ⊹ 状，将光标移动到合适的位置并单击鼠标，确定缩放的中心点，此时鼠标将变成 ▶ 状，按住鼠标向外或向内拖动，缩放到满意大小后释放鼠标，即可将所选对象放大或缩小，如图4.59所示。

图4.59 比例缩放图形

技巧

在使用"比例缩放工具"缩放图形时，按住"Alt"可以复制一个缩放对象；按住"Shift"键可以进行等比例缩放。如果按住"Alt"键单击鼠标，可以打开"比例缩放"对话框。

4.3.4 倾斜变换

使用"倾斜"命令或"倾斜工具"可以使图形对象倾斜，如制作平行四边形、菱形、包装盒等效果。在制作立体效果中占有很重要的位置。

❶ 倾斜菜单命令

执行菜单栏中的"对象"|"变换"|"倾斜"命令，可以打开如图4.60所示的"倾斜"对话框，在该对话框中可以对倾斜进行详细设置。

图4.60 "倾斜"对话框

"倾斜"对话框中的选项含义说明如下：

- "倾斜角度"：设置图形对象与倾斜参考轴之间的夹角大小，取值范围为−360 ～360 之间，其参考轴可以在"轴"选项组中指定。

- "轴"：选择倾斜的参考轴。勾选"水平"单选按钮，表示参考轴为水平方向；选中"垂直"单选按钮，表示参考轴为垂直方向；选中"角度"单选按钮，可以在右侧的文本框中输入角度值，以设置不同角度的参考轴效果。

❷ 使用倾斜工具倾斜对象

使用"倾斜工具"也可以分为两种情况进行倾斜图形，操作方法与前面讲解过的"旋转工具"的操作方法相同，这里不再赘述。

下面利用自行设置倾斜中心点来倾斜图形。首先选择图形，然后在工具箱中选择"倾斜工具" 🔳，光标将变为十字 ⊹ 状，将光标移动到合适的位置并单击鼠标，确定倾斜点，此时鼠标将变成 ▶ 状，按住鼠标拖动到合适的位置后释放鼠标，即可将所选对象倾斜，如图4.61所示。

图4.61 倾斜图形

技巧

使用"倾斜工具"倾斜图形时，按住"Alt"键可以按倾斜角度复制一个倾斜的图形对象。

视频讲座4-5：制作立体效果

案例分类：进阶技能类
视频位置：配套光盘\movie\视频讲座
4-5：制作立体效果.avi

步骤01 执行菜单栏中的"文件"|"打开"命令，打开"打开"对话框，选择配套光盘中的"调用素材\第4章\手提袋展开面.ai"文件，单击"打开"按钮，图像就显示到页面中，效果如图4.62所示。

步骤02 单击选择左侧的侧面图形，将其适当地沿水平方向缩小，此时的图形效果，如图4.63所示。

图4.62 打开素材　　图4.63 沿水平方向缩小

步骤03 选中右侧正面的图形，双击工具箱中的"倾斜工具" 按钮，打开"倾斜"对话框，设置"倾斜角度"为-10°，轴为"垂直"，如图4.64所示。

步骤04 设置完成后，单击"确定"按钮，此时，图形就垂直倾斜了10°，图形的倾斜效果，如图4.65所示。

图4.64 设置倾斜参数　　图4.65 倾斜效果

步骤05 选中左边的侧面图形，双击打开"倾斜"对话框，设置"倾斜角度"为22°，轴为"垂直"，单击"确定"按钮，此时图形的倾

斜效果，如图4.66所示。

步骤06 单击工具箱中的"矩形工具"按钮，在页面中绘制一个矩形，将其填充设置为灰色（C:0，M:0，Y:0，K:30），描边为无，将其放置到合适的位置，效果如图4.67所示。

图4.66 倾斜效果　　图4.67 绘制矩形

步骤07 单击工具箱中的"直接选择工具" 按钮，选中刚绘制的矩形的右边两个锚点，然后将其向上移动放置到合适的位置，效果如图4.68所示。

步骤08 再次利用"直接选择工具" ，选中矩形的上边两个锚点，然后将其向左移动放置到合适的位置，效果如图4.69所示。

图4.68 移动效果　　图4.69 调整效果

步骤09 单击工具箱中的"钢笔工具" 按钮，在页面中绘制一个封闭图形，将其填充设置为灰色（C:0，M:0，Y:0，K:15），描边为无，放置到合适的位置，效果如图4.70所示。

步骤10 再次利用"钢笔工具" ，在页面中绘制一条曲线，设置曲线颜色为深蓝色（C:100；M:37；Y:0；K:0），并将粗细设置为合适的大小，然后，将其放置到合适的位置，效果如图4.71所示。

完全掌握Illustrator CC超级手册

图4.70 填充效果　　　　图4.71 绘制曲线

步骤11 将绘制的曲线选中，复制一份，然后将复制出的曲线置于底层，调整其位置后，完成立体效果的制作，完成的最终效果如图4.72所示。

图4.72 最终立体效果

图4.73 工具栏

❶ 透视扭曲

　　首先使用"选择工具"选择要进行扭曲变形的图形对象，然后选择工具箱中的"自由变形工具" ，在弹出的工具栏中的选择"透视扭曲" 。将光标移动到左上角的控制点上，可以看到此时的光标显示为 状。拖动鼠标即可透视扭曲图形。透视扭曲的操作效果如图4.74所示。

4.3.5 自由变形工具

　　"自由变形工具" 是一个综合性的变形工具，可以对图形对象进行移动、旋转、缩放、扭曲和透视变形。

　　选择工具箱中的"自由变形工具" ，确认选中对象的时候会弹出一个工具栏，如图4.73所示。工具栏中的工具依次为"限制" 、"自由变换" 、"透视扭曲" 、"自由扭曲" 。"自由变形工具" 中的"自由变换" 功能，对图形进行移动、旋转和缩放的用法与选择工具直接利用定界框的变形方法相同，唯一不同的是当选择"限制" 和"自由变换" 时，则会对对象等比例的进行移动、旋转和缩放，具体的操作方法可参考前面的选择工具的内容，下面重点来讲解"自由变形工具" 中的透视扭曲和自由扭曲。

图4.74 透视扭曲的操作效果

提示

在使用"自由变形工具"扭曲图形时，要注意首先要按住鼠标，然后再按住"Ctrl"键，不要先按住"Ctrl"键再按住鼠标拖动。

❷ 自由扭曲

首先使用"选择工具"选择要进行扭曲变形的图形对象，然后选择工具箱中的"自由变形工具" ，在弹出的工具栏中选择"自由扭曲" ，这里将光标移动到右下角的控制点上，可以看到此时的光标显示为 状，上、下或左、右拖动鼠标即可透视图形。自由扭曲的操作效果如图4.75所示。

图4.75 自由扭曲的操作效果

也可以同时选择工具栏中的"限制" 和"自由扭曲" ，这样就可以对对象等角度的比例限制，"自由扭曲"的操作效果如图4.76所示。

图4.76 限制后的自由扭曲

1.3.6 "变换"面板

前面讲解了各种变换工具的使用，但这些工具只是对图形作单一的变换。本节中介绍"分别变换"和"再次变换"。"分别变换"包括了对对象的缩放、旋转和移动变换。"再次变换"是对图形对象重复使用前一个变换。

❶ 分别变换

"分别变换"命令集中了缩放、移动、旋转和镜像等多个变换命令的功能，可以同时应用这些功能。选中要进行变换的图形对象，执行菜单栏中的"对象"|"变换"|"分别变换"命令，将打开如图4.77所示的"分别变换"对话框，在该对话框中设置需要的变换效果，该对话框中的命令与前面讲解过的用法相同，只要输入数值或拖动滑块来修改参数，就可以应用相关的变换了。

图4.77 "分别变换"对话框

❷ 再次变换

在应用过相关的变换命令后，比如应用了一次旋转，需要重复进行相同的变换操作多次，这时可以执行菜单栏中的"对象"|"变换"|"再次变换"命令来重复进行变换。

❸ 重置定界框

在应用变换命令后,图形的定界框会随着图形的变换而变换,比如一个图形应用了旋转命令后,定界框也发生了旋转,如果想将定界框还原为初始的方向,可以执行菜单栏中的"对象"|"变换"|"重置定界框"命令,将定界框还原为初始的方向。操作效果如图4.78所示。

图4.78 重置定界框效果

❹ "变换"面板

除了使用变换工具变换图形,还可以使用"变换"面板精确变换图形。执行菜单栏中的"窗口"|"变换"命令,可以打开如图4.79所示的"变换"面板。"变换"面板中显示了选择对象的坐标位置和大小等相关信息,通过调整相关的参数,可以修改图形的位置、大小、旋转和倾斜角度。

图4.79 "变换"面板

"变换"面板中各选项的含义说明如下:

● "X"和"Y":"X"显示了选定对象在文档中绝对水平位置,可以通过修

改其数值来改变选定对象的水平位置。"Y"显示了选定对象在文档中的绝对垂直位置,可以通过修改其数值来改变选定对象的垂直位置。

● "参考点"：设置图形对象变换的参考点。只要用鼠标单击9个点中的任意一点就可以选定参考点,选定的参考点由白色方块变成为黑色方块,这9个参考点代表图形对象8个边框控制点和1个中心控制点。

● "宽"、"高"和"约束宽度和高度比例"："宽"显示选定对象的宽度值,"高"显示选定对象的高度值,可以通过修改其数值来改变选定对象的宽度和高度。单击"约束宽度和高度比例"按钮,可以等比缩放选定对象。

● "旋转"：设置选定对象的旋转角度,可以在下拉列表框中选择旋转角度,也可以输入一个-360~+360度之间的数值。

● "倾斜"：设置选定对象倾斜变换的倾斜角,同样可以在下拉列表框中选择旋转角度,也可以输入一个-360~+360度之间的数值。

❺ "变换"面板菜单

另外,在进行变换的时候,还可以通过"变换"面板菜单中的相关选项来设置变换和变换的内容。单击"变换"面板右上角的按钮,将弹出如图4.80所示的面板菜单。菜单中的命令在前面已经讲解过,这里不再赘述。

图4.80 "变换"面板菜单

液化变形工具是近几个新版本中新增加的变形工具，通过这些工具可以对图形对象进行各种类似液化的变形处理，使用的方法也很简单，只需选择相应的液化变形工具，在图形对象上拖动即可使用该工具进行变形。

Illustrator CC为用户提供了7种液化变形工具，包括"变形工具" 、"旋转扭曲工具" 、"缩拢工具" 、"膨胀工具" 、"扇贝工具" 、"晶格化工具" 和"皱褶工具" 。

提示

液化变形工具不能在文字、图表、符号和位图上使用。

4.4.1 变形工具

使用"变形工具" 可以对图形进行推拉变形，在使用该工具前，可以在工具箱中双击该工具，打开如图4.81所示的"变形工具选项"对话框，对"变形工具"的画笔尺寸和变形选项进行详细设置。

图4.81 "变形工具选项"对话框

"变形工具选项"对话框中各选项的含义说明如下：

- "全局画笔尺寸"：指定变形笔刷的大小、角度和强度。"宽度"和"高度"用来设置笔刷的大小；"角度"用来设置笔刷的旋转角度。在"宽度"和"高

度"值不相同时，即笔刷显示为椭圆型笔刷时，利用"角度"参数可以控制绘制时的图形效果；"强度"用来指定笔刷使用时的变形强度。值越大表示变形的强度就越大。如果安装的有数字板或数字笔，勾选"使用压感笔"复选框，可以控制压感笔的强度。

- "变形选项"：设置变形的细节和简化效果。"细节"用来设置变形时图形对象上的锚点。

- "显示画笔大小"：勾选该复选框，光标将显示为画笔，如果不勾选该复选框，光标将显示为十字线效果。

技巧

在使用"变形工具"时，如果不想通过"变形工具选项"对话框修改笔刷的大小，可以按住"Alt"键的同时在文档的空白处拖动鼠标来改变笔刷的大小，向右上方拖动放大笔刷，向左下方拖动缩小笔刷。这种方法同样适合于其他几个液化变形工具，在使用时多加注意，后面不再赘述。

在工具箱中选择"变形工具" ，并通过"变形工具选项"对话框设置相关的参数后，将光标移动到要进行变形的图形对象上，光标将以圆形形状显示出画笔的大小，按住鼠标拖动以变形图形，达到满意的效果后释放鼠标，即可变形图形对象，如图4.82所示。

图4.82 使用"变形工具"拖动变形

4.4.2 旋转扭曲工具

使用"旋转扭曲工具" 可以创建类似于涡流形状的变形效果，它不但可以像"变形工具" 一样对图形拖动变形，还可以将光标放置在图形的某个位置，按住鼠标不放的情况下使图形变形。在工具箱中双击"旋转扭曲工具" 图标，可以打开如图4.83所示的"旋转

扭曲工具选项"对话框,对"旋转扭曲工具"的相关属性进行详细设置。

图4.83 "旋转扭曲工具选项"对话框

"旋转扭曲工具选项"对话框中有很多选项与"变形工具选项"对话框相同,使用方法也相同,所以这里不再赘述,只讲解不同的部分。

"旋转扭曲速率":设置旋转扭曲的变形速度。取值小范围为-180°~180°之间。当数值越接近-180°或180°时,对象的扭转速度越快。越接近0°时,扭转的速度越平缓。负值以顺时针方向扭转图形,正值则会以逆时针方向扭转图形。

在工具箱中选择"旋转扭曲工具" ,并通过"旋转扭曲工具选项"对话框设置相关的参数后,将光标移动到要进行变形的图形对象上,光标将以圆形形状显示出画笔的大小,按住鼠标向下拖动以变形图形,达到满意的效果后释放鼠标,即可旋转扭曲图形对象,如图4.84所示。

图4.84 使用"旋转扭曲工具"拖动变形

4.4.3 缩拢工具

使用"缩拢工具" 主要将图形对象进行收缩变形。不但可以根据鼠标拖动的方向将图形对象向内收缩变形,也可以在原地按住鼠标不动将图形对象向内收缩变形。在工具箱中双击该工具,可以打开如图4.85所示的"收缩工具选项"对话框,对"缩拢工具"的参数进行详细设置。该工具的参数选项与"变形工具"相同,这里不再赘述,可参考"变形工具"的参数讲解。

图4.85 "收缩工具选项"对话框

在工具箱中选择"缩拢工具" ,并通过"收缩工具选项"对话框设置相关的参数后,将光标移动到要进行变形的图形对象上,光标将以圆形形状显示出画笔的大小,按住鼠标向上拖动,达到满意的效果后释放鼠标,即可收缩图形对象,如图4.86所示。

图4.86 使用"缩拢工具"拖动变形

4.4.4 膨胀工具

"膨胀工具" 与"缩拢工具" 的作用正好相反,主要将图形对象进行扩张膨胀变形。它也可以原地按鼠标膨胀图形或拖动鼠标膨胀图形。双击工具箱中的该按钮,可以打开如图4.87所示的"膨胀工具选项"对话框,对"膨胀工具"的参数进行详细设置。该工具的参数选项与"变形工具"相同,这里不再赘述,可参考"变形工具"的参数讲解。

图4.87 "膨胀工具选项"对话框

选择"膨胀工具" ，并通过"膨胀工具选项"对话框设置相关的参数后，将光标移动到要进行变形的图形对象上，光标将以圆形形状显示出画笔的大小，按住鼠标原地不动稍等一会，可以看到图形在急速变化，达到需要的效果后释放鼠标，即可膨胀图形对象，如图4.88所示。

图4.88 使用"膨胀工具"原地变形

4.4.5 扇贝工具

"扇贝工具" 可以在图形对象的边缘位置创建随机的三角扇贝形状效果，特别是向图形内部拖动时效果最为明显。在工具箱中双击该工具，可以打开如图4.89所示的"扇贝工具选项"对话框，在该对话框中可以对"扇贝工具"的参数进行详细设置。

"扇贝工具选项"对话框中的选项含义说明如下：

● "复杂性"：设置图形对象变形的复杂程度，产生三角扇贝形状的数量。从右侧的下拉列表中，可以选择1到15的选择，值越大越复杂，产生的扇贝状变形越多。

● "画笔影响锚点"：勾选该复选框，变形的图形对象每个转角位置都将产生相对应的锚点。

● "画笔影响内切线手柄"：勾选该复选框，变形的图形对象将沿三角形正切方向变形。

● "画笔影响外切线手柄"：勾选该复选框，变形的图形对象将沿反三角正切方向变形。

图4.89 "扇贝工具选项"对话框

在工具箱中选择"扇贝工具" ，并通过"扇贝工具选项"对话框设置相关的参数后，将光标移动到要进行变形的图形对象上，光标将以圆形形状显示出画笔的大小，按住鼠标拖动，达到满意的效果后释放鼠标，即可在图形的边缘位置创建随机的三角扇贝形状效果，如图4.90所示。

图4.90 使用"扇贝工具"拖动变形

4.4.6 晶格化工具

"晶格化工具" 可以在图形对象的边缘位置创建随机锯齿状效果。在工具箱中双击该工具，可以打开如图4.91所示的"晶格化工具选项"对话框，该对话框中的选项与"扇贝工具"参数选项相同，这里不再赘述。

图4.91 "晶格化工具选项"对话框

在工具箱中选择"晶格化工具" ，并通过"晶格化工具选项"对话框设置相关的参数后，将光标移动到要进行变形的图形对象上，光标将以圆形形状显示出画笔的大小，按住鼠标拖动，达到满意的效果后释放鼠标，即可在图形的边缘位置创建随机的锯齿状效果，如图4.92所示。

图4.92 使用"晶格化工具"拖动变形

4.4.7 皱褶工具

"皱褶工具" 可以在图形对象上创建类似皱纹或是折叠的凸状变形效果。在工具箱中双击该工具，可以打开如图4.93所示的"皱褶工具选项"对话框，在该对话框中可以对"皱褶工具"的参数进行详细设置。

图4.93 "皱褶工具选项"对话框

"皱褶工具选项"对话框中的选项含义说明如下：

- "水平"：指定水平方向的皱褶数量。值越大产生的皱褶效果越强烈。如果不想在水平方向上产生皱褶，可以将其值设置为0%。
- "垂直"：指定垂直方向的皱褶数量。值越大产生的皱褶效果越强烈。如果不想在垂直方向上产生皱褶，可以将其值设置为0%。

在工具箱中选择"皱褶工具" ，并通过"皱褶工具选项"对话框设置相关的参数后，将光标移动到要进行变形的图形对象上，光标将以圆形形状显示出画笔的大小，按住鼠标向下拖动，达到满意的效果后释放鼠标，即可在图形的边缘位置创建类似皱纹或是折叠的凸状变形效果，如图4.94所示。

图4.94 使用"晶格化工具"拖动变形

4.5 封套扭曲

封套扭曲是Illustrator CC一个特色扭曲功能，它除了提供多种默认的扭曲功能外，还可以通过建立网格和使用顶层对象的方式来创建扭曲效果，有了封套扭曲功能，使扭曲变得更加灵活。

4.5.1 用变形建立

"用变形建立"命令是Illustrator CC为用户提供的一项预设的变形功能，可以利用这些现有的预设功能并通过相关的参数设置达到变形的目的。执行菜单栏中的"对象"|"封套扭曲"|"用变形建立"命令，即可打开如图4.95所示的"变形选项"对话框。

图4.95 "变形选项"对话框

"变形选项"对话框中的选项含义说明如下：

- "样式"：可以从右侧的下拉列表中，选择一种变形的样式。总共包括15种变形样式，不同的变形效果如图4.96所示。
- "水平"、"垂直"和"弯曲"：指定在水平还是垂直方向上弯曲图形，并通过修改"弯曲"的值来设置变形的强度大小，值越大图形的弯曲也就越大。
- "扭曲"：设置图形的扭曲程度，可以指定水平或垂直扭曲程度。

原图

弧形　　　下弧形　　　上弧形

拱形　　　凸出　　　凹壳

凸壳　　　旗形　　　波形

鱼形　　　上升　　　鱼眼

膨胀　　　挤压　　　扭转

图4.96 15种预设变形效果

技巧

按"Alt + Shift + Ctrl + W"组合键，可以快速打开"变形选项"对话框。

4.5.2 用网格建立

封套扭曲除了使用预设的变形功能，也可自定义网格来修改图形。首先选择要变形的对象，然后执行菜单栏中的"对象"|"封套扭曲"|"用网格建立"命令，打开如图4.97所示

的"封套网格"对话框，在该对话框中可以设置网格的"行数"和"列数"，以添加变形网格效果。

图4.97 "封套网格"对话框

技巧

按"Alt + Ctrl + M"组合键，可以快速打开"封套网格"对话框。

在"封套网格"对话框中设置合适的行数和列数，单击"确定"按钮，即可为所选图形对象创建一个网格状的变形封套效果，可以利用"直接选择"工具像调整路径那样调整封套网格，同时修改一个网格点，也可以选择多个网格点进行修改。

使用"直接选择工具"选择要修改的网格点，然后将光标移动到选中的网格点上，当光标变成▶状时，按住鼠标拖动网格点，即可对图形对象进行变形。利用网格变形效果如图4.98所示。

图4.98 利用网格变形效果

4.5.3 用顶层对象建立

使用该命令可以将选择的图形对象，以该对象上方的路径形状为基础进行变形。首先在要扭曲变形的图形对象的上方，绘制一个任意形状的路径作为封套变形的参照物。然后选择要变形的图形对象及路径参照物，执行菜单栏中的"对象"|"封套扭曲"|"用顶层对象建立"命令，即可将选择的图形对象以其上方的形状为基础进行变形。变形操作如图4.99所示。

技巧

按"Alt + Ctrl + C"组合键，可以快速使用"用顶层对象建立"命令。

图4.99 "用顶层对象建立"变形效果

技巧

使用"用顶层对象建立"命令创建扭曲变形后，如果对变形的效果不满意，还可以通过执行菜单栏中的"对象"|"封套扭曲"|"释放"命令还原图形。

4.5.4 封套选项

对于封套变形的对象，可以修改封套的变形效果，比如扭曲外观、扭曲线性渐变和扭曲图案填充等。执行菜单栏中的"对象"|"封套扭曲"|"封套选项"命令，可以打开如图4.100所示的"封套选项"对话框，在该对话框中可以对封套进行详细设置，在使用封套变形前修改选项参数，也可以在变形后选择图形来修改变形参数。

图4.100 "封套选项"对话框

"封套选项"对话框中各选项的含义说明如下：

- "消除锯齿"：勾选该复选框，在进行封套变形时可以消除锯齿现象，产生平滑有过度效果。
- "保留形状，使用："：选中"剪切蒙版"单选按钮，可以使用路径的遮罩蒙版形式创建变形，保留封套的形状；选中"透明度"单选按钮，可以使用位图式的透明通道来保留封套的形状。
- "保真度"：指定封套变形时的封套内容保真程度，值越大封套的节点越多，保真度也就越大。
- "扭曲外观"：勾选该复选框，将对图形的外观属性进行扭曲变形。
- "扭曲线性渐变填充"：勾选该复选框，在扭曲图形对象时，同时对填充的线性渐变也进行扭曲变形。
- "扭曲图案填充"：勾选该复选框，在扭曲图形对象时，同时对填充的图案进行扭曲变形。

技巧 !

在使用相关的封套扭曲命令后，在图形对象上将显示出图形的变形线框，如果感觉这些线框妨碍其他操作，可以执行菜单栏中的"对象"|"封套扭曲"|"扩展"命令，将其扩展为普通的路径效果。如果想返回到变形前的图形，修改原图形或封套路径，可以执行菜单栏中的"对象"|"封套扭曲"|"编辑内容"命令，对添加封套前的图形进行修改。如果想回到封套变形效果，可以执行菜单栏中的"对象"|"封套扭曲"|"编辑封套"命令，返回到封套变形效果。

第5章 颜色控制及图形填充

〔内容摘要〕

图形对象的着色是美化图形的基础，图形的颜色好坏在整个图形中占重要作用。本章详细讲解了Illustrator CC颜色的控制及填充，包括实色、渐变和图案填充，各种颜色面板的使用及设置方法，图形的描边技术；介绍了图形的颜色模式：灰度、RGB、HSB和CMYK4种颜色模式的转换，以及这些颜色模式的含义和使用方法，了解这些颜色模式的不同用途可以更好地输出图形；还详细讲解了编辑颜色的各种命令，比如重新着色图稿、混合命令、反相颜色和调整命令的含义及其在实战中的应用。通过本章的学习，读者能够熟练掌握各种颜色的控制及设置方法，掌握图形的填充技巧。

〔教学目标〕

- 了解图形颜色模式
- 学习各种颜色的设置方法
- 掌握颜色命令的编辑
- 掌握实色、渐变、图案和透明的填充技巧
- 掌握渐变网格的使用技巧

5.1 实色填充控制

实色填充也叫单色填充，它是颜色填充的基础，一般可以使用"颜色"和"色板"来编辑用于填充的实色。对图形对象的填充分为两个部分：一是内部的填充；二是描边填色。在设置颜色前要先确认填充的对象，是内部填充还是描边填色。确认的方法很简单，可以通过工具栏底部相关区域来设置，也可以通过"颜色"面板来设置。通过单击"填充颜色"或"描边颜色"按钮，将其设置为当前状态，然后设置颜色即可。

在设置颜色区域中，单击"互换填色和描边" 按钮，可以将填充颜色和描边颜色相互交换；单击"默认填色和描边" 按钮，可以将填充颜色和描边颜色设置为默认的黑白颜色；单击"实色"按钮，可以为图形填充单色效果；单击"渐变"按钮，可以为图形填充渐变色；单击"无色"按钮，可以将填充或描边设置为无色效果。相关的图示效果如图5.1所示。

图5.1 填色与描边的图示效果

将其设置为当前状态，然后双击该图标打开"拾色器"对话框，在该对话框中设置要描边的颜色，然后单击"确定"按钮确认设置需要的描边颜色，即可将图形以新设置的颜色进行描边处理，操作过程如图5.3所示。

图5.3 图形描边的操作效果

> **技巧**
>
> 除了双击打开"拾色器"设置填充颜色或描边颜色外，还可以使用"颜色"和"色板"来设置填充或描边的颜色，详细的设置颜色的方法请参考5.2和5.3节的内容。

5.1.3 "描边"面板

除了使用颜色对描边进行填色外，还可以使用"描边"面板设置描边的其他属性，如描边的粗细、端点、斜接限制、连接、对齐描边和虚线等。执行菜单栏中的"窗口"|"描边"命令，即可打开如图5.4所示的"描边"面板。

> **技巧**
>
> 按"Ctrl + F10"组合键，可以快速打开"描边"面板。

图5.4 "描边"面板

"描边"面板中的选项含义说明如下：

- "粗细"：设置描边的宽度。可以从右侧的下拉列表中选择一个数值，也可以

> **技巧**
>
> 在英文输入法下，按"X"键可以将填充颜色和描边颜色的当前状态进行互换；按"D"键可以将填充颜色和描边颜色设置为默认的黑白颜色；按"<"键可以设置为实色填充；按">"键可以设置为渐变填充；按"/"键可以将当前的填充或描边设置为无色。

5.1.1 实色填充的应用

在文档中选择要填色的图形对象，然后在工具箱中单击"颜色填充"图标，将其设置为当前状态，双击该图标打开"拾色器"对话框，在该对话框中设置要填充的颜色，然后单击"确定"按钮即可将图形填充实色效果，操作过程如图5.2所示。

图5.2 实色填充效果

5.1.2 描边的应用

在文档中选择要进行描边颜色的图形对象，然后在工具箱中单击"描边颜色"图标，

直接输入数值来确定描边线条的宽度。不同粗细值显示的图形描边效果如图5.5所示。

粗细值为1pt　　　　粗细值为5pt

图5.5 不同值的描边效果

- "端点"：设置描边路径的端点形状。分为平头端点 、圆头端点 和方头端点 3种。要设置描边路径的端点，首先选择要设置端点的路径，然后单击需要的端点按钮即可。不同端点的路径显示效果如图5.6所示。

图5.6 不同端点的路径显示效果

- "限制"：设置路径转角的连接效果，可以通过数值来控制，也可以直接单击右侧的"斜接连接" 、"圆角连接" 和"斜角连接" 来修改。要设置图形的转角连接效果，首先要选择要设置转角的路径，然后单击需要的连接按钮即可。不同连接效果如图5.7所示。

图5.7 不同连接效果

- "对齐描边"：设置填色与路径之间的相对位置。包括"使描边居中对齐" 、"使描边内侧对齐" 和"使描边外侧对齐" 3个选项。选择要设置对齐描边的路径，然后单击需要的对齐按钮即可。不同的描边对齐效果如图5.8所示。

图5.8 不同的描边对齐效果

- "虚线"：勾选该复选框，可以将实线路径显示为虚线效果，并可以通过下方的文本框输入虚线的长度和间隔的长度，利用这些可以设置出不同的虚线效果。应用虚线的前后效果如图5.9所示。

图5.9 应用虚线的前后效果对比

5.2 "颜色"面板

　　"颜色"面板可以通过修改不同的颜色值，精确指定所需要的颜色。执行菜单栏中的"窗口"|"颜色"命令，即可打开如图5.10所示的"颜色"面板。通过单击"颜色"面板右上角的 按钮，可以弹出"颜色"面板菜单，选择不同的颜色模式。

技巧

按"F6"键，可以快速打开"颜色"面板。

　　在"颜色"面板中，通过单击"填充颜色"或"描边颜色"来确定设置颜色的对象，通过拖动"颜色滑块"或修改"颜色值"来精确设置颜色，也可以直接在下方的色带中吸取一种颜色，如果不想设置颜色，可以单击"无颜色"区，将选择的对象设置为无颜色。

图5.10 "颜色"面板

Illustrator CC有4种颜色模式：灰度模式、RGB模式（即红、绿、蓝）、HSB模式（即色相、饱和度、亮度）和CMYK模式（即青、洋红、黄、黑）。这4种颜色模式各有不同的功能和用途，不同的颜色模式对于图形的显示和打印效果各不相同，有时甚至差别很大，所以有必要对颜色模式有个清楚地认识。下面分别讲述"颜色"面板菜单中4种颜色模式的含义及用法技巧。

5.2.1 灰度模式

灰度模式属于非色彩模式。它只包含256级不同的亮度级别，并且仅有一个Black通道。在图像中看到的各种色调都是由256种不同强度的黑色表示。

灰度模式简单的说就是由白色到黑色之间的过渡颜色。在灰度模式中把从白色到黑色之间的过渡色分为100份，以百分数来计算设白色为0%、黑色为100%，其他灰度级用介于0%~100百分数来表示。各灰度级其实表示了图形灰色的亮度级。在出版、印刷许多地方都要用到黑白图（即灰度图）就是灰度模式的一个极好的例子。

在"颜色"面板菜单中选择"灰度"命令，即可将"颜色"面板的颜色显示切换到灰度模式，如图5.11所示。可以通过拖动滑块或修改参数来设置灰度颜色，也可以在色带中吸取颜色，但在这里设置的所有颜色只有黑白灰。

图5.11 灰度模式

5.2.2 RGB模式

RGB是光的色彩模型，俗称三原色（也就是三个颜色通道）：红、绿、蓝。每种颜色都有256个亮度级（0~255）。将每一个色带分成256份，用0~255这256个整数表示颜色的深浅，其中0代表颜色最深，255代表颜色最浅。所以RGB模式所能显示的颜色有256×256×256即16,777,216种颜色，远远超出了人眼所能分辨的颜色。如果用二进制表示每一条色带的颜色，需要用8位二进制来表示，所以RGB模式需要用24位二进制来表示，这也就是常说的24位色。RGB模型也称为加色模式，因为当增加红、绿、蓝色光的亮度级时，色彩变得更亮。所有显示器、投影仪和其他传递与滤光的设备，包括电视、电影放映机都依赖于加色模型。

任何一种色光都可以由RGB三原色混合得到，RGB三个值中任何一个发生变化都会导致合成出来的色彩发生变化。电视彩色显像管就是根据这个原理得来的，但是这种表示方法并不适合人的视觉特点，所以产生了其他的色彩模式。

在"颜色"菜单中选择RGB命令，即可将

"颜色"面板的颜色显示切换到RGB模式，如图5.12所示。可以通过拖动滑块或修改参数来设置颜色，也可以在色带中吸取颜色。RGB模式在网页中应用较多。

图5.12 RGB模式

5.2.3 HSB模式

HSB色彩空间是根据人的视觉特点，用色相（Hue）、饱和度（Saturation）和亮度（Brightness）来表达色彩。色相为颜色的像貌，即颜色的样子，比如红、蓝等直观的颜色。饱和度表示的是颜色的强度或纯度，即颜色的深浅程度。亮度是颜色的相对明度和暗度。

我们常把色调和饱和度统称为色度，用它来表示颜色的类别与深浅程度。由于人的视觉对亮度比对色彩浓淡更加敏感，为了便于色彩处理和识别，常采用HSB色彩空间。它能把色调、色饱和度和亮度的变化情形表现得很清楚，它比RGB空间更加适合人的视觉特点。在图像处理和计算机视觉中，大量的算法都可以在HSB色彩空间中方便使用，他们可以分开处理而且相互独立。因此HSB空间可以大大简化图像分析和处理的工作量。

在"颜色"菜单中选择HSB命令，即可将"颜色"面板的颜色显示切换到HSB模式，如图5.13所示。可以通过拖动滑块或修改参数来设置颜色，注意高（H）数值在0～360范围内，S和B数值都在0～100范围内。也可以在色带中吸取颜色。

图5.13 HSB模式

提示

在使用HSB或RGB颜色时会在"颜色"面板左侧下方出现一个中间有感叹号的黄色三角形⚠，这表示设置颜色为溢色，即这种颜色不能用CMYK油墨打印。在黄色三角形⚠右侧将出现一个与设置的颜色最接近的CMYK颜色块■。单击该CMYK颜色块■就可以用它来替换溢色的颜色。

5.2.4 CMYK模式

CMYK模式主要应用于图像的打印输出，该模式是基于商业打印的油墨吸收光线，当白光落在油墨上时，一部分光被油墨吸收了，没有吸收的光就返回到眼睛中。青色（C）、洋红（M）和黄色（Y）这3种色素能组合起来吸收所有的颜色以产生黑色，因此它属于减色模式，所有商业打印机使用的都是减色模式。但是因为所有的打印油墨都包含了一些不纯的东西，因此这3种油墨实际产生了一种浑浊的棕色，必须结合黑色油墨才能产生真正的黑色。结合这些油墨来产生颜色被称为四色印刷打印。CMYK色彩模型中色彩的混合正好和RGB色彩模式相反。

当使用CMYK模式编辑图像时，应当十分小心，因为通常都习惯于编辑RGB图像，在CMYK模式下编辑需要一些新的方法，尤其是编辑单个色彩通道时。在RGB模式中查看单色通道时，白色表示高亮度色，黑色表示低亮度色；在CMYK模式中正好相反，当查看单色通道时，黑色表示高亮度色，白色表示低亮度色。

在"颜色"菜单中选择CMYK命令，即可将"颜色"面板的颜色显示切换到CMYK模式，如图5.14所示。可以通过拖动滑块或修改参数来设置颜色，注意C、M、Y、K数值都在0～100范围内。也可以在色带中吸取颜色。

图5.14 CMYK模式

"色板"面板主要用来存放颜色，包括颜色、渐变和图案等。有了"色板"对图形的填充和描边变得更加方便。执行菜单栏中的"窗口"|"色板"命令，即可打开如图5.15所示的"色板"面板。

单击"色板"面板右上角的 按钮，可以弹出"色板"面板菜单，利用相关的菜单命令，可以对"色板"进行更加详细的设置。

图5.15 "色板"面板

"色板"在默认状态下显示了多种颜色信息，如果想使用更多的预设颜色，可以从"色板"菜单中选择"打开色板库"命令，从子菜单中选择更多的颜色，也可以单击"色板"左下角的"色板库" 按钮，从中选择更多的颜色。

默认状态下"色板"显示了所有的颜色信息，包括颜色、渐变、图案和颜色组，如果想单独显示不同的颜色信息，可以单击"色板类型" 按钮，从中选择相关的菜单命令即可。

5.3.1 新建色板

新建色板说的是在"色板"面板中添加新的颜色块。如果在当前"色板"面板中，没有找到需要的颜色，这时可以应用"颜色"面板或其他方式创建新的颜色，为了以后使用的方便，可以将新建的颜色添加到"色板"面板中，创建属于自己的色板。

新建色板有两种操作方法：一种是使用"颜色"面板用拖动的方法来添加颜色；另一种是使用"新建色板" 按钮来添加颜色。

❶ 拖动法添加颜色

首先打开"颜色"面板并设置好需要的颜色，然后拖动该颜色到"色板"中，可以看到"色板"的周围产生一个黑色的边框，并在光标的右下角出现一个"田"字形的标记，释放鼠标即可将该颜色添加到"色板"中。操作效果如图5.16所示。

图5.16 拖动法添加颜色操作效果

❷ 使用"新建色板"按钮添加颜色

在"色板"面板中，单击底部的"新建色板" ■按钮，如图5.17所示。将打开如图5.18所示"新建色板"对话框，在该对话框中设置需要的颜色，然后单击"确定"按钮，即可将颜色添加到色板中。

图5.17 "新建色板"■按钮

图5.18 "新建色板"对话框

"新建色板"对话框中各选项的含义说明如下：

- "色板名称"：设置新颜色组名称。
- "颜色类型"：设置新颜色的类型，包括印刷色和专色。
- "全局色"：勾选该复选框，在新颜色

的右下角将出现一个小的三角形。使用全局色对不同的图形填充后，修改全局色将影响所有使用该颜色的图形对象。

- "颜色模式"：设置颜色的模式，并可以通过下方的滑块或数值来修改颜色。

提示 ❓

如果想修改色板中的某个颜色，可以首先选择该颜色，然后单击"色板"底部的"色板选项" ▦按钮，打开"色板选项"对话框，对颜色进行修改。该对话框与"新建色板"对话框选项相同，这里不再赘述。

5.3.2 新建颜色组

颜色组是Illustrator CC新增加的功能，可以将一些相关的颜色或经常使用的颜色放在一个组中，以方便后面的操作。颜色组中只能包括单一颜色，不能添加渐变和图案。新建颜色组可以通过2种方法来创建，下面来详细讲解这2种颜色组的创建方法。

❶ 从色板颜色创建颜色组

在"色板"面板中，选择要组成颜色组的颜色块，然后单击"色板"底部的"新建颜色组" ▢按钮，将打开"新建颜色组"对话框，输入新颜色组的名称，然后单击"确定"按钮，即可从色板颜色创建颜色组。操作过程如图5.19所示。

技巧 ❗

在选择颜色时，按住"Shift"键可以选择多个连续的颜色，按住"Ctrl"键可以选择多个任意的颜色。

图5.19 从色板颜色创建颜色组操作效果

❷ 从现有对象创建颜色组

在Illustrator CC中，还可以利用现有的矢量图形，创建新的颜色组。首先单击选择现有的矢量图形，然后单击"色板"底部的"新建颜色组" ▢按钮，将打开"新建颜色组"对话框，为新颜色组命名后选中"选定的图稿"单选按钮，然后单击"确定"按钮，即可从现有对象创建颜色组。操作效果如图5.20所示。

图5.20 从现有对象创建颜色组操作效果

在如图5.21所示的"新建颜色组"对话框中有多个选项，决定了创建新颜色组的属性，"新建颜色组"对话框中的各选项含义说明如下。

图5.21 "新建颜色组"对话框

- "名称"：设置新颜色组的名称。
- "创建自"：指定创建颜色组的来源。选中"选定的色板"单选按钮，表示以当前选择色板中的颜色为基础创建颜色组；选中"选定的图稿"单选按钮，表示以当前选择的矢量图形为基础创建颜色组。

- "将印刷色转换为全局色"：勾选该复选框，将所有创建颜色组的颜色转换为全局色。
- "包括用于色调的色板"：勾选该复选框，将包括用于色调的颜色也转换为颜色组中的颜色。

技巧 ！

可以像新建色板那样，从"颜色"面板中将颜色拖动添加到颜色组中。如果想修改颜色组中的颜色，可以双击某个颜色，打开"色板选项"对话框来修改该颜色。如果想修改颜色组中所有的颜色，可以双击颜色组图标，打开"实时颜色"对话框，对其进行修改。

5.3.3 删除色板

对于多余的颜色，可以将其删除。在"色板"面板中选择要删除的一个或多个颜色，然后单击"色板"面板底部的"删除色板" 🗑 按钮，也可以选择"色板"面板菜单中的"删除色板"命令，在打开的"询问"对话框中单击"是"按钮，即可将选择的色板颜色删除。操作效果如图5.22所示。

图5.22 删除色板操作效果

5.4 渐变填充控制

渐变填充是实际制图中使用率相当高的一种填充方式，它与实色填充最大的不同就是实色由一种颜色组成，而渐变则是由两种或两种以上的颜色组成。

5.4.1 "渐变"面板

执行菜单栏中的"窗口"|"渐变"命令，即可打开如图5.23所示的"渐变"面板。该面板主要用来编辑渐变颜色。

图5.23 "渐变"面板

未选中的色标的顶部三角形位置为空白的显示为 状，选中的色标在色标的顶部三角形位置为黑色的填充显示为 状。

● 使用"颜色"面板修改渐变颜色：双击要修改的色标，可以看到与之对应的"颜色"面板自动处于激活的状态，此时可以在"颜色"面板中通过拖动滑块或修改数值来修改需要的颜色，即可修改该色标的颜色。同样的方法可以修改其他色标的颜色。使用"颜色"面板修改渐变颜色效果如图5.25所示。

如果"颜色"面板已经处于打开的激活状态，可以直接选择"渐变"面板中的色标，然后在"颜色"面板中修改颜色即可。

图5.25 使用"颜色"面板修改渐变颜色

在"渐变"面板中，双击色标，就会弹出"颜色"选项卡，如图5.26所示。这里可以修改色标相关的颜色。单击"颜色"选项卡左侧的"色板"按钮，则会切换到"色板"选项卡，效果如图5.27所示，这里同样可以修改色变的颜色。

图5.26 "颜色"选项卡 图5.27 "色板"选项卡

按"Ctrl + F9"键，可以快速打开"渐变"面板。

视频讲座5-1：编辑渐变

案例分类：软件功能类
视频位置：配套光盘\movie\视频讲座
5-1：编辑渐变.avi

在进行渐变填充时，默认的渐变适合制图的需要，这时就需要编辑渐变。编辑渐变的方法很简单，具体的操作如下。

① 修改渐变颜色

在"渐变"面板中，渐变的颜色主要由色标来控制，要修改渐变的颜色只需要修改不同位置的色标颜色即可。修改渐变颜色可以使用"颜色"面板或"色板"面板来完成，具体的操作方法如下：

● 使用"色板"面板修改渐变颜色：首先确定打开"色板"面板，在"渐变"面板中，单击要修改颜色的色标，然后按住"Alt"键，单击"色板"面板中需要的颜色，即可修改选中的颜色。同样的方法可以修改其他色标的颜色。使用"色板"面板修改渐变颜色操作效果如图5.24所示。

图5.24 使用"色板"面板修改渐变颜色

图5.29 删除色标

在应用渐变填充时，如果默认的渐变填充不能满足需要，可以执行菜单栏中的"窗口"|"色板库"|"渐变"命令，然后选择子菜单中的渐变选项，可以打开更多的预设渐变，以供不同需要使用。

② 添加/删除色标

虽然Illustrator CC为用户提供了很多预览渐变填充，但也无法满意用户的需要。用户可根据自己的需要，在"渐变"面板中添加或删除色标，创建自己需要的渐变效果。

- 添加色标：将光标移动到"渐变"面板底部渐变滑块区域的空白位置，此时的光标右下角出现一个"+"字标记单击鼠标即可添加一个色标，同样的方法可以在其他空白位置单击，添加更多的色标。添加色标操作效果如图5.28所示。

图5.28 添加色标

提示

添加完色标后，可以使用编辑渐变颜色的方法，修改新添加色标的颜色，以编辑需要颜色的渐变效果。

- 删除色标：要删除不需要的色标，可以将光标移动到该色标上，然后按住鼠标向"渐变"面板的下方拖动该色标，当"渐变"面板中该色标的颜色显示消失时释放鼠标，即可将该色标删除。删除色标的操作效果如图5.29所示。

提示

因为渐变必须具有两种或两种以上的颜色，所以在删除色标时，"渐变"面板中至少有两个色标。当只有两个色标时，就不能再删除色标了。

③ 修改渐变类型

渐变包括两种类型，一种是线性；一种是径向。线性即渐变颜色以线性的方式排列；径向即渐变颜色以圆形径向的形式排列。如果要修改渐变的填充类型，只需要选择填充渐变的图形后，在"渐变"面板的"类型"下拉列表中，选择相应的选项即可。线性渐变和径向渐变填充效果分别如图5.30和图5.31所示。

图5.30 线性渐变填充

图5.31 径向渐变填充

5.4.2 修改渐变角度和位置

渐变填充的角度和位置将决定渐变填充的效果，渐变的角度和位置可以利用"渐变"面板来修改，也可以使用"渐变工具" 来修改。

❶ 利用"渐变"面板修改

- 修改渐变的角度：选择要修改渐变角度的图形对象，在"渐变"面板中的"角度"文本框中输入新的角度值，然后按"Enter"键即可。修改渐变角度效果如图5.32所示。

图5.32 修改渐变角度

- 修改渐变位置：在"渐变"面板中，选择要修改位置的色标，可以从"位置"文本框中看到当前色标的位置。输入新的数值，即可修改选中色标的位置。修改渐变颜色位置效果如图5.33所示。

图5.33 修改渐变位置

❷ 利用"渐变工具"修改

渐变工具主要用来对图形进行渐变填充，利用该工具不仅可以填充渐变，还可以通过拖动起点和终点，填充不同的渐变效果。使用"渐变工具"比使用"渐变"面板来修改渐变的角度和位置的最大好处是比较直观，而且修改方便。

要使用"渐变工具"■修改渐变填充，首先要选择填充渐变的图形，然后在工具箱中选择"渐变工具"■，在合适的位置按住鼠标确定渐变的起点，然后在不释放鼠标的情况下拖动鼠标确定渐变的方向，达到满意效果后释放鼠标，确定渐变的终点，这样就可以修改渐变填充了。修改渐变效果如图5.34所示。

图5.34 修改渐变

5.5 使用编辑颜色命令

除了使用前面讲解过的颜色控制方法，Illustrator CC还为用户提供了一些编辑颜色的命令，使用这些命令可以改变图形对象的颜色混合方式、颜色属性和颜色模式。执行菜单栏中的"编辑"|"编辑颜色"命令，在其子菜单中显示了多种颜色的控制方法。如图5.35所示。

图5.35 "编辑"|"编辑颜色"命令子菜单

在"编辑"|"编辑颜色"命令子菜单中，除了"重新着色图稿"、"前后混合"、"水平混合"和"垂直混合"不能应用于位图图像，其他的命令都可以应用于位图图像与和矢量图形。

5.5.1 重新着色图稿

重新着色图稿命令可以根据选择的图形对象目前的颜色，自动在"实时颜色"对话框中显示出来，并可以通过"实时颜色"对话框将颜色进行重新设置。

首先选择要重新着色的图稿，然后执行菜单栏中的"编辑"|"编辑颜色"|"重新着色图稿"命令，打开"重新着色图稿"对话框，在"当前颜色"中显示了当前选中图稿的颜色组。选择图稿与"重新着色图稿"对话框如图5.36所示。

图5.36 选择图稿与"重新着色图稿"对话框

利用"重新着色图稿"对话框中的相关选项，可以对图稿进行重新着色。从"协调规则"下拉列表中，选择一组颜色，可以重新着色图稿；单击选择现有"颜色组"中的颜色也可以重新着色图稿。这些修改都是同时修改图稿的所有颜色，如果想单独修改图稿中的某种颜色，可以在"当前颜色"列表中双击"新建"下方的颜色块，打开"拾色器"来修改某

种颜色，也可以单击"当前颜色"下方的颜色条，选择某种颜色后，在底部的颜色设置区修改当前颜色。

除了使用上面讲解的方法重新着色图稿，还可以在"重新着色图稿"对话框中，通过调整色轮上的颜色控制点来重新着色图稿。操作方法很简单，读者可以自己操作体会一下。编辑色轮显示效果如图5.37所示。

图5.37 编辑色轮显示效果

5.5.2 混合命令

混合颜色命令有3种方式：前后混合、水平混合和垂直混合。混合命令将从一组三个或更多的有颜色填充的图形对象，混合产生一系列中间过渡颜色。这与图形对象的混合不同，颜色混合后仍保留独立的图形个体，图形对象混合后就成为一个整体了，这个整体内的颜色是渐层的。

前后混合是根据图形的先后顺序进行混合，主要依据最前面的图形和最后面的图形的填充颜色，中间的图形自动从最前面图形的填充颜色过渡到最后面图形的填充颜色，与中间图形的填充颜色无关。选择要混合的图形对象，然后执行菜单栏中的"编辑"|"编辑颜色"|"前后混合"命令，即可将图形进行前后混合。

水平混合是根据图形的水平方向进行混合，主要依据最左侧的图形和最右侧图形的填充颜色，中间的图形自动从最左侧图形的填充颜色过渡到最右侧图形的填充颜色，与中间图形的填充颜色无关。选择要混合的图形对象，然后执行菜单栏中的"编辑"|"编辑颜色"|"水平混合"命令，即可将图形进行水平混合。

垂直混合是根据图形的垂直方向进行混合，主要依据最上面的图形和最下面的图形的填充颜色，中间的图形自动从最上面图形的填充颜色过渡到最下面图形的填充颜色，与中间图形的填充颜色无关。选择要混合的图形对象，然后执行菜单栏中的"编辑"|"编辑颜色"|"垂直混合"命令，即可将图形进行垂直混合。3种混合效果如图5.38所示。

图5.38 颜色混合

5.5.3 反相颜色与叠印黑色

反相颜色与叠印黑色也是编辑颜色的命令，下面来讲解它们的含义及应用方法。

❶ 反相颜色

反相颜色命令用来创建图形对象的负片效果，就像照片的底片一样。在转换图像颜色时，如果它的颜色模式不是RGB模式，它将自动转换成RGB，而且它的颜色值会转换成原来颜色值的相反值。

首先选择要反相颜色的图形对象，然后执行菜单栏中的"编辑"|"编辑颜色"|"反相颜色"命令，即可将选择的图形反相处理。反相颜色前后对比效果如图5.39所示。

提示 ❓

"反相颜色"命令与"颜色"面板菜单中的"反相"命令是不同的，"反相"命令只适用于矢量图形的着色上，而不能应用在位图图像上；"反相颜色"命令则可以应用于位图和矢量图中。

图5.39 反相颜色前后效果对比

❷ 叠印黑色

叠印黑色命令可以设置黑色叠印效果或删除黑色叠印。选择要添加或删除叠印的对象，可以设置自定义颜色的叠印，该自定义颜色的印刷色等价于包含指定百分比的黑色，或者设置包括黑色的印刷色的叠印。执行菜单栏中的"编辑"|"编辑颜色"|"叠印黑色"命令，打开如图5.40所示的"叠印黑色"对话框。在该对话框中可以设置叠印黑色属性。

图5.40 "叠印黑色"对话框

"叠印黑色"对话框中各选项的含义说明如下：

- 添加和移去黑色：在该下拉列表中，选择"添加黑色"命令来添加叠印；选择"移去黑色"命令来删除叠印。
- "百分比"：指定添加或移去叠印的对象。比如输入60%，表示只选择包含至少60%的黑色对象。
- "应用于"：设置叠印应用的范围，可以选择填色和描边两种类型。
- "包括黑色和CMY"：勾选该复选框，将叠印应用于青色、洋线和黄色的图形对象，以及由CMY组成的黑色。
- "包括黑色专色"：勾选该复选框，叠印效果将应用于特别的黑色专色。

"编辑"|"编辑颜色"命令子菜单提供了3种转换颜色模式的工具：转换为CMYK、转换为RGB和转换为灰度。主要用来转换当前图形对象的颜色模式，转换的方法很简单，只需要选择图形对象后，选择相关的命令即可。3种模式的含义说明前面已经详细讲解过，详情可参考5.2节。

5.5.4 调整命令

Illustrator CC为用户提供了两种调整命令，分别为"调整色彩平衡"和"调整饱和度"。这两种命令主要用来对图形的色彩进行调整，下面来详细讲解它们的含义及使用方法。

❶ 调整色彩平衡

"调整色彩平衡"命令可以通过改变对象的灰度、RGB 或 CMYK 模式，并通过下方的相关颜色信息来改变图形的颜色。

选择要进行调整色彩平衡的图形对象，然后执行菜单栏中的"编辑"|"编辑颜色"|"调整色彩平衡"命令，即可打开"调整颜色"对话框，在"颜色模式"下拉列表中，可以选择一种颜色模式，勾选"填色"复选框将对图形对象的填充进行调色；勾选"描边"复选框，将对图形对象的描边进行调色。应用"调整色彩平衡"命令调色效果如图5.41所示。

图5.41 应用"调整色彩平衡"命令调色效果

❷ 调整饱和度

饱和度是指颜色的浓度，即颜色的深浅程度。利用"调整饱和度"命令可以增加或减少图形颜色的浓度，使图形颜色更加丰富或者更加单调。增加饱和度会使图形颜色的强度加深，图形颜色之间的对比加强，会感到整个图形颜色鲜艳。减少饱和度会使图形颜色的强度减弱，图形颜色之间的对比减少，会感到整个图形颜色变浅。

选择要调整饱和度的图形对象，然后执行菜单栏中的"编辑"|"编辑颜色"|"调整饱和度"命令，打开"饱和度"对话框，在"强度"文本框中设置数值，以调整增加或减少图形的颜色饱和度，取值范围为-100~100%，当值大于0时，将增加颜色的饱和度；当值小于0时，将减少颜色的饱和度。图形的默认强度值为0。调整饱和度前后的效果对比如图5.42所示。

图5.42 调整饱和度前后的效果对比

5.6 渐变网格填充

渐变网格填充类似于渐变填充，但比渐变填充具有更大的灵活性，它可以在图形上以创建网格的形式进行多种颜色的填充，而且不受任何其他颜色的限制。渐变填充是具有一定的顺序性和规则性，而渐变网格则打破了这些规则，它可以任意在图形的任何位置填充渐变颜色，并可以使用"直接选择工具"修改这些渐变颜色的位置和效果。

5.6.1 创建渐变网格填充

要想创建渐变网格填充，可以通过3种方法来实现，即"创建渐变网格"命令、"扩展"命令和"网格工具" ，下面就来详细讲解这几种方法的使用。

❶ 使用创建渐变网格命令

该命令可以为选择的图形创建渐变网格，首先选择一个图形对象，然后执行菜单栏中的"对象"|"创建渐变网格"命令，打开"创建渐变网格"对话框，在该对话框中可以设置渐变网格的相关信息。创建渐变网格效果如图5.43所示。

图5.43 创建渐变网格效果

"创建渐变网格"对话框中各选项的含义说明如下：

- "行数"：设置渐变网格的行数。
- "列数"：设置渐变网格的列数。
- "外观"：设置渐变网格的外观效果。可以从右侧的下拉菜单中选择，包括"平淡色"、"至中心"和"至边缘"3个选项。
- "高光"：设置颜色的淡化程度，数值越大高光越亮。取值范围为0~100%。

❷ 使用扩展命令

使用"扩展"命令可以将渐变填充的图形对象转换为渐变网格对象。首先选择一个具有渐变填充的图形对象，然后执行菜单栏中的"对象"|"扩展"命令，打开"扩展"对话框，在"扩展"选项组中可以选择要扩展的对象、填充或描边。然后在"将渐变扩展为"选项组中选中"渐变网格"单选按钮，单击"确定"按钮，即可将渐变填充转换为渐变网格填充。使用"扩展"命令操作效果如图5.44所示。

图5.44 使用"扩展"命令

❸ 使用网格工具

使用"网格工具"创建渐变网格填充不同于前两种方法，它创建渐变网格更加方便和自由，它可以在图形中的任意位置单击创建渐变网格。

首先在工具箱中选择"网格工具" ，在填充颜色位置设置好要填充的颜色，然后将光标移动到要创建网格渐变的图形上，此时光标将变成 状，单击鼠标即可在当前位置创建渐变网格，并为其填充设置好的填充颜色。多次单击可以添加更多的渐变网格。使用"网格工具"添加渐变网格效果如图5.45所示。

技巧 ！

使用"网格工具"在图形的空白处单击，将创建水平和垂直的网格，如果在水平网格线上单击，可以只创建垂直网格；在垂直网格线上单击，可以只创建水平网格。

图5.45 使用"网格工具"添加渐变网格

提示 ？

使用"网格工具"在渐变填充的图形上单击，不管是否在工具箱中事先设置什么颜色，图形的填充都将变成黑色。

5.6.2 编辑渐变网格

前面讲解了渐变网格填充的创建方法，创建渐变网格后，如果对渐变网格的颜色和位置不满意，还可以对其进行调整。

在编辑渐变网格前，要先了解渐变网格的组成部分，这样更有利于编辑操作。选择渐变网格后，网格上会显示很多的点，与路径上的显示相同，这些点叫锚点；如果这个锚点为曲线点，还将在该点旁边显示出控制柄效果；创建渐变网格后，还会出现网格线组成的网格区域。渐变网格的组成部分如图5.46所示。熟悉这些元素后，就可以轻松编辑渐变网格了。

图5.46 渐变网格的组成

① 选择和移动锚点和网格区域

要想编辑渐变网格，首先要选择渐变网格的锚点或网格区域。使用"网格工具" 可以选择锚点，但不能选择网格区域。所以一般都使用"直接选择工具" ▷ 来选择锚点或网格区域，其使用方法与编辑路径的方法相同，只需要在锚点上单击，即可选择该锚点，选择的锚点将显示为黑色实心效果，而没有选中的锚点将显示为空心效果。选择网格区域的方法更加简单，只需要在网格区域中单击鼠标，即可将其选中。

使用"直接选择工具" ▷ 在需要移动的锚点上，按住鼠标拖动，到达合适的位置后释放鼠标，即可将该锚点移动。同样的方法可以移动网格区域。移动锚点的操作效果如图5.47所示。

技巧

在使用"直接选择工具"选择锚点或网格区域时，按住"Shift"键可以多次单击，选择多个锚点或网格区域。

图5.47 移动锚点的位置

② 为锚点或网格区域着色

创建后的渐变网格的颜色，还可以再次修改，首先使用"直接选择工具"选择锚点或网格区域，然后确认工具箱中填充颜色为当前状态，单击"色板"面板中的某种颜色，即可为该锚点或网格区域填色。也可以使用"颜色"面板编辑颜色来填充。为锚点和网格区域着色效果如图5.48所示。

图5.48 为锚点和网格区域着色

视频讲座5-2：利用渐变网格绘制云朵

案例分类：进阶技能类
视频位置：配套光盘\movie\视频讲座
5-2：利用渐变网格绘制云朵.avi

本实例首先使用"矩形工具" ■绘制矩形并填充渐变制作天空效果，接着使用"钢笔工具" ✍绘制大块云朵；然后使用"网格工具" 和"透明度"面板制作出一朵白云；最后多次绘制白云，得到最终效果。通过本例的

完全掌握Illustrator CC超级手册

制作，学习渐变填充的方法，掌握网格工具的使用及颜色编辑技巧。

步骤01 执行菜单栏中的"文件"｜"新建"命令，打开"新建文档"对话框，设置新文件的"名称"为云彩，"颜色模式"为RGB，其他设置如图5.49所示。

图5.49 "新建文档"对话框

步骤02 选择"矩形工具" ▭ ，在页面中绘制一个矩形，将其填充颜色设为从浅蓝色（R：150；G：217；B：238）到蓝色（R：40；G：170；B：226）的线性渐变，将描边设置为无，效果如图5.50所示。

步骤03 在工具箱中选择"渐变工具" ▦ ，从矩形的底部位置按下鼠标并向上拖动，为矩形填充渐变，填充后的效果如图5.51所示。

图5.50 设置渐变　　图5.51 填充渐变

步骤04 在工具箱中选择"钢笔工具" ✐ ，在适当位置绘制一个封闭图形，将其填充颜色设为从白色到蓝色（R：40；G：170；B：226）的线性渐变，将描边设为无，效果如图5.52所示。

图5.52 绘制封闭图形

步骤05 执行菜单栏中的"窗口"｜"透明度"命令，打开"透明度"面板，将其"不透明度"设置为50%，如图5.53所示，此时的图形效果如图5.54所示。

图5.53 修改不透明度 图5.54 降低不透明度效果

步骤06 使用"钢笔工具" ✐ ，在适当位置绘制一个封闭图形，将其填充颜色设为黑色，描边设为无，效果如图5.55所示。

图5.55 填充黑色

步骤07 选择"网格工具" ▦ ，在黑色图形的中间位置单击鼠标，添加一个网格点，效果如图5.56所示。然后将网格点的颜色设置为白色，图形效果如图5.57所示。

 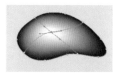

图5.56 添加网格点 图5.57 设置颜色为白色

步骤08 打开"透明度"控制面板，将其混合模式设为"滤色"，将"不透明度"选项设置为70%，如图5.58所示，制作出白云效果，如图5.59所示。

图5.58 "透明度"面板   图5.59 白云效果

完成了整个云彩的制作，完成的最终效果如图5.60所示。

图5.60 最终效果

步骤09 使用同样的方法，将云朵复制多份并移动到不同的位置，也可以将其进行适当的旋转，以制作出更加逼真的云彩效果，这样就

5.7 图案填充

图案填充是一种特殊的填充，在"色板"面板中Illustrator CC为用户提供了两种图案。图案填充与渐变填充不同，它不但可以用来填充图形的内部区域，也可以用来填充路径描边。图案填充会自动根据图案和所要填充对象的范围决定图案的拼贴效果。图案填充是一个非常简单但又相当有用的填充方式。除了使用预设的图案填充，还可以自行创建自己需要的图案填充。

5.7.1 使用图案色板

执行菜单栏中的"窗口"|"色板"命令，打开"色板"面板。在前面的已经讲解过"色板"面板的使用，这里单击"色板类型"按钮，选择"显示图案色板"命令，则"色板"面板中只显示图案填充。如图5.61所示。

图5.61 "色板"面板

使用图案填充图形的操作方法十分简单。首先选中要填充的图形对象，然后在"色板"面板中单击要填充的图案图标，即可将选中的图形对象填充图案。图案填充效果如图5.62所示。

图5.62 图案填充效果

技巧

使用图案填充时，不但可以选择图形对象后单击图案图标填充图案，还可从使用鼠标直接拖动图案图标到要填充的图形对象上，然后释放鼠标即可应用图案填充。

视频讲座5-3：定义图案

案例分类：软件功能类
视频位置：配套光盘\movie\视频讲座5-3：定义图案.avi

Illustrator CC为用户提供了两种图案，这远远不能满足用户的需要。此时用户可以根据自己的需要，创建属于自己的图案。创建图案分为两种方法：一种是以整图定义图案；另一种是局部定义图案。

❶ 整图定义图案

整图定义图案就是将整个图形定义为图案，该方法只需要选择定义图案的图形，然后应用相关命令，就可以将整个图形定义为图案了。整图定义图案的操作方法如下。

完全掌握Illustrator CC超级手册

步骤01 选择工具箱中的"矩形工具" ，按住"Shift"的同时在文档中拖动绘制一个正方形。然后设置正方形的填充颜色为深红色（C:15，M:100，Y:90，K:10），描边颜色为黄色（C:0，M:0，Y:100，K:0），如图5.63所示。

图5.63 填充颜色

步骤02 选择工具箱中的文字工具，在文档中单击输入一个"春"字，将其填充为黄色，并设置合适的大小和字体，将其放置在正方形的中心对齐位置。如图5.64所示。

图5.64 输入文字

步骤03 在文档中，将正方形和文字全部选中，然后将其拖动到"色板"面板中，当光标变成 状时，释放鼠标，即可创建一个新图案。创建新图案的操作效果如图5.65所示。

图5.65 创建新图案操作效果

② 局部定义图案

前面讲解了整图定义图案的制作方法，在有些时候，只需要某个图形的局部来制作图案，使用前面的方法就不能满足需要了，这时就可以应用局部定义图案的方法，具体的操作方法如下。

步骤01 打开素材。执行菜单栏中的"文件"|"打开"命令，或按"Ctrl + O"组合键，

打开"打开"对话框，选择配套光盘中的"调用素材\ 第5章 \局部定义图案.ai"文件，如图5.66所示。

步骤02 选择工具箱中的"矩形工具" ，然后在打开的素材上需要定义图案的区域拖动绘制一个矩形，并将需要定义为图案的区域包括在里面，如图5.67所示。

图5.66 打开素材　　　图5.67 绘制矩形

步骤03 选择刚绘制的矩形，将矩形的填充和描边的颜色都设置为无，然后执行菜单栏中的"对象"|"排列"|"置于底层"命令，或按"Ctrl + Shift + ["组合键，将无色的矩形放置到素材的下方。

步骤04 在文档中，按"Ctrl + A"组合键，将图形全部选中，然后将其拖动到"色板"面板中，当光标变成 状时，释放鼠标，即可创建一个新图案。创建新图案的操作效果如图5.68所示。

图5.68 创建新图案操作效果

步骤05 设置好图案名称后，单击"确定"按钮，即可创建一个新的图案，在"色板"面板中将显示该图案效果。图案的显示与填充效果，如图5.69所示。

图5.69 图案的显示与填充效果

5.7.2　编辑图案

图案也可以像图形对象一样，进行缩放、旋转、倾斜和扭曲等多种操作，它与图形的操作方法相同，其实在前面也讲解过，这里再详细说明一下。下面就以前面创建的图案填充后旋转一定角度来讲解图案的编辑。

步骤01 利用"矩形工具" 在文档中绘制一个矩形，然后将其填充为前面创建的"春"字图案，如图5.70所示。

步骤02 将矩形选中，执行菜单栏中的"对象"|"变换"|"旋转"命令，打开"旋转"对话框。如图5.71所示。

图5.70 填充图案　　图5.71 "旋转"对话框

步骤03 在"旋转"对话框中，设置"角度"的值为45，分别勾选"对象"复选框、"图案"复选框以及"变换对象"和"变换图案"复选框，观察图案旋转的不同效果，如图5.72所示。

图5.72 勾选不同复选框的图案旋转效果

5.8 透明填充

在Illustrator CC中，可以通过"透明度"面板来调整图形的透明度。可以将一个对象的填色、笔画或对象群组，从100%的不透明变更为0%的完全透明。当降低对象的透明度时，其下方的图形会透过该对象显示出来。

5.8.1　设置图形的透明度

要设置图形的透明度，首先选择一个图形对象，然后执行菜单栏中的"窗口"|"透明度"命令，或按"Shift + Ctrl + F10"组合键，打开"透明度"面板，在"不透明度"文本框中输入新的数值，以设置图形的透明程度。设置图形透明度操作如图5.73所示。

5.8.2　创建不透明度蒙版

调整不透明度参数值的方法，只能修改整个图形的透明程度，而不能局部调整图形的透明程度。如果想调整局部透明度，就需要应用不透明度蒙版来创建。不透明度蒙版可以制作出透明过渡效果，通过蒙版图形来创建透明度过渡，用作蒙版的图形的颜色决定了透明的程度。如果蒙版为黑色，则蒙版后将完全不透明；如果蒙版为白色，则蒙版后将完全透明。介于白色与黑色之间的颜色，将根据其灰度的级别显示为半透明状态，级别越高则越不透明。

步骤01 首先在要进行蒙版的图形对象上，绘制一个蒙版图形，并将其放置到合适的位置，这里为了更好地说明颜色在蒙版中的应用，特意使用的黑白渐变填充蒙版图形，然后将两个图形全部选中，效果如图5.74所示。

图5.73 设置图形透明度

图5.74 要蒙版的图形及蒙版图形

步骤02 单击"透明度"面板右上角的 按钮，打开"透明度"面板菜单，在弹出的菜单中，选择"建立不透明蒙版"命令，即可为图形创建不透明蒙版。如图5.75所示。

图5.75 建立不透明蒙版

技巧

如果想取消建立不透明度蒙版，可以在"透明度"面板菜单中，选择"释放不透明蒙版"命令即可。

5.8.3 编辑不透明度蒙版

制作完不透明度蒙版后，如果不满意蒙版效果，还可以在不释放不透明蒙版的情况下，对蒙版图形进行编辑修改。创建不透明蒙版后的"透明度"面板。如图5.76所示。

图5.76 "透明度"面板

"透明度"面板中的各选项含义说明如下：

- "原图"：显示要蒙版的图形预览，单击该区域将选择原图形。
- "指示不透明度蒙版链接到图稿"：该按钮用来链接蒙版与原图形，以便在修改时同时修改。单击该按钮可以取消链接。链接和不链接修改图形大小的效果如图5.77所示。

图5.77 链接和不链接修改图形大小的效果

- "蒙版图形"：显示用来蒙版的蒙版图形，单击该区域可以选择蒙版图形，选择效果如图5.78所示；如果按住"Alt"键的同时单击该区域，将选择蒙版图形，并且只显示蒙版图形效果，选择效果如图5.79所示。选择蒙版图形后，可以利用相关的工具对蒙版图形进行编辑，比如放大、缩小和旋转等操作，也可以使用"直接选择工具"修改蒙版图形的路径。

图5.78 单击选择效果

图5.79 按住"Alt"键单击选择效果

- "释放"：释放不透明蒙版，原图以及渐变图形则会完整显示。
- "剪切"：勾选该复选框，可以将蒙版以外的图形全部剪切掉；如果不勾选该复选框，蒙版以外的图形也将显示出来。
- "反相蒙版"：勾选该复选框，可以将蒙版反向处理，即原来透明的区域变成不透明。

视频讲座5-4：绘制瓢虫

案例分类：进阶技能类
视频位置：配套光盘\movie\视频讲座5-4：绘制瓢虫.avi

本实例首先使用椭圆工具绘制瓢虫的身体部分，然后将其填充渐变，利用"路径查找器"中的相关命令对瓢虫进行修形，通过"透明度"面板等制作出整体瓢虫效果。通过本例的制作学习渐变填充的方法，了解路径查找器修剪命令的使用，掌握瓢虫的绘制技巧。

步骤01 在工具箱中选择"椭圆工具" ◯，按住"Shift"键的同时在页面中拖动鼠标，绘制一个正圆。

步骤02 打开"渐变"面板，设置渐变色为从白色到深红色（C:15，M:100，Y:90，K:10）的"径向"渐变，其他选项设置如图5.80所示，然后使用"渐变工具" ▨将图形填充渐变色，效果如图5.81所示。

图5.80 设置渐变　　图5.81 填充渐变的效果

步骤03 使用"选择工具" ▸，选取渐变圆形，按住"Alt"键的同时，将图形拖动到适当位置，复制一个副本圆形。

步骤04 使用"矩形工具" ▭，在副本圆形的上方绘制一个矩形，调整其位置和大小，效果如图5.82所示。

步骤05 同时选取副本圆形和矩形，按"Shift + Ctrl + F9"组合键，打开"路径查找器"面板，单击"形状模式"选项组中的"减去顶层" ◻按钮，如图5.83所示，以矩形为轮廓减去与圆形交叉的部分。

图5.82 绘制矩形　图5.83 "路径查找器"面板

步骤06 将相减后的图形的填充为黑色。然后将其移动到原始正圆的上方，并进行对齐，效果如图5.84所示。

步骤07 选择"直线段工具" ╱，按住"Shift"键的同时，从上自下拖动鼠标，在页面中绘制一条垂直的直线，并设置直线段的颜色为黑色，描边粗细设为1pt，如图5.85所示。

图5.84 对齐效果　　图5.85 绘制直线

步骤08 选择"弧形工具" ╭，在页面中绘制一条弧线，将其描边颜色设为黑色，描边粗细设为3pt，并将其移动到所有对象的后面，效果如图5.86所示。

步骤09 选择"椭圆工具" ◯，在页面中适当位置绘制一个圆形，将其填充颜色设为从白色到黑色的径向渐变，将描边颜色设为黑色，描边粗细设为1pt，效果如图5.87所示。

图5.86 绘制弧线　　图5.87 绘制正圆

步骤10 同时选取弧线和黑白渐变的小正圆，双击工具箱中的"镜像工具"，打开如图5.88所示的"镜像"对话框，选中"垂直"单选按钮，单击"复制"按钮，即可将选取的水平镜像复制一个副本，然后将其水平向右移至适当位置后，效果如图5.89所示。

图5.88 "镜像"对话框　图5.89 移动位置

图5.90 绘制多个圆形　　图5.91 绘制椭圆

步骤13 打开"透明度"面板，将"混合模式"设为"滤色"，"不透明度"设置为50%，如图5.92所示，这样就完成了整个瓢虫的绘制，最终效果如图5.93所示。

步骤11 选择"椭圆工具"，在页面中绘制多个圆形，将它们调整到合适的位置，并根据位置调整大小，效果如图5.90所示。

步骤12 再次使用"椭圆工具"，在图形上方绘制一个椭圆形，将其填充从白色到黑色的线性渐变，效果如图5.91所示。

图5.92 "透明度"面板 图5.93 最终瓢虫效果

第6章 修剪与图形管理

〔内容摘要〕

在前面的章节中详细讲解了Illustrator的基本绘图工具，但在实际绘图过程中，一些复杂的图形绘制变得非常麻烦，这时可以应用图形的修剪命令来创建复杂的图形对象。比如图形的合并、分割剪切等。

本章还讲解了图形的对齐与分布，从而有序地对齐或分布多个图形对象，以更好地安排图形的位置以美化图形，另外还讲解了图层的使用，包括图层的选取、锁定、新建、复制和合并，建立剪切蒙版等，以更好地管理对象。通过本章的学习，读者够掌握各种图形的修剪技巧，并且能够通过对齐与分布、图层、群组等命令将图形进行快速管理。

〔教学目标〕

- 学习图形的修剪技术
- 掌握图形的对齐与分布
- 掌握对象的锁定与隐藏
- 掌握图层的各种使用技巧

6.1 图形的修剪

"路径查找器"面板可以对图形对象进行各种修剪操作，通过组合、分割、相交等方式对图形进行修剪造型，可以将简单的图形修改出复杂的图形效果。熟悉它的用法将会对多元素的控制能力大大增强，使复杂图形的设计变得更加得心应手。执行菜单栏中的"窗口"|"路径查找器"命令，即可打开如图6.1所示的"路径查找器"面板。

技巧

按"Shift + Ctrl + F9"组合键，可以快速打开或关闭"路径查找器"面板。

图6.1 "路径查找器"面板

视频讲座6-1：形状模式

案例分类：软件功能类
视频位置：配套光盘\movie\视频讲座
6-1：形状模式.avi

　　"形状模式"命令按钮组是通过相加、相减、相交和重叠对象来创建新的图形，该组命令按钮创建后的图形是独立的图形。直接单击"形状模式"中的命令按钮，被修剪的图形路径将变为透明，而且每个对象都可以单独的编辑，如果按住"Alt"键单击"形状模式"中的命令按钮，或在修剪后单击"扩展"按钮，可以将修改的图形扩展，只保留修剪后的图形，其他图形将被删除。

　　该命令按钮组包括"联集" 、"减去顶层" 、"交集" 和"差集" 4个命令按钮。

① 联集

　　该命令按钮可以将所选择的所有对象合并成一个对象，被选对象内部的所有对象都被删除掉。相加后的新对象最前面一个对象的填充颜色与着色样式应用到整体联合的对象上来，后面的命令按钮也都遵循这个原则。

　　选择要进行相加的图形，单击"路径查找器"面板中的"联集" 按钮，与形状区域相加操作前后效果如图6.2所示。

图6.2　联集操作前后效果

技巧 !

在使用"形状模式"命令按钮时，要特别注意图形修剪扩展与不扩展的区别，不扩展的图形还可以利用"直接选择工具"进行修剪的编辑，而如果扩展了就不可以进行修剪编辑了。

② 减去顶层

　　该命令按钮可以从选定的图形对象中减去一部分，通常是使用前面对象的轮廓为界线，减去下面图形与之相交的部分。

　　选择要进行相减的图形，单击"路径查找器"面板中的"减去顶层" 按钮，与形状区域相减操作前后效果如图6.3所示。

图6.3　减去顶层操作前后效果

③ 交集

　　该命令按钮可以将选定的图形对象中相交的部分保留，将不相交的部分删除，如果有多个图形，则保留的是所有图形的相交部分。

　　选择要进行相交的图形，单击"路径查找器"面板中的"交集" 按钮，与形状区域相交操作前后效果如图6.4所示。

图6.4　交集操作前后效果

④ 差集

　　该命令按钮与"交集" 按钮产生的效果正好相反，可以将选定的图形对象中不相交的部分保留，而将相交的部分删除。如果选择的图形重叠个数为偶数，那么重叠的部分将被删除；如果重叠个数为奇数，那么重叠的部分将保留。

　　选择要进行相排队重叠形状的图形，单击"路径查找器"面板中的"差集" 按钮，排除重叠形状区域操作前后效果如图6.5所示。

图6.5 差集操作前后效果

视频讲座6-2：路径查找器

案例分类：软件功能类
视频位置：配套光盘\movie\视频讲座
6-2：路径查找器.avi

"路径查找器"命令按钮组主要通过分割、裁剪和轮廓对象来创建新的对象。该组命令按钮创建后的图形是一个组合集，要想对它们进行单独的操作，首先要将它们取消组合。

该命令按钮组包括"分割"、"修边"、"合并"、"裁剪"、"轮廓"和"减去后方对象"6个命令按钮。

① 分割

该命令按钮可以将所有选定的对象按轮廓线重叠区域分割，从而生成多个独立的对象，并删除每个对象被其他对象所覆盖的部分，而且分割后的图形填充和颜色都保持不变，各个部分保持原始的对象属性。如果分割的图形带有描边效果，分割后的图形将按新的分割轮廓进行描边。

选择要进行分割的图形，然后单击"路径查找器"面板中的"分割"按钮，分割操作前后效果如图6.6所示。

图6.6 分割操作前后效果

技巧 !

由于使用"路径查找器"命令按钮组中的命令按钮操作后图形为一个组合集，所以要移动他们首先要按"Shift + Ctrl + G"组合键取消组合。

② 修边

该命令按钮利用上面对象的轮廓来剪切下面所有对象，将删除图形相交时看不到的图形部分。如果图形带有描边效果，将删除所有图形的描边。

选择要进行修边的图形，然后单击"路径查找器"面板中的"修边"按钮，修边操作前后效果如图6.7所示。

图6.7 修边操作前后效果

③ 合并

该命令按钮与"分割"命令相似，可以利用上面的图形对象将下面的图形对象分割成多份。但它与分割不同的是，"合并"会将颜色相同的重叠区域合并成一个整体。如果图形带有描边效果，将删除所有图形的描边。

选择要进行合并的图形，然后单击"路径查找器"面板中的"合并"按钮，合并操作前后效果如图6.8所示。

图6.8 合并操作前后效果

④ 裁剪

该命令按钮利用选定对象按最上面图形对象轮廓为基础，裁剪所有下面图形对象，与最上面图形对象不重叠的部分填充颜色变为无，可以将与最上面对象相交部分之外的对象全部裁剪掉。如果图形带有描边效果，将删除所有图形的描边。

选择要进行裁剪的图形，然后单击"路径查找器"面板中的"裁剪"按钮，裁剪操作前后效果如图6.9所示。

最上层的矩形

图6.9 裁剪操作前后效果

"裁剪"与"减去顶层"用法很相似，但"裁剪"是以最上面图形轮廓为基础，裁剪它下面所有的图形对象；"减去顶层"是以除最下面图形以外的上面所有图形为基础，减去与最下面图形重叠的部分。

⑤ 轮廓

该命令按钮将所有选中图形对象的轮廓线按重叠点裁剪为多个分离的路径，并对这些路径按照原图形的颜色进行着色，而且不管原始图形的轮廓线粗细为多少，执行"轮廓"命令后轮廓线的粗细都将变为0。

选择要进行轮廓的图形，然后单击"路径查找器"面板中的"轮廓"按钮，轮廓操作前后效果如图6.10所示。

在应用"轮廓"命令时，如果原始图形的填充为渐变或图案，则应用该命令后，轮廓线将变为无色。

图6.10 轮廓操作前后效果

⑥ 减去后方对象

该命令与前面讲解过的"减去顶层"用法相似，只是该命令使用最后面的图形对象修剪前面的图形对象，保留前面没有与后面图形产生重叠的部分。

选择要进行减去后方对象的图形，然后单击"路径查找器"面板中的"减去后方对象"按钮，减去后方对象操作前后效果如图6.11所示。

后方对象

图6.11 减去后方对象操作前后效果

6.2 对齐与分布对象

在制作图形过程中经常需要将图形对齐，在前面的章节中介绍了辅助线和网格的应用，它们能够准确确定对象的绝对定位，但是对于大量图形的对齐与分布来说，应用起来就显得麻烦了许多。Illustrator CC为用户提供了"对齐"面板，利用该面板中的相关命令，可以轻松完成图形的对齐与分布处理。

要使用"对齐"面板，可以执行菜单栏中的"窗口"|"对齐"命令，打开如图6.12所示的"对齐"面板。利用该面板中的相关命令，可以对图形进行对齐和分布处理。

如果想显示更多的对齐选项，可以在"对齐"面板菜单中，选择"显示选项"命令，将"对齐"面板中的其他选项全部显示出来，如图6.13所示。

图6.12 "对齐"面板

图6.13 分布

视频讲座6-3：对齐对象

案例分类：软件功能类
视频位置：配套光盘\movie\视频讲座
6-3：对齐对象.avi

对齐对象主要用来设置图形的对齐，包括水平左对齐 、水平居中对齐 、水平右对齐 、垂直顶对齐 、垂直居中对齐 和垂直底对齐 6种对齐方式，对齐命令一般需要至少两个对象才可以使用。

在文档中选择要进行对齐操作的多个图形对象，然后在"对齐"面板中，单击需要对齐的按钮即可将图形对齐。各种对齐效果如图6.14所示。

水平对齐 水平左对齐 水平居中 水平右
原始图形   对齐   对齐

垂直对齐原始图形

垂直顶对齐

垂直居中对齐

垂直底对齐

图6.14 各种对齐效果

技巧 ！

选择要对齐的图形后，在任意一个图形上单击鼠标，可以设置一个基准对齐图形，以确定以某个图形为基准来对齐对象。在对齐图形时，如果单击"对齐到画板"按钮，还可以将图形以当前的画板（即绘图区）为基础进行对齐。

完全掌握Illustrator CC超级手册

视频讲座6-4：分布对象

案例分类：软件功能类
视频位置：配套光盘\movie\视频讲座
6-4：分布对象.avi

分布对象主要用来设置图形的分布，以确定图形以指定的位置进行分布。包括垂直顶分布 ⿳、垂直居中分布 ⿳、垂直底分布 ⿳、水平左分布 ⿰、水平居中分布 ⿰ 和水平右分布 ⿰ 6种分布方式。分布一般至少有三个对象才可以使用。

在文档中选择要进行分布操作的多个图形对象，然后在"对齐"面板中，单击需要分布的按钮即可将图形分布处理。各种分布效果如图6.15所示。

垂直分布　　垂直顶分布　　垂直居中　　垂直底
原始图形　　　　　　　　　　分布　　　　分布

水平分布原始图形

水平左分布

水平居中分布

水平右分布

图6.15　各种分布效果

技巧 ！

在应用分布对象命令时，要保证"间距文本框"中的选项为"自动"命令，否则会弹出"询问"对话框，提示选择参照的图形。如果想让图形按指定的间距分布，可以在"间距文本框"中设置一个数值，然后在选择要分布图形的基础上，单击任意一个图形以设置基准分布图形，再单击相关的分布按钮，可以让图形按指定的间距和基准图形进行分布。在分布图形时，如果单击"对齐画板" ⊡ 按钮，还可以将图形以当前的画板（即绘图区）为基础分布。

视频讲座6-5：分布间距

案例分类：软件功能类
视频位置：配套光盘\movie\视频讲座
6-5：分布间距.avi

分布间距与分布对象命令的使用方法相同，只是分布的依据不同，分布间距主要是对图形间的间距进行分布对齐。包括垂直分布间距 ⿳ 和水平分布间距 ⿰。

下面以"水平分布间距"为例讲解分布间距的应用方法。分布间距分为两种方法：自动法和指定法。

❶ 自动法

在文档中选择要进行分布操作的多个图形对象，然后在"对齐"面板中的间距文本框中确认当前选项为"自动"，然后单击"水平分布间距" ⿰ 按钮，图形将按照平均的间距进行分布。分布的前后效果如图6.16所示。

图6.16　自动法分布的前后效果

② 指定法

　　所谓指定法，就是自己指定一个间距，让图形按指定的间距进行分布。在文档中选择要进行分布操作的图形对象，然后在"对齐"面板中，在间距文本框中输入一个数值，比如为20mm，然后将光标移动到文档中，在任意一个图形上单击，确定分布的基准图形，然后单击"水平分布间距" 按钮，图形将以单击的图形为基准，以20mm为分布间距，将图形进行分布。分布的前后效果如图6.17所示。

图6.17　指定法分布的前后效果

提示 ?

自动法和指定法不但可以应用在"分布间距"组命令中，还可以应用在"分布对象"组命令中，操作的方法是一样的。在分布间距时，如果单击"对齐画板" ❏ 按钮，还可以将图形以当前的画板（即绘图区）为基础进行间距的分布。

6.3 / 锁定与隐藏对象

6.3.1　锁定对象

　　在处理图形的过程中，由于有时图形对象过于复杂，经常会出现误操作，这时，可以应用"锁定"命令将其锁定，以避免对其误操作。

　　要锁定图形对象，可以执行菜单栏中的"对象"|"锁定"子菜单中的相关命令，锁定需要的图形对象。"锁定"子菜单中包括3个命令："所选对象"、"上方所有图稿"和"其他图层"，下面讲解它们的使用方法。

① 所选对象

　　该命令主要锁定文档中选择的图形对象。如果想锁定某些图形对象，首先要选择这些对象，然后执行菜单栏中的"对象"|"锁定"|"所选对象"命令，可以将文档中选择的图形对象锁定。

技巧 !

选择图形对象后，按"Ctrl + 2"组合键，可以快速将选择的图形锁定。

② 上方所有图稿

　　该命令可以将选择图形的上方所有图形对象锁定。首先在文档中选择位于要锁定图形对象下方的图形，然后执行菜单栏中的"对象"|"锁定"|"上方所有图稿"命令，可以将该层上方的所有图形对象锁定。

③ 其他图层

　　该命令可以将位于其他图层上的所有图形对象锁定。当创建的图形对象位于不同的图层上时，使用该命令非常方便地锁定其他图形对象，选择不需要锁定的图形对象，然后执行菜单栏中的"对象"|"锁定"|"其他图层"命令，即可将该层以外的其他层上的所有对象a锁定。

提示 ?

锁定后的图形还会显示出来，只是无法选择和编辑。对于打印和输出没有任何影响。

　　如果想将锁定的图形对象取消锁定，可以执行菜单栏中的"对象"|"全部解锁"命令，即可将所有的锁定对象全部取消锁定。

按"Alt + Ctrl + 2"组合键，可以快速取消所有图形的锁定。

6.3.2 隐藏对象

如果觉得锁定图形对象后编辑仍然不方便，如图层之间颜色的互相干扰、遮挡住后面图层的对象等，可以执行菜单栏中的"对象"|"隐藏"子菜单中的相关命令，可以将图形隐藏。"隐藏"子菜单中也包含3个命令："所选对象"、"上方所有图稿"和"其他图层"。这3个命令与"锁定"子菜单中的3个命令相同，使用方法也一样，所以这里不再赘述，详细的使用方法可参考锁定对象的相关说明。如图6.18所示为使用"所选对象"命令隐藏图形的前后效果

虽然隐藏的图形在文档中是看不到的，但当打印图形对象或是使用复杂的滤镜等效果工具时，应该将不需要的隐藏对象显示出来，并将其删除，以提高工作效率。

图6.18 隐藏图形前后效果

如果想将隐藏的图形对象再次显示出来，可以执行菜单栏中的"对象"|"显示全部"命令，即可将所有隐藏的图形对象再次显示出来。

按"Ctrl + 3"组合键可以快速将选择的图形对象隐藏。

按"Alt + Ctrl + 3"组合键可以快速将所有的隐藏图形对象再次显示出来。

6.4 管理图层

前面讲解的锁定和隐藏对象，主要用来帮助设计图形，以免误操作，其实使用"图层"更加方便复杂图形的操作，可以将复杂的图形操作变得轻松无比。

执行菜单栏中的"窗口"|"图层"命令，打开如图6.19所示的"图层"面板。在默认情况下，"图层"面板中只有一个"图层1"图层，可以通过"图层"面板下方的相关按钮和"图层"面板菜单中的相关命令，对图层进行编辑。在同一个图层内的对象不但可以进行对齐、组合和排列等处理，还可以进行创建、删除、隐藏、锁定、合并图层等处理。

按"F7"键可以快速打开或关闭"图层"面板。

图6.19 "图层"面板

"图层"面板中各选项的含义说明如下：

- "切换可视性"：控制图层的可见性。单击眼睛图标，眼睛图标将消失，表示图层隐藏；再次单击该区域，眼睛图标显示，表示图层可见。如果按住"Ctrl"键单击该区域，可以将该层图形的视图在轮廓和预览间进行切换。

图6.20 选取图层

技巧

在按住"Ctrl"键单击切换视图时，视图只影响当前图层的图形对象，对其他图层的图形对象不造成任何影响。

- "切换锁定"：控制图层的锁定。单击该空白区域，将出现一个锁形图标 ，表示锁定了该层图形；再次单击该区域，锁形图标消失，表示解除该层的锁定。
- "图层数量"：显示当前"图层"面板中的图层数量。
- "建立/释放剪切蒙版"：用来创建和释放图层的剪切蒙版。
- "创建新子图层"：单击该按钮，可以为选择的图层创建子图层。
- "创建新图层"：单击该按钮，可以创建新的图层。
- "删除所选图层"：单击该按钮，可以将选择的图层删除。

技巧

按"Ctrl + Alt"组合键的同时单击"图层"面板中的任意位置，可以看到在"图层"面板周围出现一个粗黑的边框，这时可以使用键盘上的数字值，来选择与之对应的图层。比如按键盘上的1键，即可选择图层1。

② 选取图层中的对象

选取图层与选取图层内的图形对象是不同的，如果某图层在文档中有图形对象被选中，在该图层名称的右侧会显示出一个彩色的方块，表示该层有对象被选中。

除了使用选择工具在文档中直接单击来选择图形外，还可以使用"图层"面板中的图层来选择图形对象，而且非常方便选择复杂的图形对象。不管图层是父层还是子图层，只要当前层中有一个对象被选中，在该层的父层中都将显示一个彩色的方块。

要选择某个图层上的对象，可以在按住"Alt"键的同时单击该层，即可将该层上的所有对象选中，并在"图层"面板中该层的右侧出现一个彩色的方块。利用图层选择对象的操作效果如图6.21所示。

6.4.1 选取图层与图层中的对象

要想使用某个图层，首先要选择该图层，同时，还可以利用"图层"面板来选择文档中的相关图形对象。

① 选取图层

在Illustrator CC中，选取图层的操作方法非常简单，直接在要选择的图层名称处单击，即可将其选取。选取的图层将显示为蓝色，并在该层名称的右上角显示一个三角形标记。按"Shift"键单击图层的名称可以选取邻近的多个图层。按"Ctrl"键单击图层的名称可以选中或取消选取任意的图层。选取图层效果如图6.20所示。

图6.21 选取图形对象操作效果

完全掌握 Illustrator CC 超级手册

6.4.2 锁定与隐藏图层

在编辑图形对象的过程中，利用图层的锁定和隐藏可以大大提高工作效率，比起前面的锁定和隐藏对象使用起来更加方便，但含义有相似之处，锁定图层可以将该层上的所有对象全部锁定，该层上的所有对象将不能进行选择和编辑，但可以打印；而隐藏图层可以将该层上的所有对象全部隐藏，但隐藏的所有对象将不参加打印，所以在图形设计完成后，可以将辅助图形隐藏，有利于打印修改。

① 锁定与解锁图层

如果要锁定某个图层，首先将光标移动到该图层左侧的"切换锁定"区域 ▢ ，此时光标将变成手形标志，并弹出一个提示信息，此时单击鼠标，可以看到一个锁形图标 🔒 ，表示该层被锁定。锁定图层的操作效果如图6.22所示。

图6.22 锁定图层的操作效果

如果要解除图层的锁定，可以单击该图层左侧的锁形图标 🔒 ，锁形图标消失，表示该图层解除了锁定。如果要解除所有图层的锁定，可以在"图层"面板菜单中，选择"解锁所有图层"命令即可。

② 隐藏与显示图层

隐藏图层与隐藏对象的一样，主要是将暂时不需要的图形对象隐藏起来，以方便复杂图形的编辑。

如果要隐藏某个图层，首先将光标移动到该图层左侧的"切换可视性"区域，在眼睛图标 👁 上单击鼠标，使眼睛图标消失，这样就将该图层隐藏了，同时位于该图层上的图形也将被隐藏。隐藏图层的操作效果如图6.23所示。

图6.23 隐藏图层的操作效果

6.4.3 新建与删除图层

在Illustrator CC中，图层可分为两种：父层与子层。所谓父层，就是平常所见的普通的图层；所谓子层，就是父层下面包含的图层。如果有不需要的图层，还可以应用相关的命令将其删除。

① 新建图层

在"图层"面板中，单击面板底部的"创建新图层" ▣ 按钮，也可以从"图层"面板菜单中，选择"新建图层"命令，即可在当前图层的上方创建一个新的图层。在创建图层时，系统会根据创建图层的顺序自动为图层命名为"图层1、图层2……"依次类推。图层的数量不受限制。创建新图层的操作效果如图6.24所示。

图6.24 创建新图层的操作效果

如果按住"Ctrl + Alt"组合键单击面板底部的"创建新图层"按钮,可以在当前图层的下方创建一个新图层;如果按住"Ctrl"键单击面板底部的"创建新图层"按钮,可以在所有图层的上方创建一个新图层。

② 新建子图层

要想新建子图层,首先确认在当前的"图层"面板中选择一个图层,以作为父层,然后单击"图层"面板底部的"创建新子图层"按钮,也可以从"图层"面板菜单中,选择"新建子图层"命令,即可为当前图层创建一个子图层。新建子图层的操作效果如图6.25所示。

图6.25 新建子图层的操作效果

③ 删除图层

删除图层主要是将不需要的或误创建的图层删除,要删除图层可以通过两种方法来完成,具体介绍如下:

● 方法1:直接删除法。在"图层"面板中选择(在选择图层时,可以使用"Shift"或"Ctrl"键来选择更多的图层)要删除的图层,然后单击"图层"面板底部的"删除所选图层"按钮,即可将选择的图层删除,如果该图层上

有图形对象,将弹出一个"询问"对话框,直接单击"是"按钮即可,删除图层时该图层上的所有图形对象也将被删除。直接删除图层的操作效果如图6.26所示。

图6.26 直接删除图层的操作效果

● 方法2:拖动法。在"图层"面板中选择要删除的图层,然后将其拖动到"图层"面板底部的"删除所选图层"按钮上释放鼠标,即可将选择的图层删除。删除图层时该图层上的所有图形对象也将被删除。拖动法删除图层的操作效果如图6.27所示。

图6.27 拖动法删除图层的操作效果

在删除图层时，如果删除的是父级图层，则该层所有的子图层都将被删除。对于删除图层，最少要保留一个图层。

6.1.1 图层与面板选项

图层与面板选项，分别用来设置图层属性与面板属性，下面来讲解图层选项与面板选项的相关命令的含义。

❶ 图层选项

图层选项主要用来设置图层的相关属性，例如图层的名称、颜色、显示、锁定等属性设置。双击某个图层，或选择某个图层后，在"图层"面板菜单中，选择"'当前图层名称'的选项"命令，即可打开如图6.28所示的"图层选项"对话框。

图6.28 "图层选项"对话框

"图层选项"对话框中各选项的含义说明如下：

- "名称"：设置当前图层的名称。
- "颜色"：设置当前图层的颜色，可以从右侧的下拉列表中选择一种颜色，也可以双击右侧的"颜色块"，打开"颜色"面板自定义颜色。当选择该图层时，该层上的图形对象的所有锚点和路径以及定界框都将显示这种颜色。
- "模板"：勾选该复选框，可以将当前图层转换为图层模板。模板图层不但被锁定，而且在各种视图模式中，模板都以预览的方式清晰显示。如果勾选了"模板"复选框，除了"变暗图像至"选项可用，其他的选项都将不能选择。在"图层"面板中，模板图标将代替眼睛图标 👁。
- "锁定"：勾选该复选框，该图层将被

锁定。

- "显示"：勾选该复选框，该图层上的所有对象将显示在文档中；如果取消该复选框，该图层将被隐藏。
- "打印"：控制该图层对象是否可以打印。勾选该复选框，该层图形对象将可以打印出来，否则不能打印出来。
- "预览"：控制图层的视图模式。勾选该复选框，图层对象将以预览的模式显示；如果取消勾选该复选框，图层对象将以轮廓化的形式显示。勾选和取消勾选"预览"复选框图形效果分别如图6.29和图6.30所示。

图6.29 勾选"预览"复选框

图6.30 取消勾选"预览"复选框

如果想快速轮廓化当前层以外的其他所有图层，可以从"图层"面板菜单中，选择"轮廓化其他图层"命令，即可将除当前层以外的其他图层轮廓化视图。

- "变暗图像至"：勾选该复选框，可以将置入或栅格化的图形进行暗化处理。并可以通过右侧的文本框修改，取值范围为0%~100%，值越大，图形越清楚；值越小，图形越淡。利用该项可以将图形变淡，以用来作为模板，便于描画图形。

❷ 面板选项

　　"面板选项"主要用来控制整个图层面板的属性。例如图层的大小显示和缩览图等设置。在"图层"面板菜单中，选择"面板选项"命令，打开如图6.31所示的"图层面板选项"对话框。

图6.31　"图层面板选项"对话框

　　"图层面板选项"对话框中各选项的含义说明如下：

- "仅显示图层"：勾选该复选框后，在"图层"面板中，只显示父级图层，子图层将不再显示。
- "行大小"：设置图层显示的大小，可以选择小、中、大，或在其它右侧的文本框中输入显示的值。默认情况下显示为中。不同行大小显示效果如图6.32所示。

选中"小"单　　选中"中"单　　选中"大"单
选按钮　　　　选按钮　　　　选按钮

图6.32　不同行大小显示效果

- "缩览图"：控制缩览图的显示类型。包括"图层"、"组"和"对象"3个选项。默认情况下图层名称带有图层字样的表示的就是图层；带有编组字样的就是组；带有路径字样的就是对象。默认显示效果及不同的显示效果如图6.33所示。

默认缩览图

图层缩览图　　　组缩览图　　　对象缩览图

图6.33　默认显示效果及不同的显示效果

提示　❓

在"缩览图"选项中，还有一项"仅限顶层图层"选项，勾选该复选框，只显示父级顶层图层的缩览图。

6.4.5　编辑图层

❶ 移动或复制图层间对象

　　利用"图层"面板可以将一个整体对象的不同部分分置在不同图层上，以方便复杂图形的管理。由于图形位于不同的图层上，有时需要在不同图层间移动对象，下面来讲解两种不同图层间移动对象的方法，一种是命令法；另一种是拖动法。

- 方法1：命令法。在文档中选择要移动的图形对象，也可以按住"Alt"键的同时单击"图层"面板中的图层、组或对象，以选择要移动的对象，然后执行菜单栏中的"编辑"|"剪切"命令，选择一个目标图层，执行菜单栏中的"编辑"|"粘贴"命令，即可将图形对象移动到目标图层中。使用粘贴命令会将图形对象粘贴到目标图层的最前面，而且是当前文档的中心位置。这样有时会打乱原图形的整体效果，这时可以应用"贴在前面"和"贴在后面"命令。"贴在前面"表示将图形粘贴到原图形的前面；"贴在后面"表示将图形粘贴

完全掌握Illustrator CC超级手册

到原图形的后面。如果在"图层"面板菜单中，选择了"粘贴时记住图层"命令，则不管选择的目标图层为哪个层，都将粘贴到它原来所在的图层上。

- 方法2：拖动法。首先选择要移动的图形对象（如果要选择某层上的所有对象，可以按住"Alt"的同时单击该图层），可以在"图层"面板中当前图形所在层的右侧看到一个彩色的方块，将光标移动到该彩色方块上，然后按住鼠标拖动彩色方块到目标图层上，当看到一个空心的彩色方框时释放鼠标，即可将选择的图形对象移动到目标图层上。拖动法移动图形的操作效果如图6.34所示。

图6.34 拖动法移动图形的操作效果

② 改变图层顺序

在前面章节中，曾经讲解过图形层次顺序的调整方法，但那些调整方法的前提是在同一个图层中，如果在不同的图层中，利用"对象"|"排列"子菜单中的命令就无能为力了。对于不同图层之间的排列顺序，可以通过图层的调整来改变。

在"图层"面板中，在该图层名称位置按住鼠标，向上或向下拖动，当拖动到合适的位置时，会在当前位置显示一条黑色的线条，释放鼠标即可修改图层的顺序。修改图层顺序的操作效果如图6.35所示。

图6.35 修改图层顺序的操作效果

6.4.6 复制、合并与拼合图层

要设计处理图形时，不但可以在文档中复制图形对象，还可以通过图层来复制图形。拼合图层主要是将多个图形对象进行拼合，以将选中图层中的内容合并到一个现有的图层中，合并图层可以减小图层的复杂度，方便图层的操作。

① 复制图层

复制图层可以通过两种方法来实现：一种是菜单命令法；一种是拖动复制法。复制图层不但将图形对象全部复制，还将图层的所有属性与图形的所有属性全部复制一个副本。

- 方法1：菜单命令法。在"图层"面板中，选择要复制的单个图层，然后执行"图层"面板菜单中的"复制'当前层名称'"命令，即可将当前图层复制一个副本。如果选择的是多个图层，则"图层"面板菜单中的"复制'当前层名称'"命令将变成"复制所选图层"命令。
- 方法2：拖动复制法。在"图层"面板中，选择要复制的图层，然后在选择的图层上按住鼠标，将其拖动到"图层"面板底部的"创建新图层" 按钮上，当图标变成 状时，释放鼠标即可复制一个图层副本。拖动复制图层的操作效果如图6.36所示。

图6.36 拖动复制图层的操作效果

❷ 合并图层

合并图层可以将选择的多个图层合并成一个图层，在合并图层时，所有选中的图层中的图形都将合并到一个图层中，并保留原来图形的堆放顺序。

在"图层"面板中，选择要合并的多个图层，然后从"图层"面板菜单中，选择"合并所选图层"命令，即可将选择的图层合并为一个图层。合并图层的操作效果如图6.37所示。

图6.37 合并图层的操作效果

❸ 拼合图层

拼合图层是将所有可见的图层合并到选中的图层中。如果选择的图层中有隐藏的图层，系统将弹出一个"询问"对话框，提示是否删除隐藏的图层，如果单击"是"按钮，将删除隐藏的图层，并将其他图层合并。如果单击"否"按钮，将隐藏图层和其他图层同时合并成一个图层，并将隐藏的图层对象显示出来。拼合图层操作效果如图6.38所示。

图6.38 拼合图层操作效果

6.4.7 建立剪切蒙版

剪切蒙版与前面讲解的蒙版效果非常相似。剪切蒙版可以将一些图形或图像需要显示的部分显示出来，而将其他部分遮住。蒙版图形可以是开放、封闭或复合路径，但必须位于被蒙版对象的前面。

要使用剪切蒙版，必须保证蒙版轮廓与被蒙版对象位于同一图层中，或是同一图层的不同子层中。选择要蒙版的图层，然后确定蒙版轮廓在被蒙版图层的是最上方，单击"图层"面板底部的"建立/释放剪切蒙版" ▣ 按钮，即可建立剪切蒙版效果。建立剪切蒙版操作效果如图6.39所示。

图6.39 建立剪切蒙版操作效果

如果要取消当前蒙版，可再次单击创"建/释放裁切蒙版" ▣ 按钮，即可取消蒙版。

完全掌握Illustrator CC超级手册

第7章 艺术工具的使用

〔内容摘要〕

    Illustrator CC提供了丰富的艺术图案资源，本章主要讲解艺术工具的使用。首先讲解了画笔艺术，包括画笔面板和各种画笔的创建和编辑方法，以及画笔库的使用；然后讲解了符号艺术，包括符号面板和各种符号工具的使用和编辑方法，利用画笔库和符号库中的图形会使你的图形更加绚丽多姿；最后讲解了混合的艺术，包括混合的建立与编辑、混合轴的替换、混合的释放和扩展。

    通过本章艺术工具的讲解，读者能够快速掌握艺术工具的使用方法，并利用这些种类繁多的艺术工具提高创建水平，设计出更加丰富的艺术作品。

〔教学目标〕

- 学习画笔面板的使用
- 学习符号面板的使用
- 掌握画笔的创建及使用技巧
- 掌握符号艺术工具的使用技巧
- 掌握混合艺术工具的使用技巧

7.1 画笔艺术

    Illustrator CC为用户提供了一种特殊的工具——画笔，而且为其提供了相当多的画笔库，方便用户的使用，利用画笔工具可以制作出许多精美的艺术效果。

7.1.1 使用"画笔"面板

    使用"画笔"面板可以用来管理画笔文件，比如创建新画笔、修改画笔和删除画笔等操作，Illustrator CC还提供了预设的画笔样式效果，可以打开这些预设的画笔样式来绘制更加丰富的图形。执行菜单栏中的"窗口"|"画笔"命令，或按"F5"键，即可打开如图7.1所示的"画笔"面板。

图7.1 "画笔"面板

❶ 打开画笔库

Illustrator CC为用户提供了默认的画笔库，要打开画笔库可以通过3种方法来打开，具体的操作方法如下：

- 方法1：执行菜单栏中的"窗口"|"画笔库"命令，然后在其子菜单中选择所需要打开的画笔库即可。
- 方法2：单击"画笔"面板右上角的 ▼ 按钮，打开"画笔"面板菜单，从菜单命令中选择"打开画笔库"命令，然后在其子菜单中，选择需要打开的画笔即可。
- 方法3：单击"画笔"面板左下方的"画笔库菜单" ╟▾ 按钮，在弹出的菜单中选择需要打开的画笔库即可。

❷ 选择画笔

打开画笔库后，如果想选择某一种画笔，直接单击该画笔即可将其选择。如果想选择多个画笔，可以辅助"Shift"键选择多个连续的画笔，也可以辅助"Ctrl"键选择多个不连续的画笔。如果要选择未使用的所有画笔，可以在"画笔"面板菜单中选择"选择所有未使用的画笔"命令即可。

❸ 画笔的显示或隐藏

为了方便选择，可以将画笔按类型显示，在"画笔"面板菜单中，选择相关的选项即可，如"显示书法画笔"、"显示散点画笔"、"显示图案画笔"和"显示艺术画笔"，显示相关画笔后，在该命令前将出现一个对号P，如果不想显示某种画笔，可以再次单击，将对号取消即可。

❹ 删除画笔

如果不想保留某些画笔，可以将其删除。首先在"画笔"面板中选择要删除的一个或多个画笔，然后单击"画笔"面板底部的"删除画笔" 🗑 按钮，将弹出一个"询问"对话框，询问是否删除选定的画笔，单击"是"按钮，即可将选定的画笔删除。删除画笔操作效果如图7.2所示。

图7.2 删除画笔操作效果

7.1.2 使用画笔工具

"画笔"面板中所提供的画笔库一般是结合"画笔工具" ✐ 来应用的，在使用"画笔工具" ✐ 前，可以在工具箱中双击"画笔工具" ✐，打开如图7.3所示的"画笔工具选项"对话框，对画笔进行详细设置。

图7.3 "画笔工具选项"对话框

"画笔工具选项"对话框中各选项的含义说明如下：

- "保真度"：设置画笔绘制路径曲线时的精确度，值越小，绘制的曲线就越精确，相应锚点就越多。值越大，绘制的曲线就越粗糙，相应的锚点就越少。取值范围为0.5~20之间。
- "平滑度"：设置画笔绘制曲线的平滑程度。值越大，绘制的曲线越平滑。取值范围为0~100之间。
- "填充新画笔描边"：勾选该复选框，当使用"画笔工具"绘制曲线时，将自动为曲线内部填充颜色；如果不勾选该复选框，则绘制的曲线内部将不填充颜色。

完全掌握Illustrator CC超级手册

- "保持选定"：勾选该复选框，当使用"画笔工具"绘制曲线时，绘制出的曲线将处于选中状态；如果不勾选该复选框，绘制的曲线将不被选中。
- "编辑所选路径"：勾选该复选框，则可编辑选中的曲线的路径，可使用"画笔工具"来改变现有选中的路径。并可以在范围设置文本框中设置编辑范围。当"画笔工具"与该路径之间的距离接近设置的数值，即可对路径进行编辑修改。

设置好"画笔工具"的参数后，就可以使用其进行绘图了。选择"画笔工具"后，在"画笔"面板中，选择一个画笔样式，然后设置需要的描边颜色，在文档中按住鼠标随意的拖动即可绘图，如图7.4所示。

图7.4 使用画笔工具绘图

7.1.3 应用画笔样式

画笔库中的画笔样式，不但可以应用"画笔工具"绘制出来，还可以直接应用到现有的路径中，应用过画笔的路径，还可以利用其他画笔样式来替换。具体的操作方法如下。

① 应用画笔到路径

首先选择一个要应用画笔样式的图形对象，然后在"画笔"面板中，单击要应用到路径的画笔样式，即可将画笔样式应用到选择图形的路径上。应用画笔到路径的操作效果如图7.5所示。

图7.5 应用画笔到路径的操作效果

② 替换画笔样式

应用过画笔的路径，如果觉得应用的画笔效果并不满意，还可以使用其他的画笔样式来替换当前的画笔样式，这样可以更加方便查看其他画笔样式的应用效果，以选择最适合的画笔样式。

比如在前面讲过应用"装饰边框"画笔的心形图形，现在要替换其他的画笔样式，可以首先选择该心形图形，然后在"画笔"面板中，也可以打开其他的画笔库，选择需要替换的画笔样式，即可将原来的画笔样式替换。替换画笔样式的操作效果如图7.6所示。

图7.6 替换画笔样式

技巧

路径应用画笔样式后，如果想恢复到画笔描边效果，可以选择图形对象后，单击"画笔"面板下方的"移去画笔描边" ![按钮] 按钮，将其恢复到画笔描边效果。

7.2 画笔的新建与编辑

Illustrator CC为用户提供了4种类型的画笔，还提供了相当多的画笔库，但这并不能满足用户的需要，所以系统还提供了画笔的新建功能，用户可以根据自己的需要创建属于自己的画笔库，方便不同用户的使用。在创建画笔前，首先了解画笔的类型及说明。

7.2.1 画笔类型简介

"画笔"面板提供了丰富的画笔效果，可以利用"画笔"工具来绘制这些图案样式，不过总体来说，画笔的类型包括书法画笔、散点画笔、图案画笔和艺术画笔4种。

1 书法画笔

书法画笔是这几种画笔中，与现实中的画笔最接近的一种画笔，像生活中使用的沾水笔一样，直接拖动绘制就可以了，而且可以根据绘制的角度产生粗细不同的笔画效果。书法画笔效果如图7.7所示。

2 散点画笔

散点画笔可以将画笔样式沿着路径散布，产生分散分布的效果，而且画笔的样式保持整体效果。选择该画笔后，直接拖动绘制，画笔样式将沿路径自动分布，散点画笔效果如图7.8所示。

图7.7 书法画笔　　　图7.8 散点画笔

3 图案画笔

图案画笔可以沿路径重复绘制出由一个图形拼贴组成的图案效果，包括5种拼贴，分别是边线拼贴、外角拼贴、内角拼贴、起点拼贴和终点拼贴。图案画笔效果如图7.9所示。

4 艺术画笔

艺术画笔可以将画笔样式沿着路径的长度，平均拉长画笔以适应路径。艺术画笔效果如图7.10所示。

图7.9 图案画笔　　　图7.10 艺术画笔

7.2.2 新建书法画笔

如果默认的书法画笔不能满足需要，可以自己创建新的书法画笔，也可以修改原有的书法画笔，以达到自己需要的效果。下面来讲解新建书法画笔的方法。

步骤01 在"画笔"面板中，单击面板底部的"新建画笔"按钮，打开"新建画笔"对话框，在该对话框中，选中"书法画笔"单选按钮。操作效果如图7.11所示。

图7.11 新建画笔操作效果

步骤02 选择画笔类型后，单击"确定"按钮，打开"书法画笔选项"对话框，在该对话框中对新建的画笔进行详细设置。如图7.12所示。

图7.12 "书法画笔选项"对话框

"书法画笔选项"对话框中各选项的含义说明如下：

- "名称"：设置书法画笔的名称。
- "画笔形状编辑器"：通过该区可以直观地调整画笔的外观。拖动图中黑色的小圆点，可以修改画笔的圆角度；拖动箭头可以修改画笔的角度。如图7.13所示。
- "效果预览区"：在这里可以预览书法画笔修改后的应用效果。
- "角度"：设置画笔旋转角度。可以在"画笔形状编辑器"中拖动箭头修改角度，也可以直接在该文本框中输入旋转的数值。

完全掌握 Illustrator CC 超级手册

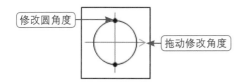

图7.13 画笔形状编辑器

- "圆度"：设置画笔的圆角度，即长宽比例。可以在"画笔形状编辑器"中拖动黑色的小圆点来修改圆角度，也可以直接在该文本框中输入圆角度。

- "大小"：设置画笔的大小。可以直接拖动滑块来修改，也可以在文本框中输入要修改的数值。

- 在"角度"、"圆度"和"大小"后的下拉列表中可以选择希望控制角度、圆度和大小变量的方式：

  - "固定"：如果选择"固定"则会使用相关文本框中的数值作为画笔固定值。即角度、圆角和大小是固定不变的。

  - "随机"：使用指定范围内的数值，随机改变画笔的角度、圆度和大小。选择"随机"时，需要在"变量"文本框中输入数值，指定画笔变化的范围。对每个画笔而言，"随机"所使用的数值可以是画笔特性文本框中的数值加、减变化值后所得数值之间的任意数值。例如，如果"大小"值为20、"变化"值为10，则大小可以是10或30，或是其间的任意数值。

  - "压力"、"光笔轮"、"倾斜"、"方位"和"旋转"：只有在使用数字板时才可使用这些选项，使用的数值是由数字笔的压力所决定。当选择"压力"时，也需要在"变化"文本框中输入数值。"压力"使用画笔特性文本框中的数值，减去"变化"值后所得的数值，当作为数字板上最轻的压力；画笔特性文字框中的数值，加上"变化"值后所得的数值则是最重的压力。例如，如果"圆度"为75%、"变化"为25%，则最轻的笔画为50%、最重的笔画为100%。压力越轻，则画笔笔触的角度更为明显。

步骤03 在"书法画笔选项"对话框中设置好参数后，单击"确定"按钮，即可创建一个新的书法画笔样式，新建的书法画笔样式将自动添加到"画笔"面板中，如图7.14所示。

图7.14 新建书法画笔

视频讲座7-1：新建散点画笔

案例分类：软件功能类
视频位置：配套光盘\movie\视频讲座
7-1：新建散点画笔.avi

散点画笔的新建与书法画笔有所不同，不能直接单击"画笔"面板下方的"新建画笔"按钮来创建，它需要先选择一个图形对象，然后将该图形对象创建成新的散点画笔。下面来通过一个符号图形，讲解新建散点画笔的方法。

步骤01 执行菜单栏中的"窗口"|"符号库"|"自然"命令，打开"自然"符号面板，在该面板中选择第1行第2个的"蜜蜂"符号，将其拖至文档中。如图7.15所示。

图7.15 拖动符号

步骤02 确认选择蜜蜂符号，单击"画笔"面板底部的"新建画笔" 按钮，打开"新建画笔"对话框，在该对话框中，选中"散点画笔"单选按钮。操作效果如图7.16所示。

图7.16 选择"散点画笔"单选按钮

步骤03 在"新建画笔"面板中，单击"确定"按钮，打开如图7.17所示的"散点画笔选项"对话框，在该对话框中，对散点画笔进行详细设置。

图7.17 "散点画笔选项"对话框

"散点画笔选项"对话框中各选项的含义说明如下：

- "名称"：设置散点画笔的名称。
- "大小"：设置散点画笔的大小。
- "间距"：设置散点画笔之间的距离。
- "分布"：设置路径两侧的散点画笔对象与路径之间接近的程度。数值越高，对象与路径之间的距离越远。
- "旋转"：设置散点画笔的旋转角度。
- "大小"、"间距"、"分布"和"旋转"后的下拉列表：可以选择希望控制大小、间距、分布和旋转变量的方式。
  - ◆ "固定"：如果选择"固定"则会使用相关文本框中的数值作为散点画笔固定值。即大小、间距、分布和旋转是固定不变的。
  - ◆ "随机"：拖动每个最小值滑块和最大值滑块，或在每个选项的两个文本框中输入相应属性的范围。对于每一个笔画，随机使用最大值和最小值之间的任意值。例如，当大小的最小值

是10%、最大值是80%时，对象的大小可以是10%或80%，或它们之间的任意值。

- "旋转相对于"：设置散点画笔旋转时的参照对象。选择"页面"选项，散点画笔的旋转角度是相对于页面的，其中0度指向垂直于顶部的；选择"路径"选项，散点画笔的旋转角度是相对于路径的，其中0度是指路径的切线方向的。旋转相对于页面和路径的不同效果，分别如图7.18、图7.19所示。

图7.18 旋转相对于页面　图7.19 旋转相对于路径

- "着色"：设置散点画笔的着色方式，可以在其下拉列表中选择需要的选项。
  - ◆ "无"：选择该项，散点画笔的颜色将保持原本"画笔"面板中该画笔的颜色相同。
  - ◆ "色调"：以不同浓淡的笔画颜色显示，散点画笔中的黑色部分变成笔画的颜色，不是黑色部分变成笔画颜色的淡色，白色保持不变。
  - ◆ "淡色和暗色"：以不同浓淡的画笔颜色来显示。散点画笔中的黑色和白色不变，介入黑白中间的颜色将根据不同灰度级别，显示不同浓淡程度的笔画颜色。
  - ◆ "色相转换"：在散点画笔中使用主色颜色框中显示的颜色，散点画笔的主色变成画笔笔画颜色，其他颜色变成与笔画颜色相关的颜色，它保持黑色、白色和灰色不变。对使用多种颜色的散点画笔选择"色相转换"。

完全掌握Illustrator CC超级手册

步骤04 在"散点画笔选项"对话框中设置好参数后，单击"确定"按钮，即可创建一个新的散点画笔样式。新建的散点画笔样式将自动添加到"画笔"面板中，如图7.20所示。

图7.20 新建散点画笔样式

视频讲座7-2：创建图案画笔

案例分类：软件功能类
视频位置：配套光盘\movie\视频讲座
7-2：创建图案画笔.avi

图案画笔的创建有两种方法，可以选择文档中的某个图形对象来创建图案画笔，也可以将某个图形先定义为图案，然后利用该图案来创建图案画笔。前一种方法与前面讲解过的书法和散点画笔的创建方法相同。下面来讲解先定义图案然后创建画笔的方法。

步骤01 执行菜单栏中的"窗口"|"符号库"|"自然"命令，打开"自然"符号面板，在该面板中选择第1行第3个的"甲壳虫1"符号，将其拖放到文档中。如图7.21所示。

步骤02 将"甲壳虫1"符号直接拖动到色板中，这样就将"甲壳虫1"符号转换为了图案，在"色板"面板中，可以看到创建的"甲壳虫1"图案效果，如图7.22所示。

图7.21 拖动符号效果　图7.22 创建的图案效果

提示 ❓

创建图案画笔时，所有的图形都必须是由简单的开放和封闭路径的矢量图形组成，画笔图案中不能包含渐层、混合、渐层网格、位图图像、图表、置入文件等，否则系统将弹出一个"提示"对话框，提示"所选图稿包含不能在图案画笔中使用的元素"。

步骤03 单击"画笔"面板底部的"新建画笔"按钮，打开"新建画笔"对话框，在该对话框中，选中"图案画笔"单选按钮，然后单击"确定"按钮，打开如图7.23所示的"图案画笔选项"对话框，在该对话框中可以对图案画笔进行详细设置。

图7.23 "图案画笔选项"对话框

"图案画笔选项"对话框中的选项与前面讲解过的书法和散点画笔有很多相同之处，这里不再赘述，详情可参考前面的讲解，这里将不同的部分的含义说明如下：

● "拼贴选项"：这里显示了5种图形的拼贴，包括边线拼贴、外角拼贴、内角拼贴、起点拼贴和终点拼贴，如图7.24所示。拼贴是对路径、路径的转角、路径起始点、路径终止点图案样式的设置，每一种拼贴样式图下端都有图例指示，读者可以根据图示很容易地理解拼贴位置。

图7.24 5种图形拼贴

● "拼贴下拉菜单"：显示所有用来拼贴的图案名称，在"拼贴选项"中单击某个拼贴，在下面的拼贴图案框中就可以选择图案样式。若用户不想设置某个拼贴样式可以选择"无"选项；若用户想恢复原来的某个拼贴样式可以选择"原始"选项。这些拼贴图案框中的图案样式实际上是"色板"面板中的图案，所以就可以编辑"色板"面板中的图案来增加拼贴图案。并且每个拼贴选项中所带有的下拉列表中，有原图案编辑过的不同效果，包括自动居中、自动居间、自动切片、自动重叠以及刚刚建立的新建图案色板，效果如图7.25所示。其中右上角的菜单可控制显示的视图，分别为列表视图和缩览图视图，效果如图7.26所示。

图7.25 拼贴下拉菜单

列表视图

缩览图视图
图7.26 两种视图

● "预览区"：在这里可以预览图案画笔修改后的应用效果。
● "缩放"：设置图案的大小和间距。在"缩放"文本框中输入数值，可以设置各拼贴图案样式的总体大小；在"间距"文本框中输入数值，可以设置每个图案之间的间隔。
● "翻转"：指定图案的翻转方向。可以在选项中勾选"横向翻转"复选框，表示图案沿垂直轴向翻转；勾选"纵向翻转"复选框，表示图案沿水平轴向翻转。
● "适合"：设置图案与路径的关系。选中"伸展以适合"单选按钮，可以伸长或缩短图案拼贴样式以适合路径，这样可能会产生图案变形；选中"添加间距以适合"单选按钮，将以添加图案拼贴间距的方式使图案适合路径；选中"近似路径"单选按钮，在不改变拼贴样式的情况下，将拼贴样式排列成最接近路径的形式，为了保持图案样式不变形，图案将应用于路径的里边或外边一点。

步骤04 在"图案画笔选项"对话框中，设置好相关的参数后，单击"确定"按钮，即可创建一个图案画笔，新创建的图案画笔将显示在"画笔"面板中，如图7.27所示。

图7.27 新建图案画笔样式

提示

散点画笔和图案画笔有时可以做出相同的效果，但它们的用法是不同的，图案画笔只能沿路径分布，不能偏离路径，而散点画笔则可以偏离路径，并且可以分散地分布在路径以外的其他位置。

视频讲座7-3：制作图案边框

案例分类：软件功能类
视频位置：配套光盘\movie\视频讲座
7-3：制作图案边框.avi

本实例首先使用"椭圆工具"并通过旋转复制制作出图案1，接着使用复制、删除等命令制作图案2，然后定义图案1和图案2制作出图案画笔，最后为椭圆形应用图案画笔。通过本例的制作，学习图案的定义，掌握图案画笔的创建方法。

步骤01 新建一个页面。按"Ctrl＋R"组合键，显示页面中的标尺，分别沿水平标尺和垂直标尺拖动出一条参考线。

步骤02 选择"椭圆工具" ，将鼠标指针移至参考线的交点处，按住"Alt＋Shift"组合键的同时按下鼠标拖动，以参考线的交点为中心绘制出一个正圆，将其填充颜色设为青色（C:100、M:0、Y:0、K:0），将描边设为无，效果如图7.28所示。

步骤03 选择"椭圆工具"，在页面中适当位置再次绘制一个圆形，将其填充颜色设为橘黄色（C:2、M:52、Y:84、K:0），将描边设为无，效果如图7.29所示。

图7.28 绘制圆形　　图7.29 再次绘制圆形

步骤04 选择"旋转工具"，将鼠标指针移至页面中两条参考线的交点处，如图7.30所示，按住"Alt"键的同时单击鼠标，图形的旋转中心点将转移至参考线的交点处，同时将弹出"旋转"对话框，设置"角度"值为90度，如图7.31所示，单击"复制"按钮，即可旋转复制出一个圆形。

步骤05 按"Ctrl＋D"组合键2次，重复旋转复制出两个圆形，效果如图7.32所示。

步骤06 选择"椭圆工具"，以参考线的交点为中心绘制出一个圆形，将其填充设为无，将描边颜色设为洋红色（C:0、M:100、Y:0、K:0），描边粗细设为1pt，效果如图7.33所示。

图7.30 鼠标指针位置　图7.31 "旋转"对话框

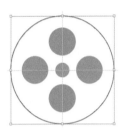

图7.32 重复旋转复制　　　图7.33 绘制圆形

步骤07 再次使用"椭圆工具"，在页面中适当位置绘制一个圆形，将其填充颜色设为洋红色（C:0、M:100、Y:0、K:0），描边设为无，效果如图7.34所示。

步骤08 选择"旋转工具"，将鼠标指针移至页面中两条参考线的交点处，按住"Alt"键的同时单击鼠标，图形的旋转中心点将转移至参考线的交点处，同时将弹出"旋转"对话框，设置"角度"值为60度，单击"复制"按钮，即可旋转复制出一个圆形。然后按"Ctrl＋D"组合键4次，将圆形复制出4个副本，效果如图7.35所示。

图7.34 填充图形　　　图7.35 重复复制

步骤09 按"Ctrl＋A"组合键，选取文档中所有的图形，执行菜单栏中的"对象"｜"编组"命令，或按"Ctrl＋G"组合键，将其群组。

步骤10 选择"矩形工具"，以参考线的交点为中心绘制一个正方形，将其填充设为无，将描边颜色设为洋红色（C:0、M:100、Y:0、K:0），描边粗细设为1pt，效果如图7.36所示。

步骤11 将文档中的所有对象选中，打开"路径查找器"面板，单击"路径查找器"选项组中的"分割"按钮，如图7.37所示，将图形进行分割。

图7.36 绘制正方形　图7.37 单击"分割"按钮

步骤12 执行菜单栏中的"对象"|"取消编组"命令，或按"Shift + Ctrl + G"组合键取消群组，然后使用"选择工具"，分别选取正方形外侧的图形和正方形边框，将它们删除后，效果如图7.38所示。

步骤13 将文档中的所有图形选中，按住"Alt + Shift"组合键的同时，将其向下拖动到适当位置，松开鼠标，即可在垂直向下的方向复制出图形。然后将复制生成的图形外侧的3个半圆形删除，效果如图7.39所示。

图7.38 删除后的效果　图7.39 删除部分图形

步骤14 在文档中，将两个图形分别选中，然后分别将其拖动到"色板"面板中，当光标变成状时，释放鼠标，即可创建新图案。创建新图案的操作效果如图7.40所示。分别命名为新建图案色板 1和新建图案色板 2。

提示 ?

在选择图形时，注意先将辅助线隐藏或删除，以免出现误操作。

图7.40 创建新图案操作效果

步骤15 按"F5"打开"画笔"面板，单击"画笔"面板底部的"新建画笔"按钮，如图7.41所示，打开"新建画笔"对话框，选中"图案画笔"单选按钮，如图7.42所示。

图7.41 单击"新建画笔"按钮

图7.42 选中"图案画笔"单选按钮

步骤16 单击"确定"按钮，将弹出"图案画笔选项"对话框，在"拼贴选项"中单击"外角拼贴"，在下面的列表中选择"新建图案色板 1"，然后单击"边线拼贴"，并在列表中选择"新建图案色板 2"，如图7.43所示，设置完成后，单击"确定"按钮，即可创建一个图案画笔，如图7.44所示。

图7.43 "图案画笔选项"对话框

图7.44 新画笔

完全掌握Illustrator CC超级手册

步骤17 利用"椭圆工具"绘制椭圆，然后单击"画笔"面板中的图案画笔，即可将其应用在绘制的椭圆形上，效果如图7.45所示。

图7.45 图案画笔应用效果

7.2.3 创建艺术画笔

艺术画笔的创建与其他画笔的创建方法相似，选择一个图形对象后，单击"画笔"面板底部的"新建画笔" 按钮，打开"新建画笔"对话框，在该对话框中，选中"艺术画笔"单选按钮，然后单击"确定"按钮，打开如图7.46所示的"艺术画笔选项"对话框，在该对话框中可以对艺术画笔进行详细的设置。

图7.46 "艺术画笔选项"对话框

"艺术画笔选项"对话框中的选项与前面讲解过的书法、散点和图案画笔有很多相同之处，这里不再赘述，详情可参考前面的讲解，这里将不同的部分的含义说明如下：

● "方向"：设置绘制图形的方向显示。可以单击4个方向按钮来调整，同时在预览框中有一个蓝色的箭头图标，显示艺术画笔的方向效果。

● "大小"：设置艺术画笔样式的宽度。

可以在右侧的文本框中输入新的数值来修改。如果选中"按比例缩放"单选按钮，则设置的宽度值将等比缩放艺术画笔样式。

7.2.4 编辑画笔

使用画笔绘制图形后，如果对绘制的效果不满意，还可以对画笔的参数进行重新修改，以改变现有画笔的属性。

画笔可以在使用前修改，也可以在使用后进行修改，修改的画笔参数将影响绘制的图形效果。因为这4种画笔的参数已经详细讲解过，它们的修改方法是相同的，所以这里以图案画笔为例，讲解画笔修改属性的方法。

步骤01 在工具箱中选择"画笔工具" ，在"画笔"面板中，选择前面创建的昆虫画笔，在文档中随意拖动，绘制一个图案图形，如图7.47所示。

图7.47 选择画笔绘制图形

步骤02 下面来修改图案画笔。在"画笔"面板中，双击昆虫画笔，打开"图案画笔选项"对话框，设置"缩放"的值为100%，并勾选"纵向翻转"复选框，如图7.48所示。

图7.48 "图案画笔选项"对话框

步骤03 设置好参数后，单击"确定"按钮，将弹出如图7.49所示的"画笔更改警告"对话框，在该对话框中可以设置正在使用的画笔是否更改。如果单击"应用于描边"按钮，将改变已经存在的图案画笔中，而且画笔属性也将同时改变，再绘制的画笔效果将保持修改后的效果；如果单击"保留描边"按钮，则保留已经存在的图案画笔样式，只将修改后的画笔应用于新的图案画笔中；单击"取消"按钮将取消画笔的修改。

图7.49 "画笔更改警告"对话框

步骤04 这里要修改已经存在的画笔效果，所以单击"应用于描边"按钮，这样就完成的图案画笔的修改，修改后的效果如图7.50所示。

图7.50 修改后的图案画笔效果

7.3 / 符号艺术

符号是Illustrator CC的又一大特色，符号具有很大的方便性和灵活性，它不但可以快速创建很多相同的图形对象，还可以利用相关的符号工具对这些对象进行相应的编辑，比如移动、缩放、旋转、着色和使用样式等。符号的使用还可以大大节省文件的空间大小，因为应用的符号只需要记录其中的一个符号即可。

7.3.1 使用"符号"面板

"符号"面板是用来放置符号的地方，使用"符号"面板可以管理符号文件，可以进行新建符号、重新定义符号、复制符号、编辑符号和删除符号等操作。同时，还可以通过打开符号库调用更多的符号。

执行菜单栏中的"窗口"|"符号"命令，打开如图7.51所示的"符号"面板，在"符号"面板中，可以通过单击来选择相应的符号。按住"Shift"键可以选择多个连续的符号；按住"Ctrl"键可以选择多个不连续的符号。

技巧 !

按"Shift + Ctrl + F11"组合键，可以快速打开"符号"面板。

图7.51 "符号"面板

① 打开符号库

Illustrator CC为用户提供了默认的符号库，要打开符号库可以通过3种方法来打开，具体的操作方法如下：

● 方法1：执行菜单栏中的"窗口"|"符号库"命令，然后在其子菜单中选择所需要打开的符号库即可。

● 方法2：单击"符号"面板右上角的 按钮，打开符号面板菜单，从菜单命令中选择"打开符号库"命令，然后在其子菜单中，选择需要打开的符号库即可。

● 方法3：单击"符号"面板左下方的"符号库菜单" 按钮，在弹出的菜单中选择需要打开的画笔库即可。

❷ 放置符号

所谓"放置符号"就是将符号导入到文档中应用符号，"放置符号"可以使用两种方法来操作，具体使用如下。

- 方法1：菜单法。在"符号"面板中，单击选择一个要放置到文档中的符号对象，然后在"符号"面板菜单中，选择"放置符号实例"命令，即可将选择的符号导入到当前文档中。操作效果如图7.52所示。

图7.52 菜单法放置符号实例操作

- 方法2：拖动法。在"符号"面板中，选择要置入的符号对象，然后将其直接拖动到文档中，当光标变成 ⬚ 状时，释放鼠标即可将符号导入到文档中。操作效果如图7.53所示。

图7.53 拖动法放置符号操作

❸ 编辑符号

Illustrator CC还可以对现有的符号进行编辑处理，在"符号"面板中，选择要编辑的符号后，选择"符号"菜单中的"编辑符号"命令，将打开"符号编辑"窗口，并在文档的中心位置显示当前符号，可以像编辑其他图形对象一样，对符号进行编辑，如缩放、旋转、填色和变形等多种操作。如果该符号已经在文档中使用，对符号编辑后将影响其他前面使用的符号效果。

如果在当前文档中置入了要编辑的符号，也可以选择该符号后，单击"控制"栏中的"编辑符号"按钮，或直接在文档中双击该符号，都可以打开"符号编辑"窗口进行符号的修改。

❹ 替换符号

"替换符号"就是将文档中使用的现有符号，使用其他符号来代替，比如文档中的符号为蓝花，现在要将其替换为蓝鸟符号。

首先在文档中选择符号，然后在"符号"面板中单击选择要替换的符号，然后从"符号"面板菜单中，选择"替换符号"命令，即可符号替换。操作效果如图7.54所示。

图7.54 替换符号操作效果

⑤ 查看符号

"符号"面板中的符号可以以不同的视图进行查看，方便不同的操作需要，要查看符号，可以从"符号"面板菜单中，分别选择"缩览图视图"、"小列表视图"和"大列表视图"命令，3种不同的视图效果如图7.55所示。

图7.55 3种不同的视图效果

⑥ 删除符号

如果不想保留某些符号，可以将其删除。首先在"符号"面板中选择要删除的一个或多个符号，然后单击"符号"面板底部的"删除符号" 🗑 按钮，将弹出一个"询问"对话框，询问是否删除选定的符号，单击"是"按钮，即可将选定的符号删除。删除符号操作效果如图7.56所示。

图7.56 删除符号操作效果

提示 ❓

如果在删除符号时，不想弹出对话框，可以将要删除的符号直接拖动到"删除符号" 🗑 按钮上释放鼠标即可。

7.3.2 新建符号

符号的创建不同于画笔的创建，它不受图形对象的限制，可以说所有的矢量和位图对象，都可以用来创建新符号。但不能使用链接的图形或Illustrator CC的图表对象。新建符号的操作方法相当的简单。下面就以打开的图形为例，讲解新建符号的操作方法。

步骤01 打开素材。执行菜单栏中的"文件"|"打开"命令，或按"Ctrl + O"组合键，打开"打开"对话框，选择配套光盘中的"调用素材\ 第7章 \红心.ai"文件。

步骤02 在文档中单击选择"红心"图形，然后在"符号"面板中，单击面板底部的"新建符号" 🔲 按钮，如图7.57所示。

图7.57 选择图形并单击"新建符号"按钮

步骤03 单击面板底部的"新建符号" 🔲 按钮后，将打开如图7.58所示的"符号选项"对话框，对新建的符号进行详细设置。

图7.58 "符号选项"对话框

"符号选项"对话框中各选项的含义说明如下：

- "名称"：设置符号的名称。
- "类型"下拉列表：选择符号的类型。可以在输出到Flash后将符号设置为"图形"或"影片剪辑"。
- "套版色"：在右侧的控制区单击 ▦ ，设置符号输出时的符号中心点位置。
- "启用9格切片缩放的参考线"：勾选该复选框，当符号输出时可以使用9格切片缩放功能。
- "对齐像素网格"：勾选该复选框，启用对齐像素网格功能。

步骤04 设置好参数后，单击"确定"按钮，即可创建一个新的符号，在"符号"面板中，可以看到这个新创建的符号，效果如图7.59所示。

图7.59 新建符号效果

技巧

选择要创建符号的图形后，也可以在"符号"面板菜单中，选择"新建符号"命令，或直接拖动该图形到"符号"面板中，都可以新建符号。

7.4 使用符号工具

符号工具总共有8种工具，分别为"符号喷枪工具"、"符号移位器工具"、"符号紧缩器工具"、"符号缩放器工具"、"符号旋转器工具"、"符号着色器工具"、"符号滤色器工具"和"符号样式器工具"，符号工具栏如图7.60所示。

图7.60 符号工具栏

7.4.1 符号工具的相同选项

在这8种符号工具中，有5个选项命令是相同的，为了后面不重复介绍这些命令，在此先将相同的选项命令介绍一下。在工具箱中双击任意一个符号工具，打开"符号工具选项"对话框，比如双击"符号喷枪工具"，打开如图7.61所示的"符号工具选项"对话框，对符号工具相同的选项进行详细介绍。

图7.61 "符号工具选项"对话框

"符号工具选项"对话框中的选项含义说明如下：

- "直径"：设置符号工具的笔触大小。也可以在选择符号工具后，按"]"键增加笔触的大小；按"["键减小笔触的大小。

- "方法"：选择符号的编辑方法。有3个选项供选择，"平均"、"用户定义"和"随机"，一般常用"用户定义"选项。

- "强度"：设置符号变化的速度，值越大表示变化的速度也就越快。也可以在选择符号工具后，按"Shift +]"或"Shift + ["组合键增加或减少强度，每按一下增加或减少1个强度单位。

- "符号组密度"：设置符号的密集度，它会影响整个符号组。值越大，符号越密集。

- "工具区"：显示当前使用的工具，当前工具处于按下状态。可以单击其他工具来切换不同工具并显示该工具的属性设置选项。

- "显示画笔大小和强度"：勾选该复选框，在使用符号工具时，可以直观地看到符号工具的大小和强度。

7.4.2 符号喷枪工具

"符号喷枪工具"像生活中的喷枪一样，只是喷出的是一系列的符号对象，利用该工具在文档中单击或随意地拖动，可以将符号应用到文档中。

① 符号喷枪工具

在工具箱中双击"符号喷枪工具"，可以打开如图7.62所示的"符号工具选项"对话框，利用该对话框可以对符号喷枪工具进行详细的属性设置。

图7.62 "符号工具选项"对话框

"喷枪符号工具"选项组中的选项含义说明如下：

- "紧缩"：设置产生符号组的初始收缩方法。
- "大小"：设置产生符号组的初始大小。
- "旋转"：设置产生符号组的初始旋转方向。
- "滤色"：设置产生符号组使用100%的不透明度。
- "染色"：设置产生符号组时使用当前的填充颜色。
- "样式"：设置产生符号组时使用当前选定的样式。

② 使用符号喷枪工具

在使用"符号喷枪工具"前，首先要选择要使用的符号。执行菜单栏中的"窗口"|"符号库"|"花朵"命令，打开符号库中的"花朵"面板，选择第2行第1个"芙蓉"符号，然后在工具箱中单击选择"符号喷枪工具"，在文档中按住鼠标随意拖动，拖动时可以看到符号的轮廓效果，拖动完成后释放鼠标即可产生很多的符号效果。操作效果如图7.63所示。

图7.63 符号喷枪创建符号操作效果

提示 ?

在使用符号喷枪工具拖动绘制符号时，符号产生的数量、符号组的密度是根据拖动时的快慢和按住鼠标不动的时间长短而定的。一般来说，拖动的越慢产生的符号数量就越多；按住鼠标不动的时间越久，产生的符号组的密度就越大。其他的符号工具在应用时也有跟鼠标拖动时的快慢和按住鼠标不动的时间长短有关，在操作中要特别注意。

③ 添加符号到符号组

利用"符号喷枪工具"可以在原符号组中添加其他不同类型的符号，以创建混合的符号组。

首先选择要添加其他符号的符号组，然后在符号面板中选择其他的符号，比如这里在"花朵"面板中，选择"莲花"符号，然后使用"符号喷枪工具"在选择的原符号组中拖动，可以看到拖动时新符号的轮廓显示，达到满意的效果时释放鼠标，即可添加符号到符号组中。操作效果如图7.64所示。

图7.64 添加符号到符号组操作效果

7.4.3 符号移位器工具

"符号移位器工具"主要用来移动文档中的符号组中的符号实例，它还可以改变符号组中符号的前后顺序。因为"符号移位器工具"没有相应的参数修改，这里不再讲解符号工具选项。

❶ 移动符号位置

要移动符号位置，首先要选择该符号组，然后使用"符号移位器工具" 📷，将光标移动到要移动的符号上面，按住鼠标拖动，在拖动时可以看到符号移动的轮廓效果，达到满意的效果时释放鼠标即可移动符号的位置。移动符号位置操作效果如图7.65所示。

图7.65 移动符号位置操作效果

❷ 修改符号的顺序

要修改符号的顺序，首先也要选择一个符号实例或符号组，然后使用"符号移位器工具" 🐾 在要修改位置的符号实例上，按住"Shift + Alt"组合键将该符号实例后移一层；按住"Shift"键可以将该符号实例前移一层。这里将鸟类符号实例部分后移的前后效果对比，如图7.66所示。

图7.66 实例后移的前后效果对比

7.4.4 符号紧缩器工具

"符号紧缩器工具"可以将符号实例向鼠标处向内收缩或向外扩展。以制作紧缩与分散的符号组效果。

❶ 收缩符号

要制作符号实例的收缩效果，首先选择要修改的符号组，然后选择"符号紧缩器工具" 🐞 在需要收缩的符号上按住鼠标不放或拖动鼠标，可以看到符号实例快速向鼠标处收缩的轮廓图效果，达到满意效果后释放鼠标，即可完成符号的收缩，紧缩符号操作效果如图7.67所示。

图7.67 紧缩符号操作效果

❷ 扩展符号

要制作符号实例的扩展效果，首先选择要修改的符号组，然后选择"符号紧缩器工具" 🐞，在按住"Alt"键的同时，将光标移动到需要扩展的符号上按住鼠标不放或拖动鼠标，可以看到符号实例快速从鼠标处向外扩散，达到满意效果后释放鼠标，即可完成符号的扩展，扩展符号操作效果如图7.68所示。

图7.68 扩展符号操作效果

7.4.5 符号缩放器工具

"符号缩放器工具"可以将符号实例的放大或缩小，以制作出大小不同的符号实例效果，生产丰富的层次感觉。

① 符号缩放器工具选项

在工具箱中双击"符号缩放器工具" ，可以打开如图7.69所示的"符号工具选项"对话框，利用该对话框可以对"符号缩放器工具"进行详细的属性设置。

图7.69 "符号工具选项"对话框

"符号缩放器工具"选项组中的选项含义说明如下：

- "等比缩放"：勾选该复选框，将等比缩放符号实例。
- "调整大小影响密度"：勾选该复选框，在调整符号实例大小的同时调整符号实例的密度。

② 放大符号

要放大符号实例，首先选择该符号组，然后在工具箱中选择"符号缩放器工具"，将光标移动到要放缩的符号实例上方，单击鼠标或按住鼠标不动或按住鼠标拖动，都可以将鼠标点下方的符号实例放大。放大符号实例操作效果如图7.70所示。

图7.70 放大符号实例操作效果

③ 缩小符号

要缩小符号实例，首先选择该符号组，然后在工具箱中选择"符号缩放器工具" ，将光标移动到要缩放的符号实例上方，按住"Alt"键的同时单击鼠标或按住鼠标不动或按住鼠标拖动，都可以将鼠标点下方的符号实例缩小。缩小符号实例操作效果如图7.71所示。

图7.71 缩小符号实例操作效果

7.4.6 符号旋转器工具

"符号旋转器工具"可以旋转符号实例的角度，制作出不同方向的符号效果。首先选择要旋转的符号组，然后在工具箱中选择"符号旋转器工具"，在要旋转的符号上按住鼠标拖动，拖动的同时在符号实例上将出现一个蓝色的箭头图标，显示符号实例旋转的方向效果，达到满意的效果后释放鼠标，即可将符号实例旋转一定的角度。旋转符号操作效果如图7.72所示。

图7.72 符号旋转操作效果

7.4.7 符号着色器工具

使用"符号着色器工具"可以在选择的符号对象上单击或拖动，对符号进行重新着色，以制作出不同颜色的符号效果，而且单击的次数和拖动的快慢将影响符号的着色效果。单击的次数越多，拖动的时间越长，着色的颜色越深。

要进行符号着色，首先选择要进行着色的符号组，然后在工具箱中选择"符号滤色器工具" ，在"颜色"面板中，设置进行着色所使用的颜色，比如这里设置颜色为深蓝色（C:90，M:30，Y:95，K:39），然后将光标移动到要着色的符号上单击或拖动鼠标，如果想产生较深的颜色，可以多次单击或重复拖动，释放鼠标后就可以看到着色后的效果。符号着色操作效果如图7.73所示。

图7.73 符号着色操作效果

7.4.8 符号滤色器工具

"符号滤色器工具"可以改变文档中选择符号实例的不透明度，以制作出深浅不同的透明效果。

要制作不透明度，首先选择符号组，然后在工具箱中选择"符号滤色器工具" ，将光标移动到要设置不透明度的符号上方，单击鼠标或按住鼠标拖动，同时可以看到受到影响的符号将显示出蓝色的边框效果。鼠标单击的次数和拖动鼠标的重复次数将直接影响符号的不透明度效果，单击的次数越多，重复拖动的次数越多，符号变得越透明。拖动修改符号不透明度效果如图7.74所示。

图7.74 拖动修改符号不透明度效果

7.4.9 符号样式器工具

"符号样式器工具"需要配合"样式"面板使用，为符号实例添加各种特殊的样式效果，比如投影、羽化和发光等效果。

要使用符号样式器工具，首先选择要使用的符号组，然后在工具箱中选择"符号样式器工具" ，执行菜单栏中的"窗口"|"图形样式"命令，或按"Shift +F5"组合键，打开"图形样式"面板，选择第1行第4个"投影"样式，然后在符号组中单击或按住鼠标拖动，释放鼠标即可为符号实例添加图形样式。添加图形样式的操作效果如图7.75所示。

图7.75 添加图形样式的操作效果

混合工具和混合命令，可以从两个或多个选定图形之间创建一系列的中间对象的形状和颜色。混合可以在开放路径、封闭路径、渐层、图案等之间进行混合。混合主要包括两个方面：形状混合与颜色混合。它将颜色混合与形状混合完美结合起来了。以下是应用在混合形状和其相关颜色的规则：

混合可以在数目不限的图形、颜色、不透明度或渐变之间进行混合；可以在群组或复合路径的图形中进行混合。如果混合的图形使用的是图案填充，则混合时只发生形状的变化，图案填充不会发生变化。

混合图形可以像一般的图形那样进行编辑，如缩放、选择、移动、旋转和镜像等，还可以使用"直接选择工具"修改混合的路径、锚点、图形的填充颜色等，修改任何一个图形对象，将影响其他的混合图形。

混合时，填充与填充进行混合，描边与描边进行混合，尽量不要让路径与填充图形进行混合。

如果要在使用了混合模式的两个图形之间进行混合，则混合步骤只会使用上方对象的混合模式。

7.5.1 建立混合

建立混合分为两种方法：一种是是使用混合建立菜单命令；另一种使用"混合工具" 。使用混合建立菜单命令，图形会按默认的混合方式进行混合过渡，而不能控制混合的方向。而使用"混合工具"建立混合过渡具有更大的灵活性，它可以创建出不同的混合效果。具体的操作方法讲解如下：

① 使用混合建立命令

在文档中，使用"选择工具"选择要进行混合的图形对象，然后执行菜单栏中的"对象"|"混合"|"建立"命令，即可将选择的两个或两个以上的图形对象建立混合过渡效果，如图7.76所示。

图7.76 混合建立命令创建混合效果

② 使用混合工具

在工具箱中选择"混合工具" ，然后将光标移动到第一个图形对象上，这时光标将变成 状时单击鼠标，然后移动光标到另一个图形对象上，再次单击鼠标，即可在这两个图形对象之间建立混合过渡效果，制作完成的效果如图7.77所示。

图7.77 混合效果

③ 使用混合工具控制混合方向

在使用"混合工具" 建立混合时，特别是路径混合，根据单击点的不同，可以创建出不同的混合效果。不同侧和同侧建立混合的操作及效果如下：

● 不同侧混合建立：选择工具箱中的"混合工具" ，在第一个半圆上面路径端点处单击，然后在第二个半圆下面路径端点处再次单击，创建出的混合效果如图7.78所示。

图7.78 不同侧混合建立效果

- 同侧混合建立：选择工具箱中的"混合工具" ，在第一个半圆上面路径端点处单击，然后在第二个半圆上面路径端点处再次单击，创建出的混合效果如图7.79所示。

图7.79 同侧混合建立效果

7.5.2 编辑混合对象

混合后的图形对象是一个整体，可以像图形一样进行整体的编辑和修改。可以利用"直接选择工具" <small>↖</small> 修改混合开始和结束的图形大小、位置、缩放和旋转等，还可以修改图形的路径、锚点或填充颜色。当对混合对象进行修改时，混合也会跟着变化，这样就大大提高了混合的编辑能力。

提示 ❓

混合对象在没有释放之前，只能修改开始和结束的原始混合图形，即用来混合的两个原图形，中间混合出来的图形是不能直接使用工具修改的，但在修改开始和结束图形时，中间的混合过渡图形将自动跟随变化。

① 修改混合图形的形状

在工具箱中选择"直接选择工具" <small>↖</small>，选择混合图形的一个锚点，然后将其拖动到合适的位置，释放鼠标即可完成图形的修改，修改操作效果如图7.80所示。

图7.80 修改形状操作效果

提示 ❓

使用同样的方法，可以修改其他锚点或路径的位置。不但可以修改开放的路径，还可以修改封闭的路径。

② 其他修改混合图形的操作

除了修改图形锚点，还可以修改图形的填充颜色、大小、旋转和位置等，操作方法与基本图形的操作方法相同，不过在这里使用"直接选择工具" <small>↖</small> 来选择，其不同的修改效果如图7.81所示。

原始效果

修改颜色

缩放大小

旋转

移动位置

图7.81 不同修改效果

7.5.3 混合选项

混合后的图形，还可以通过"混合选项"设置混合的间距和混合的取向。选择一个混合对象，然后执行菜单栏中的"对象"|"混合"|"混合选项"命令，打开如图7.82所示的"混合选项"对话框，利用该对话框对混合图形进行修改。

图7.82 "混合选项"对话框

"混合选项"对话框中各选项的含义说明如下：

① 间距

用来设置混合过渡的方式。从右侧的下拉菜单中可以选择不同的混合方式，包括"平滑颜色"、"指定的步数"和"指定的距离"3个选项。

- "平滑颜色"：可以在不同颜色填充的图形对象，自动计算一个合适的混合的步数，达到最佳的颜色过渡效果。如果对象包含相同的颜色，或者包含渐层或图案，混合的步数根据两个对象的定界框的边之间的最长距离来设定。平滑颜色效果如图7.83所示。

图7.83 平滑颜色效果

- "指定的步数"：指定混合的步数。在右侧的文本框中输入一个数值指定从混合的开始到结束的步数，即混合过渡中产生几个过渡图形。如图7.84所示指定步数为3时的过渡效果。

图7.84 指定的步数为3时的过渡效果

- "指定的距离"：指定混合图形之间的距离。在右侧的文本框中输入一个数值指定混合图形之间的间距，这个指定的间距按照一个对象的某个点到另一个对象的相应点来计算。如图7.85所示为指定距离为10mm的混合过渡效果。

图7.85 指定距离为10mm的混合过渡效果

② 取向

取向用来控制混合图形的走向，一般应用在非直线混合效果中，包括"对齐页面" 和"对齐路径"两个选项 。

- "对齐页面"：指定混合过渡图形方向沿页面的X轴方向混合。对齐页面混合过渡效果如图7.86所示。
- "对齐路径"：指定混合过渡图形方向沿路径方向混合。对齐路径混合过渡效果如图7.87所示。

图7.86 对齐页面　　　图7.87 对齐路径

7.5.4 替换混合轴

默认的混合图形，在两个混合图形之间会创建一个直线路径。当使用"释放"命令将混合释放时，会留下一条混合路径。但不管怎么创建，默认的混合路径都是直线，如果制作出不同的混合路径，可以使用"替换混合轴"命令来完成。

要应用"替换混合轴"命令，首先要制作一个混合，并绘制一个开放或封闭的路径，并将混合和路径全部选中，然后执行菜单栏中的"对象"|"混合"|"替换混合轴"命令，即可替换原混合图形的路径，操作效果如图7.88所示。

图7.88 替换混合轴操作效果

完全掌握Illustrator CC超级手册

7.5.5 反向混合轴和反向堆叠

利用"反向混合轴"和"反向堆叠"命令，可以修改混合路径的混合顺序和混合层次，下在来讲解具体的含义和使用方法。

① 反向混合轴

"反向混合轴"命令可以将混合的图形首尾对调，混合的过渡图形也跟着对调。选择一个混合对象，然后执行菜单栏中的"对象"|"混合"|"反向混合轴"命令，即可将图形的首尾进行对调，对调前后效果如图7.89所示。

图7.89 反向混合轴前后效果

② 反向堆叠

"反向堆叠"命令可以修改混合对象的排列顺序，将从前到后调整为从后到前的效果。选择一个混合对象，然后执行菜单栏中的"对象"|"混合"|"反向堆叠"命令，即可将混合对象的排列顺序调整，调整的前后效果如图7.90所示。

图7.90 反向堆叠前后效果

7.5.6 释放和扩展

混合的图形还可以进行释放和扩展，以恢复混合图形或将混合的图形分解出来，进行更细致的编辑和修改。

① 释放

"释放"命令可以将混合的图形恢复到原来的状态，只是多出一条混合路径，而且混合路径是无色的，要特别注意。如果对混合的图形不满意，选择混合对象，然后执行菜单栏中的"对象"|"混合"|"释放"命令，即可将混合释放，混合的中间过渡效果将消失，只保留初始混合图形和一条混合路径。

② 扩展

"扩展"命令与"释放"命令不同，它不会将混合过渡中间的效果删除，而是将混合后的过渡图形分解出来，使它们变成单独的图形，可以使用相关的工具对中间的图形进行修改。

> **技巧**
>
> 扩展后的混合图形是一个组，所以使用"选择工具"选择时会一起选择，可以执行菜单栏中的"对象"|"取消编组"命令，或按"Shift + Ctrl + G"组合键，将其取消编组后进行单独的调整。

视频讲座7-4：绘制大红灯笼

案例分类：进阶技能类
视频位置：配套光盘\movie\视频讲座7-4：绘制大红灯笼.avi

本实例首先利用"椭圆工具"绘制圆形，然后通过缩放，复制出一个小的框架，利用"混合"命令将这两个椭圆混合，制作出灯笼的主体部分，然后利用"矩形工具"绘制矩形，添加文字，最后利用"膨胀"命令，制作出大红灯笼效果。通过本例的制作学习混合命令的使用，混合选项的修改，掌握混合命令的应用技巧，掌握膨胀变形命令的使用。

步骤01 执行菜单栏中的"文件"|"新建"命令，或按下"Ctrl + N"组合键，打开"新建文档"对话框，设置"名称"为"大红灯笼"，大小为A4，颜色模式为"CMYK颜色"，单击"确定"按钮，此时，页面中就新建了一个新文档。

步骤02 利用"椭圆工具" 在页面中绘制一个椭圆，然后填充为红色（C:0；M:100；Y:100；K:0），并设置描边颜色为纯黄色（C:0；M:0；Y:100；K:0），粗细为1pt，效果如图7.91所示。

步骤03 选中刚绘制的椭圆，双击"比例缩放工具" 按钮，打开"比例缩放"对话框，选中"不等比"单选按钮，设置"水平"为20%，如图7.92所示。

图7.91 椭圆效果　图7.92 设置比例缩放参数

步骤04 设置完成后，单击"复制"按钮，然后将复制并缩小后的椭圆填充为黄色（C:0；M:10；Y:100；K:0），效果如图7.93所示。

步骤05 将页面中的椭圆选中，执行菜单栏中的"对象"|"混合"|"建立"命令，然后再次执行菜单栏中的"对象"|"混合"|"混合选项"命令，打开"混合选项"对话框，设置"间距"步数为4，如图7.94所示。

图7.93 填充颜色　图7.94 "混合选项"对话框

步骤06 设置完成后，单击"确定"按钮，此时，两个椭圆混合后的效果，如图7.95所示。

步骤07 利用"矩形工具" ▭ 在页面中绘制一个矩形，然后填充为黄色（C:0；M:0；Y:80；K:0）到红色（C:0；M:100；Y:100；K:0）的径向渐变，并设置描边为无，效果如图7.96所示。

图7.95 混合效果　　图7.96 矩形效果

步骤08 利用"钢笔工具" ✎ 在页面中绘制一条曲线，设置描边颜色为纯黄色（C:0；M:0；Y:100；K:0），描边粗细为3像素，如图7.97所示。

步骤09 选中刚绘制的曲线，执行菜单栏中的"对象"|"排列"|"后移一层"命令，此时，曲线就自动后移到矩形的后方，效果如图9.98所示。

图7.97 曲线效果　　图7.98 后移效果

步骤10 将步骤（7）所绘制的矩形复制一份，然后将其复制出的图像垂直向下移动放置到合适的位置，效果如图7.99所示。

步骤11 利用"钢笔工具" ✎ 在页面中绘制一条曲线，设置描边颜色为纯黄色（C:0；M:0；Y:100；K:0），描边粗细为1像素，如图7.100所示。

图7.99 复制并移动　　图7.100 曲线效果

步骤12 将刚绘制的曲线复制一份，然后将复制出的曲线水平向右移动放置到合适的位置，效果如图9.101所示。

步骤13 重复步骤（5）、（6）的操作，给刚绘制的曲线建立混合，其间距步骤为10，效果如图7.102所示。

图7.101 复制并移动　　　图7.102 混合效果

步骤14 利用"直接选择工具" ▶，对混合后的图像稍加调整，调整后的图像效果，如图7.103所示。

步骤15 将调整后的图像选中，执行菜单栏中的"对象"|"排列"|"置于底层"命令，此时，图像就自动后移到图像的后面，效果如图7.104所示。

图7.103 调整效果　　　图7.104 后移效果

步骤16 单击工具箱中的"文字工具" **T** 按钮，在页面中输入"福"字，设置字体为"华文行楷"，大小为60像素，颜色为红色（C:0；M:100；Y:100；K:0），描边颜色为黄色（C:0；M:0；Y:100；K:0），描边的粗细为2pt，效果如图7.105所示。

步骤17 执行菜单栏中的"效果"|"变形"|"膨胀"命令，打开"变形选项"对话框，设置"样式"为膨胀，"弯曲"为60%，参数如图7.106所示。

图7.105 添加文字　　　图7.106 设置变形参数

步骤18 设置完成后，单击"确定"按钮，对文字变形，然后将所有图形选中，复制一份，并将其放置在合适的位置，旋转一定的角度，完成大红灯笼的制作，完成的最终效果如图7.107所示。

图7.107 最终效果

第8章 格式化文字处理

〔内容摘要〕

　　Illustrator CC最强大的功能之一就是文字处理，虽然在某些方面不如文字处理软件，如Word、WPS，但是它的文字能与图形自由的结合，十分方便灵活，用户不但可以快捷地更改文本的尺寸、形状以及比例，将文本精确地排入任何形状的对象。此外也可以将文本沿不同形状的路径横向或纵向排列。还可以对文字进行图案填充，并可以将文字轮廓化，以创建出精美的艺术文字效果。

　　通过本章的学习，读者能够熟练地创建各种文字的编辑技巧，并应用文字进行版式排版、制作艺术字。

〔教学目标〕

- 学习直排和横排文字的创建
- 学习路径和区域文字的使用
- 掌握文字的选取和编辑
- 掌握文字的填充设置
- 掌握文字的艺术化处理

8.1 文字工具

　　文字工具是Illustrator CC的一大特色，提供了多种类型的文字工具，包括"文字工具" T 、"区域文字工具" T 、"路径文字工具" ，"直排文字工具" T 、"直排区域文字工具" T 和"直排路径文字工具" ，"修饰文字工具" 7种文字工具，利用这些文字工具可以自由创建和编辑的文字。文字工具栏如图8.1所示。

图8.1 文字工具栏

8.1.1 创建文字

"文字工具" **T** 和"直排文字工具" **IT** 两种工具的使用是相同的，只不过创建的文字方向不同。"文字工具"创建的文字方向是水平的；"直排文字工具" **IT** 创建的文字方向是垂直的。利用这两种工具创建文字可分为两种，一种是点文字，一种是段落文字。

❶ 创建点文字

在工具箱中选择"文字工具" **T**，这时光标将变成横排文字光标呈 **I** 状，在文档中单击可以看到一个快速闪动的光标输入效果，直接输入文字即可。"直排文字工具" **IT** 工具的使用与"文字工具"相同，只不过光标将变成直排文字光标呈 **⟷** 状。这两种文字工具一般适合用于少量文字输入时使用。两种文字工具创建的文字效果如图8.2所示。

图8.2 两种文字工具创建的文字效果

❷ 创建段落文字

使用"文字工具" **T** 和"直排文字工具" **IT** 还可以创建段落文字，适合创建大量的文字信息，选择这两种文字工具的任意一种，在文档中合适的位置按下鼠标，在不释放鼠标的情况下拖动出一个矩形文字框，如图8.3所示。然后输入文字即可创建段落文字。在文字框中输入文字时，文字会根据拖动的矩形文字框大小进行自动换行，而且改变了文字框的大小，文字会随文字框一起改变。创建的横排与直排文字效果，分别如图8.4、图8.5所示。

图8.3 矩形文字框

图8.4 横排段落文字

图8.5 直排段落文字

8.1.2 区域文字

区域文字是一种特殊的文字，需要使用"区域文字工具"创建。"区域文字工具"不能直接在文档空白处输入文字，需要借助一个路径区域才可以使用。路径区域的形状不受限制，可以是任意的路径区域，而且在添加文字后，还可以修改路径区域的形状。"区域文字工具" **T** 和"直排区域文字工具" **IT** 在用法上是相同的，只是输入的文字方向不同，这里以"区域文字工具"为例进行讲解。

要使用区域文字工具，首先绘制一个路径区域，然后选择工具箱中的"区域文字工具" **T**，将光标移动到要输入文字的路径区域的路径上，然后在路径处单击鼠标，这此可以看到路径区域的左上角位置出现一个闪动的光标符号，直接输入文字即可，如果输入的文字超出了路径区域的大小，在区域文字的末尾处，将显示一个红色"田"字形标志。区域文字的输入操作如图8.6所示。

提示 ❓

在使用"区域文字工具"时，所使用的路径区域不能是复合或蒙版路径，而且单击时必须在路径区域的路径上面，如果单击有误，系统将弹出一个提示错误的对话框。在单击路径时，路径区域如果本身有填充或描边颜色，都将变成无色。

图8.6 区域文字效果

当文字超出路径区域时，可以通过修改文字大小或放大路径区域，将溢出的文字显示出来。

视频讲座8-1：路径文字

案例分类：软件功能类
视频位置：配套光盘\movie\视频讲座
8-1：路径文字.avi

路径文字就是沿路径排列的文字效果，可以借助"路径文字工具"来创建。"路径文字工具"不但可以沿开放路径排列，也可以沿封闭的路径排列，而且路径可以是规则的或不规则的。在路径上输入文字时，使用"路径文字工具" ✍ 输入的文字，字符走向将会与基线平行；使用"直排路径文字工具" ✍ 输入的文字，字符走向将与基线垂直。两种文字工具创建的文字效果如图8.7所示。

图8.7 两种文字工具创建的文字效果

"路径文字工具" ✍ 和"直排路径文字工具" ✍ 的使用方法是相同的，只是文字的走向不同，这里以"路径文字工具"为例讲解路径文字的使用方法。首先要保证文档中有一条开放或封闭的路径，然后选择工具箱中的"路径文字工具" ✍，将光标 ⌇ 移动到路径上方，然后单击鼠标，可以看到在路径上出现一条闪动的文字输入符号，此时输入文字即可制作出路径文字效果。创建路径文字操作效果如图8.8所示。

图8.8 创建路径文字效果

在使用路径文字时，所选路径的绘制方式非常重要，文字会沿路径的起点开始输入，如果单击处的路径位于绘制时的结束位置，那么输入的文字可能会看不到，只显示了一个溢出标记。

8.2 编辑文字

前面讲解了各种文字的创建方法，接下来讲解文字的相关编辑方法，比如文字的选取、变换、区域文字和路径文字的修改等。

8.2.1 选取文字

要想编辑文字，首先要选择文字，当创建了文字对象后，可以任意选择一个文字工具去选择文字，选择文字有多种方法，下面来详细讲解。

❶ 拖动法选择文字

任意选择一个文字工具，将光标移动到要选择文字的前面，光标将呈现"⌇"状，按住鼠标拖动，可以看到拖动经过的文字呈现反白颜色效果，达到满意的选择后，释放鼠标即可

选择文字。选择文字操作效果如图8.9所示。

由于拖动法的灵活性，所以它是选择文字时最常用的一种方法。

图8.9 选择文字操作效果

② 其他选择方法

除了使用拖动法选择文字外，还可以使用"文字工具"在文字上双击，可以选择以标点符号为分隔点，选择效果如图8.10所示。三次单击可以选择一个段落，选择效果如图8.11所示；如果要选择全部文字，可以将先使用"文字工具"，在文字中单击确定光标，然后执行菜单栏中的"选择"|"全部"命令，或按"Ctrl＋A"组合键即可。

图8.10 双击选择文字 图8.11 三次单击选择文字
效果 效果

8.2.2 编辑区域文字

对于区域文字，不但可以选择单个的文字进行修改，也可以直接选择整个的区域文字进行修改，还可以修改区域的形状。

区域文字可以看成是一个整体，像图形一样进行随意的变换、排列等基本的编辑操作，区域文字也可以在选中状态下拖动文字框上的8个控制点，修改区域文字框的大小。也可以使用菜单栏中的"对象"菜单中的"变换"和"排列"子菜单中的命令，对区域文字进行变换。如果要修改区域文字的文字框的形状，可以使用"直接选择工具" 来完成，它不但可以修改文字框的形状，还可以为文字框进行填充和描边。

① 修改文字框外形

使用"直接选择工具"在文字框边缘位置单击，可以激活文字框，激活状态下某些锚点呈现空白的方块状显示，然后选择其中的锚点并拖动，即可修改文字框的外形。修改文字框操作效果如图8.12所示。

图8.12 修改文字框操作效果

② 为文字框填充和描边

使用"直接选择工具"在文字框的边缘位置单击，可以激活文字框，激活状态下某些锚点呈现空白的方块状显示，然后设置填充为渐变色，描边为紫色，填充和描边后的效果如图8.13所示。

图8.13 填充和描边后的效果

> **提示** **?**
>
> 在填充和描边文字框时，如果选择文字框后，修改填充和描边后文字框没有变化，而文字发生改变，那么就说明文字框选择不正确，文字框没有处于激活的状态，可以重新选择。

8.2.3 编辑路径文字

输入路径文字后，选择路径文字，可以看到在路径文字上出现3个用来移动文字位置的标记，起点、终点和中心标记，如图8.14所示。起点标记一般用来修改路径文字的文字起点；终点标记用来修改路径文字的文字终点；中心标记不但可以修改路径文字的文字起点和终点位置，还可以改变路径文字的文字排列方向。

图8.14 文字移动标记

❶ 修改路径文字的位置

要修改路径文字的位置，首先在工具箱中选取"选择工具" ▶ 或"直接选择工具" ▷，然后在路径文字上单击选择路径文字，接着将光标移动到路径文字的起点标记位置，此时光标将变成 ⯈ 状；也可以将光标移动到中心标记位置，光标将变成 ⯈ 状，按住鼠标拖动，可以看到文字沿路径移动的效果，移动到满意的位置后释放鼠标，即可修改路径文字的位置。修改路径文字位置操作效果如图8.15所示。

图8.15 修改路径文字位置操作效果

❷ 修改路径文字的方向

要修改路径文字的方向，首先在工具箱中选取"选择工具" ▶ 或"直接选择工具" ▷，然后在路径文字上单击选择路径文字，接着将光标移动到中心标记位置，光标将变成 ⯈ 状，按住鼠标向路径另一则拖动，可以看到文字反转到路径的另外一个方向了，此时释放鼠标，即可修改文字的方向。修改文字方向操作效果如图8.16所示。

图8.16 修改文字方向操作效果

❸ 使用路径文字选项

路径文字除了上面显示的沿路径排列方式外，Illustrator CC还提供了几种其他的排列方式。执行菜单栏中的"文字"|"路径文字"|"路径文字选项"命令或者单击工具栏中的"路径文字工具" ↗，打开如图8.17所示的"路径文字选项"对话框，利用该对话框可以对路径文字进行更详细的设置。

图8.17 "路径文字选项"对话框

"路径文字选项"对话框中的选项含义说明如下：

● "效果"：设置文字沿路径排列的效果，包括彩虹效果、倾斜效果、3D带状效果、阶梯效果和重力效果，这5种效果如图8.18所示。

彩虹效果　　　倾斜效果　　　3D带状效果

阶梯效果　　　　　重力效果

图8.18　5种不同的效果

● "对齐路径"：设置路径与文字的对齐方式。包括字母上缘、字母下缘、中央和基线。

● "间距"：设置路径文字的文字间距。值越大，文字间离的也就越远。

● "翻转"：勾选该复选框，可以改变文字的排列方向，即沿路径反转文字。

如果想为路径文字的路径区域填充或描边，也可以像区域文字的操作方法一样，使用"直接选择工具"进行操作。

8.2.4 文字的填充

文字可以像其他的图形对象一样进行填充或描边，可以对文字填充实色或图案，但不能对文字使用渐变颜色填充。如果想对文字填充渐变颜色，首先要将文字转换，才能进行渐变填充，下面来讲解不同填充的方法。

① 单色填充

如果要对其中的某些文字进行填充或描边，可以使用前面讲解过的拖动选取文字的方法来选择某些指定的文字；如果想填充所有的文字，可以使用"选择工具" ▶ 在文字上单击，即可选择所有文字进行填充。

在工具箱中选择"选择工具" ▶，然后在文字上单击，即可选择当前文字，然后在"色板"面板中设置文字的填充颜色为白色，即可将文字填充白色。填充文字操作效果如图8.19所示。

图8.19 填充文字操作效果

利用这种方法，还可以对区域文字和路径文字进行填充。如果要描边文字，可以直接为文字设置描边颜色即可，还可以通过"描边"面板修改文字的描边粗细程度。

② 渐变填充

前面已经讲过，文字本身是不能进行渐变填充的，如果想对文字填充渐变色，需要将文字进行转换后才可以填充，不过要特别注意的是，文字转换后变形的图形对象，不再具有文字的相关属性，不能使用修改文字属性的命令对转换后的文字进行修改，比如字体、字

号等，所以在转换前要注意设置好文字的相关属性。

使用"选择工具"在文档中选择要填充渐变色的文字，然后执行菜单栏中的"文字"|"创建轮廓"命令，可以看到文字创建轮廓后出现很多的锚点效果，编辑一种渐变填充对其填充，即可将其填充为渐变色。文字创建轮廓填充渐变操作效果如图8.20所示。

图8.20 文字创建轮廓填充渐变操作效果

这里选择文字转换时，不能使用拖动选择某些文字，而要选择文字的整体，否则就不能应用创建轮廓命令。

视频讲座8-2：创建描边字

案例分类：进阶技能类
视频位置：配套光盘\movie\视频讲座
8-2：创建描边字.avi

本实例首先输入文字，然后通过"路径查找器"面板，将文字合并，最后使用"偏移路径"命令将文字偏移，通过多次的偏移并填充为不同的颜色，制作出描边字效果。

通过本例的制作，学习合并和偏移路径命令的使用，学习图形的隐藏和显示操作，掌握描边字的制作技巧。

步骤01 创建一个新文档，然后选择单击"文字工具" T，在文档中输入文字，设置字体为"隶书"，设置合适的大小，并填充为黑色，效果如图8.21所示。

梦想剧场

图8.21 输入文字

步骤02 选择文字，然后执行菜单栏中的"文字"|"创建轮廓"命令，将文字转化为图形，效果如图8.22所示。

图8.22 轮廓化效果

步骤03 打开"路径查找器"面板，单击"路径查找器"面板中的"联集" 按钮，如图8.23所示。

图8.23 单击"联集"按钮

步骤04 将文字合并为一个整体图形，效果如图8.24所示。

图8.24 相加后的效果

步骤05 执行菜单栏中的"对象"|"路径"|"偏移路径"命令，打开"偏移路径"对话框，设置"位移"的值为1mm，"连接"为圆角，其他参数设置如图8.25所示。

图8.25 设置偏移路径参数

步骤06 设置完成后，单击"确定"按钮，将文字偏移，新图形将在原图形基础上向外扩展1mm，生成的新图形效果如图8.26所示。

图8.26 扩展的效果

步骤07 执行菜单栏中的"对象"|"取消编组"命令，或按"Shift + Ctrl + G"组合键，将图形取消编组，然后使用"选择工具"将内部的文字选中，并单击"路径查找器"面板中的"联集" 按钮，将其合并，效果如图8.27所示。

图8.27 选择并合并

步骤08 执行菜单栏中的"对象"|"隐藏"|"所选对象"命令，或按"Ctrl + 3"组合键，将文字隐藏，然后选择文档中所有的图形，并单击"路径查找器"面板中的"联集" 按钮，将其合并，填充为红色（C:0，M:100，Y:100，K:0），效果如图8.28所示。

图8.28 填充红色

步骤09 再次执行菜单栏中的"对象"|"路径"|"偏移路径"命令，打开"位移路径"对话框，设置"位移"的值为1.5mm，"连接"为圆角，其他参数设置如图8.29所示。

图8.29 "偏移路径"对话框

步骤10 设置完成后，单击"确定"按钮，完成偏移，然后使用"选择工具"选择内部的文字图形，如图8.30所示。

图8.30 选择内部文字图形

步骤11 按"Ctrl + 3"组合键将其隐藏，然后使用"选择工具"选择偏移出来的文字图形，将其填充为黄色（C:0，M:0，Y:100，K:0），如图8.31所示。

图8.31 填充黄色

步骤12 再次执行菜单栏中的"对象"｜"路径"｜"偏移路径"命令，打开"偏移路径"对话框，设置"位移"的值为1mm。然后选择偏移出来的路径图形，将其填充为红色（C:0，M:100，Y:100，K:0），效果如图8.32所示。

图8.32 填充红色

步骤13 执行菜单栏中的"对象"｜"显示全部"命令，或按"Alt + Ctrl + 3"组合键，将全部隐藏图形显示出来，效果如图8.33所示。

图8.33 显示全部

步骤14 选择中间的黑色文字图形，然后将其填充为白色，完成描边字的制作，完成的最终效果如图8.34所示。

图8.34 最终效果

8.3 编辑文本对象

Illustrator CC为用户提供了两个编辑文本对象的面板："字符"和"段落"面板。通过这些面板可以对文本属性进行精确的控制，如文字的字体、样式、大小、行距、字距调整、水平及垂直大小缩放、插入空格和基线偏移等。可以在输入新文本之前设置文本属性，也可以选中的现有文本重新设置来修改文字属性。

8.3.1 格式化字符

设置字符属性可以使用"字体"菜单，也可以选择文字后在"控制"栏中进行设置，不过一般常用"字符"面板来修改。

执行菜单栏中的"窗口"｜"文字"｜"字符"命令，打开如图8.35所示的"字符"面板，如果打开的"字符"面板与图中显示的不同，可以在"字符"面板菜单中选择"显示选项"命令，将"字符"面板其他的选项显示出来即可。

图8.35 "字符"面板

技巧

按"Ctrl + T"组合键，可以快速打开或关闭"字符"面板。

① 设置字体

通过"设置字体系列"下拉列表，可以为文字设置不同的字体，一般比较常用的字体有字体、仿宋、黑体等。

要设置文字的字体，首先选择要修改字体的文字，然后在"字符"面板中单击"设置字体系列"右侧的下三角按钮 ▼ ，从弹出的字体下拉菜单中，选择一种合适的字体，即可将文字的字体修改。修改字体操作效果如图8.36所示。

图8.36 修改字体操作效果

除了修改字体外，还可以在同种字体之间选择不同的字体样式，如Regular（常规）、Italic（倾斜）或Bold（加粗）等。可以在"字符"面板的"设置字体样式"下拉列表中选择字体样式。当某种字体没有其他样式时会出现"-"字符表示没有字符样式。

提示

Illustrator CC默认为用户提供了几十种字体和样式，但这并不能满足设计的需要，用户可以安装自己需要的字库，安装后会自动显示在"字符"面板的"设置字体系列"下拉菜单中。

② 设置字体大小

通过"字符"面板中的"设置字体大小" 文本框，可以设置文字的大小，文字的大小取值范围为0.1~1296点，默认的文字大小为12点。可以从下拉列表中选择常用的字符尺寸，也可以直接在文本框中输入所需要的字符尺寸大小。不同字体大小如图8.37所示。

图8.37 不同字体大小

技巧

选择文字后，按"Shift + Ctrl + >"组合键可以增大文字的大小；按"Shift + Ctrl + <"组合键，可以减小文字的大小。

③ 设置行距

行距就是相邻两行基线之间的垂直纵向间距。可以在"字符"面板中的"设置行距" 文本框中设置行距。

选择一段要设置行距的文字，然后在"字符"面板中的"设置行距" 下拉列表中，选择一个行距值，也可以在文本框中输入新的行距数值，以修改行距。下面是将原行距（为24pt）修改为36pt的操作效果如图8.38所示。

图8.38 修改行距操作效果

技巧

选择文字后，按"Alt + 向上箭头#"组合键来减小行距；按"Alt + 向下箭头$"组合键来增加行距，每按一次行距的变化量为2pt。

④ 水平/垂直缩放文字

除了拖动文字框改变文字的大小外，还可以使用"字符"面板中的"水平缩放" 和"垂直缩放" ，来调整文字的缩放效果，可以从下拉列表中选择一个缩放的百分比数值，也可以直接在文本框中输入新的缩放数值。文字不同缩放效果如图8.39所示。

图8.39 文字不同缩放效果

⑤ 字偶间距

"字偶间距" V̲A̲用来设置两个字符之间的距离，与"字符间距"的调整相似，但不能直接调选择的所有文字，而只能将光标定位在某两个字符之间，调整这两个字符之间的间距。可以从下拉列表中选择相关的参数，也可以直接在文本框中输入一个数值，即可修改字偶间距。当输入的值为大于零时，字符的间距变大；当输入的值小于零时，字符的间距变小。修改字偶间距操作效果如图8.40所示。

图8.40 修改字偶间距操作效果

⑥ 设置字符间距

在"字符"面板中，通过"字符间距" V̲A̲可以设置选定字符的间距，与"字偶间距"相似，只是这里不是定位光标位置，而是选择文

字。选择文字后，在"字符间距"下拉列表中选择数值，或直接在文本框中输入数值，即可修改选定文字的字符间距。如果输入的值大于零，则字符间距增大；如果输入的值小于零，则字符的间距减小。不同字符间距效果如图8.41所示。

图8.41 不同字符间距效果

⑦ 插入空格

插入空格分别插入空格（前）🔀和插入空格（后）🔀，可以在选择的文字前或后插入多种形式的全角空格，包括1/8全角空格、1/4全角空格和1/2全角空格等选项。要插入空格，需要首先选择相关的文字，这种选择不同于使用选择工具的选择，而是使用相关的文字工具以拖动的形式选择，选择的文字呈现反白效果。为文字添加空格操作效果如图8.42所示。

图8.42 为文字添加空格操作效果

⑧ 设置基线偏移

通过"字符"面板中的"设置基线偏移" $A^a_\ddag$ 选项，可以调整文字的基线偏移量，一般利用该功能来编辑数学公式和分子式等表达式。默认的文字基线位于文字的底部位置，通过调整文字的基线偏移，可以将文字向上或向下调整位置。

要设置基线偏移，首先选择要调整的文字，然后在"设置基线偏移" $A^a_\ddag$ 选项下拉列表中，或在文本框中输入新的数值，即可调整文字的基线偏移大小。默认的基线位置为0，当输入的值大于零时，文字向上移动；当输入的值小于零时，文字向下移动。设置文字基线偏移的操作效果如图8.43所示。

图8.43 设置文字基线偏移的操作效果

⑨ 旋转字符

通过"字符"面板中的"字符旋转" $\fbox{T}$ 选项，可以将选中的文字按照各自文字的中心点进行旋转。首先要选择要旋转字符，然后从"字符旋转"下拉列表中选择一个角度，如果这些不能满足旋转需要，用户可以在文本框中输入一个需要的旋转角度数值，但数值必须介于-360~360度之间。如果输入的数值为正值，文字将按逆时针旋转；如果输入的数值为负值，文字将按顺时针旋转。如图8.44所示是将选择文字旋转90度的操作效果。

图8.44 旋转文字操作效果

⑩ 下划线和删除线

通过"字符"面板中的"下划线"按钮和"删除线" $\fbox{T}$ 按钮，可以为选择的字符添加下划线或删除线。操作方法非常的简单，只需要选择要添加下划线或删除线的文字，然后单击"下划线" $\fbox{T}$ 或"删除线" $\fbox{T}$ 按钮，即可为文字添加下划线或删除线。添加下划线和删除线的文字效果如图8.45所示。

图8.45 添加下划线和删除线的文字效果

8.3.2 格式化段落

前面主要是介绍格式化字符操作，但如果使用较多的文字进行排版、宣传品制作等操作时，格式化字符中的选项就显得有些无力了，这时就要应用Illustrator CC提供的"段落"面板了，"段落"面板中包括大量的功能，可以用来设置段落的对齐方式、缩进、段前和段后间距以及使用连字符功能等。

要应用"段落"面板中各选项，不管选择的是整个段落或只选取该段中的任一字符，又或在段落中放置插入点，修改的都是整个段落的效果。执行菜单栏中的"窗口"|"文字"|"段落"命令，可以打开如图8.46所示的"段落"面板。与"字符"面板一样，如果打开的"段落"面板与图中显示的不同，可以在"段落"面板菜单中选择"显示选项"命令，将"段落"面板其他的选项显示出来即可。

图8.46 "段落"面板

技巧

按"Ctrl Alt + T"组合键,可以快速打开或关闭"字符"面板。

① 设置段落对齐

"段落"面板中的对齐主要控制段落中的各行文字的对齐情况,主要包括左对齐 ■ 、居中对齐 ■ 、右对齐 ■ 、末行左对齐 ■ 、末行居中对齐 ■ 、末行右对齐 ■ 和全部两端对齐 ■ 7种对齐方式。在这7种对齐方式中,左、右和居中对齐比较容易理解,末行左、右和居中对齐是将段落文字除最后一行外,其他的文字两端对齐,最后一行按左、右或居中对齐。全部两端对齐是将所有文字两端对齐,如果最后一行的文字过少而不能达到对齐时,可以适当地将文字的间距拉大,以匹配两端对齐。7种对齐方法的不同显示效果如图8.47所示。

左对齐 ■   居中对齐 ■

右对齐 ■   末行左对齐 ■

末行居中对齐 ■   末行右对齐 ■   全部两端对齐 ■

图8.47 7种对齐方法的不同显示效果

② 设置段落缩进

缩进是指文本行两端与文本框之间的间距。可以从文本框的左边或右边缩进,也可以设置段落的首行缩进。可以利用"左缩进" ■ 和"右缩进" ■ 来制作段落的缩进。左、右缩进的效果如图8.48所示。

原始效果

左缩进值为15　　　右缩进值为15

图8.48 左、右缩进的效果

❸ 设置首行缩进

　　首行缩进就是为第一段的第一行文字设置缩进，缩进只影响选中的段落，因此可以给不同的段落设置不同的缩进效果。选择要设置首行缩进的段落，在"首行左缩进" ⁺≣ 文本框中输入缩进的数值即可完成首行缩进。首行缩进操作效果如图8.49所示。

图8.49 首行缩进操作效果

❹ 设置段落间距

　　段落间距用来设置段落与段落之间的间距。包括"段前间距" ≣ 和"段后间距" ₊≣，段前间距主要用来设置当前段落与上一段之间的间距；段后间距来设置当前段落与下一段

之间的间距。设置的方法很简单，只需要选择一个段落，然后在相应的文本框中输入数值即可。段前和段后间距设置的不同效果如图8.50所示。

选择文字　段前间距值为20pt　段后间距值为20pt

图8.50 段前和段后间距设置的不同效果

视频讲座8-3：制作金属字

案例分类：进阶技能类
视频位置：配套光盘\movie\视频讲座
8-3：制作金属字.avi

　　本实例首先输入文字，然后将其轮廓化，通过"偏移路径"命令制作出文字的轮廓，最后使用直线段工具和路径查找器面板进行分割，并为其填充渐变，得到最终效果。

　　通过本例的制作，学习文字轮廓化的应用和分割命令的使用，掌握金属字的制作技巧。

步骤01 新建一个页面。选择"文字工具" T，在页面中输入文字，设置字体为"汉仪中隶书简"，设置合适的大小，并将其填充为黑色，效果如图8.51所示。执行菜单栏中的"文字"|"创建轮廓"命令，将文字转化为图形。

技巧

选择文字后，按"Shift + Ctrl + O"组合键，可以快速将文字创建轮廓。

图8.51 输入文字

步骤02 执行菜单栏中的"对象"|"路径"|"偏移路径"命令，打开"位移路径"对话框，设置"位移"的值为2mm，"连接"为斜接，其他参数设置如图8.52所示。

图8.52 "偏移路径"对话框

步骤03 单击"确定"按钮，文字将在原文字图形基础上向外扩展2mm的边缘路径，效果如图8.53所示。

图8.53 偏移路径效果

步骤04 执行菜单栏中的"对象"｜"取消编组"命令，取消文字的编组，然后在按住"Shift"键的同时将偏移出的路径选择，如图8.54所示。

图8.54 选择效果

步骤05 打开"渐变"面板，设置渐变为从古铜色（C:0；M:100；Y:100；K:50）到橘黄色（C:0；M:50；Y:100；K:0）再到古铜色（C:0；M:100；Y:100；K:50）的线性渐变，如图8.55所示。

图8.55 编辑渐变

步骤06 将编辑的线性渐变填充选择的偏移文字上，填充后的效果如图8.56所示。

图8.56 填充文字

步骤07 执行菜单栏中的"对象"｜"隐藏"｜"所选对象"命令，或按"Ctrl＋3"组合键，将选择的偏移文字隐藏，隐藏后的效果如图8.57所示。

图8.57 隐藏后的效果

步骤08 为了区分，可以将所有的文字填充为橙色。选择"直线段工具" ，在文档中绘制多条直线，设置其颜色为黑色，粗细为1pt，效果如图8.58所示。

图8.58 绘制直线

步骤09 同时选取文档中所有对象，单击"路径查找器"面板中的"分割" 按钮，如图8.59所示。

图8.59 单击"分割"按钮

步骤10 将图形进行分割后的效果如图8.60所示。

图8.60 分割效果

步骤11 确认选择所有文字，然后将其填充为橘红色（C:0；M:50；Y:100；K:0）到黄色（C:0；M:0；Y:100；K:0）再到橘红色（C:0；M:50；Y:100；K:0）的线性渐变，填充效果如图8.61所示。

图8.62 删除后的效果

步骤13 执行菜单栏中的"对象"|"显示全部"命令，显示所有图形，得到最终效果，如图8.63所示。

图8.61 填充渐变效果

步骤12 执行菜单栏中的"对象"|"取消编组"菜单命令，取消编组，然后将文字中多余的部分选择并将其删除，删除后的效果如图8.62所示。

技巧 !

按"Alt + Ctrl + 3"组合键，可以快速将隐藏的文字显示出来。

图8.63 最终效果

第9章 图表的应用

〔内容摘要〕

　　图表工具的使用在Illustrator中是比较独立的一块。在统计和比较各种数据时，为了获得更为直观的视觉效果，通常采用图表来表达数据。Adobe Illustrator CC和以前的版本一样，非常周全地考虑了这一点，提供了丰富的图表类型和强大的图表功能，将图表与图形、文字对象结合起来。本章详细详解了9种不同类型图形的创建和编辑方法，并结合实例来讲解图表设计的应用，以制作出更加精美的图表效果。

　　通过本章的学习，读者不但可以根据数据来创建所需要的图表，而且可以自己设计图形的艺术效果，以制作出更为直观的报表、计划或海报中的图表效果。

〔教学目标〕

- 了解图表的种类
- 学习图表工具的使用
- 掌握图表的选取与修改技术
- 掌握图表数据的修改
- 掌握图形的设计应用

9.1　创建图表

　　在统计和比较各种数据时，为了获得更为直观的视觉效果，通常采用图表来表达数据。Illustrator CC提供了丰富的图表类型和强大的图表功能，将图表与图形、文字对象结合起来，使它成为制作报表、计划和海报等强有力的工具。

9.1.1　图表工具简介

　　Illustrator CC为用户提供了9种图表工具，创建图表的各种工具都在工具箱中，图表工具的弹出工具栏如图9.1所示。

图9.1　图表工具栏

图表工具的使用说明介绍如下:

- 柱形图工具:用来创建柱形图表。使用一些并列排列的矩形的长短来表示各种数据,矩形的长度与数据大小成正比,矩形越长相对应的值就越大。
- 堆积柱形图工具:用来创建堆积柱形图表。堆积柱形图按类别堆积起来,而不是像柱形图表那样并列排列,而且它们能够显示数量的信息,堆积柱形图表用来显示全部数据的总数,而普通柱形图表可用于每一类中单个数据的比较,所以堆积柱形图更容易看出整体与部分的关系。
- 条形图工具:用来创建条形图表。与柱形图表相似,但它使用水平放置的矩形,而不是垂直矩形来表示各种数据。
- 堆积条形图工具:用来创建堆积条形图表。与堆积柱形图表相似,只是排列的方式不同,堆积的方向是水平而不是垂直。
- 折线图工具:用来创建折线图表。折线图表用一系列相连的点来表示各种数据,多用来显示一种事物发展的趋势。
- 面积图工具:用来创建面积图表。与折线图表类似,但线条下面的区域会被填充,多用来强调总数量的变化情况。
- 散点图工具:用来创建散点图表。它能够创建一系列不相连的点来表示各种数据。
- 饼图工具:用来创建饼形图表。使用不同大小的扇形来表示各种数据,扇形的面积与数据的大小成正比。扇形面积越大,该对象所点的百分比就越大。
- 雷达图工具:用来创建雷达图表。使用圆来表示各种数据,方便比较某个时间点上的数据参数。

9.1.2 使用图表工具

使用图表工具可以轻松创建图表,创建的方法有两种:一种是直接在文档中拖动一个矩形区域来创建图表;另一种是直接在文档中单击鼠标来创建图表。下面来讲解这两种方法的具体操作。

① 拖动法创建图表

下面来详细讲解拖动法创建图表的操作过程:

步骤01 在工具箱中选择任意一种图表工具,比如选择"柱形图工具" ，在文档中合适的位置按下鼠标,然后在不释放鼠标的情况下拖动以设定所要创建的图表的外框的大小,拖动效果如图9.2所示。

图9.2 拖动效果

技巧

在使用图表工具拖动图表外框时,按住"Shift"键可以绘制正方形外框;按住"Alt"键可以以鼠标单击点为中心绘制矩形外框;按住"Shift + Alt"组合键,可以以鼠标单击点为中心绘制正方形外框。

步骤02 达到满意的效果时释放鼠标,将弹出如图9.3所示的"图表数据"对话框,在对话框中可以完成图表数据的设置。

图9.3 "图表数据"对话框

"图表数据"对话框中各选项的含义说明如下：

- "文本框"：输入数据和显示数据。在向文本框输入文字时，该文字将被放入电子表当前选定的单元格中。还可以通过选择现在文字的单元格，利用该"文本框"修改原有的文字。
- "当前单元格"：当前选定的单元格，选定的单元格周围将出现一个加粗的边框效果。当前单元格中的文字与"文本框"中的文字相对应。
- "导入数据"：单击该按钮，将打开"导入图表数据"对话框，可以从其他位置导入表格数据。
- "换位行/列"：用于转换横向和纵向的数据。
- "切换x/y"：用来切换x和y轴的位置，可以将x轴和y轴进行交换。只在散点图表时可以使用。
- "单元格样式"：单击该按钮，将打开如图9.4所示的"单元格样式"对话框，在"小数位数"右侧的文本框中输入数值，可以指定小数点位置；在"列宽度"右侧的文本框中输入数值，可以设置表格列宽度大小。

图9.4 "单元格样式"对话框

- "恢复"：单击该按钮，可以将表格恢复到默认状态，以重新设置表格内容。
- "应用"：单击该按钮，表示确定表格的数据设置，应用输入的数据生成图表。

步骤03 使用鼠标在要输入文字的单元格中单击，选定该单元格，然后在文本框中输入该单元格要填入的文字，然后在其他要填入文字的单元格中单击，同样在文本框中输入文字，完成表格数据的输入效果如图9.5所示。

图9.5 完成表格数据的输入效果

技巧

在选定单元格输入文字后，按Enter（回车键），可以将选定单元格切换到同一列中的下一个单元格；按Tab键，可以将选定单元格切换到同一行中的下一个单元格。使用鼠标单击的方法可以随意选定单元格。

步骤04 完成数据输入后，先单击图表数据对话框右上角的"应用" ✔ 按钮，然后单击"关闭" ⊠ 按钮，完成柱形图表的制作，完成的效果如图9.6所示。

图9.6 完成的柱形图表效果

② 单击鼠标创建图表

在工具箱中选择任意一种图表工具，然后在文档的适当位置单击鼠标，将弹出如图9.7所示的"图表"对话框，在该对话框中设置图表的宽度和高度值，以指定图表的外框大小，然后单击"确定"按钮，将弹出"图表数据"对话框，利用前面讲过的方法输入数值即可创建一个指定的图表。

图9.7 "图表"对话框

9.1.3 图表的选取与修改

图表可以像图形对象一样，使用选择工具选取后进行修改，比如修改图表文字的字体、图表颜色、图表坐标轴和刻度等，但为了使图表修改统一，对于图表的修改主要使用"编组选择工具" ，因为利用该工具可以选择相同类组进行修改，从而不改变图表的表达意义。

使用"编组选择工具" 选择图表中的相关组，操作方法很简单，这里以柱形图为例进行讲解。

要选择柱形图中某组柱形并修改，首先在工具箱中选择"编组选择工具" ，然后在图表中单击其中的一个柱形，选择该柱形；如果双击该柱形，可以选择图表中该组所有的柱形图；如果连续三次单击该柱形，可以选择图表中该组所有的柱形图和该组柱形图的图例。连续三次单击选择柱形图及图例后，可以通过"颜色"或"色板"面板，也可以使用其他的颜色编辑方法编辑颜色进行填充或描边，这里将选择的图表和图例填充为了渐变色。选择及修改效果如图9.8所示。

图9.8 选择及修改效果

9.2 编辑图表类型

Illustrator CC通过"类型"命令，可以对已经生成的各种类型的图表进行编辑，比如修改图表的数值轴、投影、图例、刻度值和刻度线等，还可以转换不同的图表类型。这里以柱形图表为例讲解编辑图表类型。

9.2.1 修改图表选项

要想修改图表选项，首先利用"选择工具"选择图表，然后执行菜单栏中的"对象"|"图表"|"类型"命令，或在图表上单击鼠标右键，从弹出的快捷菜单中选择"类型"命令，如图9.9所示。系统将打开如图9.10所示的"图表类型"对话框。

图9.9 选择"类型"命令

图9.10 "图表类型"对话框

"图表类型"对话框中各选项的含义说明如下：

- "图表类型"：在该下拉列表中，可以选择不同的修改类型，包括图表选择、数值轴和类别轴3种。

- "类型"：通过单击下方的图表按钮，可以转换不同的图表类型。9种图表类型的显示效果如图9.11所示。

柱形图表　　堆积柱形图表　　　条形图表

堆积条形图表　　　折线图表　　　面积图表

散点图表　　　　饼形图表　　　雷达图表

图9.11 9种图表类型的显示效果

- "数值轴"：控制数值轴的位置，有"位于左侧"、"位于右侧"或"位于两侧"3个选项供选择。选择"位于左侧"，数值轴将出现在图表的左侧；选择"位于右侧"，数值轴将出现在图表的右侧；选择"位于两侧"，数值轴将在图表的两侧出现。不同的选项效果如

图9.12所示。

位于左侧　　　位于右侧　　　位于两侧

图9.12 数值轴不同显示效果

该列表框用来指定图表中显示数值坐标轴的位置。一般来说，Illustrator 8可以将该图表的数值坐标轴放于左侧、右侧，或者将它们对称地放于图表的两侧。但是，对于条状图表来说，可以将数值坐标轴放于图表的顶部、底部或者将它们对称地放于图表的上、下侧。此外，对饼状图表来说该选项不能用；对雷达图表来说，该列表框只有"位于每侧"一个选项。

提示

"数值轴"主要用来控制数值轴的位置。对于条形图来说，"数值轴"的3个选项为"位于上侧"、"位于下侧"和"位于两侧"。而对于雷达图表则只有"位于每侧"一个选项。

- "样式"：该选项组中有4个复选框。勾选"添加投影"复选框，可以为图表添加投影，如图9.13所示。勾选"在顶部添加图例"复选框，可以将图例添加到图表的顶部而不是集中在图表的右侧，如图9.14所示。"第一行在前"和"第一列在前"主要设置柱形图表的柱形叠放层次，需要和"选项"选项组中的"列宽"或"簇宽度"配合使用，只有当"列宽"或"群集宽度"的值大于100%时，柱形图才能出现重叠现象，这时才可以利用"第一行在前"和"第一列在前"来调整柱形图的叠放层次。

图9.13 添加投影效果

图9.14 在顶部添加图例

- "选项": 该选项组包括"列宽"和"簇宽度"两个参数, "列宽"表示柱形图各柱形的宽度; "簇宽度"表示的是柱形图各簇的宽度。下面是将"列宽"和"簇宽度"都设置为120%时的显示效果, 分别如图9.15和图9.16所示。

图9.15 列宽为120/簇宽度为80

图9.16 簇宽度为120/列宽为90

柱形、堆积柱形、条形和堆积条形图表的参数设置非常相似, 这里不再详细讲解, 读者可以自己练习一下。但折线、散点和雷达图表的"选项"选项组是不同的, 如图9.17所示。这里再讲解一下这些不同的参数应用。

图9.17 不同的"选项"选项组

不同的"选项"选项组中各选项的含义说明如下:

- "标记数据点": 勾选该复选框, 可以在数值位置出现标记点, 以便更清楚地查看数值。勾选效果如图9.18所示。
- "线段边到边跨X轴": 勾选该复选框, 可以将线段的边缘延伸到X轴上, 否则将远离X轴。勾选效果如图9.19所示。

图9.18 勾选"标记数据点"

图9.19 勾选"线段边到边跨X轴"

- "连接数据点": 勾选该复选框, 会将数据点之间使用线连接起来, 否则不连接数据线。不勾选该复选框效果如图9.20所示。
- "绘制填充线": 只有勾选了"连接数据点"复选框, 此项才可以应用。勾选

完全掌握Illustrator CC 超级手册

该复选框后，连接线将变成填充效果，可以在"线宽"右侧的文本框中输入数值，以指定线宽。将"线宽"设置为3pt的效果如图9.21所示。

图9.20 不勾选"连接数据点"

图9.21 "线宽"设置为3pt的效果

9.2.2 修改数值轴

在"图表类型"下拉列表中，选择"数值轴"选项，显示出如图9.22所示的"数值轴"选项组。

图9.22 "数值轴"选项组

"数值轴"选项组主要包括"刻度值"、"刻度线"和"添加标签"3个参数区，主要设置图表的刻度及数值，下面来详细讲解各参数的应用。

① 刻度值

刻度值是用来定义数据坐标轴的刻度数值。在默认情况下，"忽略计算出的值"复选框并不被勾选，其他的3个选项处于不可用状态。勾选"忽略计算出的值"复选框的同时激活其下的3个选项。如图9.23所示为"最小值"为1000，"最大值"为10000，"刻度"值为10的图表显示效果。

- "最小值"：指定图表最小刻度值，也就是原点的数值。
- "最大值"：指定图表最大刻度值。
- "刻度"：指定在最大值与最小值之间分成几部分。这里要特别注意，如果输入的数值不能被最大值减去最小值得到的数值整除，将出现小数。

图9.23 图表显示效果

② 刻度线

在"刻度线"参数区中，"长度"下拉列表选项控制刻度线的显示效果，包括"无"、"短"和"全宽"3个选项。"无"表示在数值轴上没有刻度线；"短"表示在数值轴上显示短刻度线；"全宽"表示在数值轴上显示贯穿整个图表的刻度线。还可以在"绘制"右侧的文本框中输入一个数值，可以将数值主刻度分成若干的刻度线。不同刻度线设置效果如图9.24所示。

长度为无　　长度为短，绘　长度为全宽，绘
　　　　　　制为2　　　　　制为3

图9.24 不同刻度线设置效果

③ **添加标签**

通过在"前缀"和"后缀"文本框中输入文字，可以为数值轴上的数据加上前缀或后缀。添加前缀和后缀效果分别如图9.25和图9.26所示。

图9.25 添加前缀　　　　图9.26 添加后缀

9.3　编辑图表数据

要编辑已经生成的图表中的数据，可以首先使用"选择工具"选择该图表，然后执行菜单栏中的"对象"|"图表"|"数据"命令，或在图表上单击鼠标右键，在弹出的菜单中选择"数据"命令，打开"图表数据"对话框，对数据进行重新的编辑修改。打开"图表数据"对话框操作效果如图9.27所示。

图9.27 打开"图表数据"对话框操作效果

要输入新的数据，可以选取一个空白单元，再向"文本框"中输入新的数据，按Enter（回车）键确定向单元格中输入数据并且下移一个单元。

如果要移动某个单元格中的数据，可以单击选取该单元格，然后按"Ctrl + X"组合键，将内容剪切，然后在需要的单元格中单击并按"Ctrl + V"组合键，将内容粘贴过来。

如果要修改某个单元格中的数据，可以单击选取该单元格，然后在"文本框"中进行修改即可。

要从一个单元格中删除数据，可以单击选取该单元格，然后在"文本框"中删除文本框中的数据。

要删除多个单元格中的数据，可以首先用拖动的方法选取这些单元格，再执行菜单栏中的"编辑"|"清除"命令即可。

如果表格数据修改完成，单击"应用"✔按钮，将数据修改应用到图表中。

9.4　图表设计应用

图表不但可以显示为单一的柱形或条形图，还可以组合成不同的显示。而且图表还可以通过设计制作，显示其他的形状或图形效果。

视频讲座9-1：使用不同图表组合

案例分类：软件功能类
视频位置：配套光盘\movie\视频讲座9-1：使用不同图表组合.avi

可以在一个图表中组合使用不同类型的图表以达到特殊效果。比如可以将柱形图表中的某组数据显示为折线图，制作出柱形与折线图表组合的效果。下面就将柱形图表中的预计支出数据组制作成折线图表，具体操作如下。

步骤01 选择"编组选择工具" ，在预计支出数据组中的任意一个柱形图上双击鼠标，将该组全部选中。选中效果如图9.28所示。

图9.28 选择效果

步骤02 执行菜单栏中的"对象"|"图表"|"类型"命令，打开"图表类型"对话框，在"类型"选项组中，单击"折线图" 按钮，如图9.29所示。

图9.29 单击"折线图" 按钮

步骤03 设置好参数后，单击"确定"按钮，完成图表的转换，转换后的不同图表组合效果，如图9.30所示。

图9.30 不同图表组合效果

提示

要创建图表组合，必须选择一组数据中的所有对象，否则应用"类型"命令进行转换时，将不会发生任何变化。

视频讲座9-2：设计图表图案

案例分类：软件功能类
视频位置：配套光盘\movie\视频讲座
9-2：设计图表图案.avi

Illustrator CC不仅可以使用图表的默认柱形、条形或线形显示，还可以任意的设计图形，比如将柱形改变成蝴蝶显示，这样可以使设计的图表更加形象、直观、艺术，使图表看起来不会那么单调。下面以"符号"面板中的蝴蝶为例，讲解设计图表图案的具体操作方法。

步骤01 执行菜单栏中的"窗口"|"符号库"|"自然"命令，打开"自然"面板，在该面板中选择第1行第5个蝴蝶符号，将其拖动到文档中。如图9.31所示。

图9.31 拖动符号到文档中

步骤02 确认选择文档中的蝴蝶图案，然后执行菜单栏中的"对象"|"图表"|"设计"命令，打开如图9.32所示的"图表设计"对话框，然后单击"新建设计"按钮，可以看到蝴蝶符号被添加到设计框中。

图9.32 "图表设计"对话框

"图表设计"对话框中各选项的含义说明如下：

- "重命名"：用来为设计重命名。选择某个设计后，单击该按钮将打开"重命名"对话框，在"名称"文本框中输入新的名称，单击"确定"按钮即可。
- "新建设计"：单击该按钮，可以将选择的图形添加到"图表设计"对话框中，如果当前文档中没有选择图形，该按钮将不可用。
- "删除设计"：选择某个设计然后单击该按钮，可以将设计删除。
- "粘贴设计"：单击该按钮，可以将选择的设计粘贴到当前文档中。
- "选择未使用的设计"：单击该按钮，可以选择所有未使用的设计图案。

提示

在设计图案时，系统将根据图形的选择的矩形定界框大小制作图案，如果想使用某图案的局部，可以像前面讲解过的制作图案的方法操作，在局部位置绘制一个没有填充和描边颜色的矩形框，然后将该矩形框利用排列命令，将其调整到图形的下方，再使用"设计"命令即可创建局部图案。

视频讲座9-3：将设计应用于柱形图

案例分类：软件功能类
视频位置：配套光盘\movie\视频讲座
9-3：将设计应用于柱形图.avi

设计了图案以后，下面将设计图案应用在柱形图表中，具体的操作方法如下。

步骤01 利用"编组选择工具" 在应用设计的柱形图中连续单击三次单击鼠标，选择柱形图中的该组柱形及图例，如图9.33所示。

图9.33 选择柱形

步骤02 执行菜单栏中的"对象"|"图表"|"柱形图"命令，打开如图9.34所示的"图表列"对话框，在"选取列设计"中选择要应用的设计，并利用其他参数设计需要的效果。设置完成后，单击"确定"按钮，即可将设计应用于柱形图中。

图9.34 "图表列"对话框

"图表列"对话框中各选项的含义说明如下：

- "选择列设计"：在下方的列表框中，可以选择要应用的设计。
- "设计预览"：当在"选择列设计"列表框中选择某个设计时，可以在这里预览设计图案的效果。
- "列类型"：设置图案的排列方式。包括"垂直缩放"、"一致缩放"、"重复堆叠"和"局部缩放"4个选项。"垂直缩放"表示设计图案沿垂直方向拉伸或压缩，而宽度不会发生变化；"一致缩放"表示设计图案沿水平和垂直方向同时等比缩放，而且设计图案之间的水平距离不会随不同的宽度而调整；"重复堆叠"表示将设置图案重复堆积起来充当列，通过"每个设计表示"和"对于分数"的设置可以制作出不同的设计图案堆叠效果。其中"垂直缩放"、"一致缩放"和"局部缩放"的效果如图9.35、图9.36和图9.37所示。

图9.35 垂直缩放效果

图9.36 一致缩放效果

图9.37 局部缩放效果

- "旋转图例设计"：勾选该复选框，可以将图表的图例旋转-90度。
- "每个设计表示"：在文本框中输入数值，可以指定设计表示的单位。只有在"列类型"下拉列表中选择"重复堆叠"选项时，该项才可以应用。
- "对于分数"：指定堆叠图案设计出现的超出或不足部分的处理方法。在下拉列表中，可以选择"截断设计"和"缩放设计"。"截断设计"表示如果图案设计超出数值范围，将多余的部分截断；"缩放设计"表示如果图案设计有超出或不足部分，可以将图案放大或缩小以匹配数值。只有在"列类型"下拉列表中选择"重复堆叠"选项时，该项才可以应用。

因为"重复堆叠"的设计比较复杂些，所以这里详细讲解"重复堆叠"选项的应用。选择"重复堆叠"选项后，设置每个设计表示1000单位，将"对于分数"分别设置为"截断设计"和"缩放设计"的效果时，图表显示分

别如图9.38和图9.39所示。

图9.38 截断设计

图9.39 缩放设计

视频讲座9-4：将设计应用于标记

案例分类：软件功能类
视频位置：配套光盘\movie\视频讲座9-4：将设计应用于标记.avi

将设计应用于标记不能应用在柱形图中，只能应用在带有标记点的图表中，如折线图表、散点图表和雷达图表中，下面以折线图表为例讲解设计应用于标记的方法。

步骤01 利用"编组选择工具" 在折线图表的标记点上连续三次单击鼠标，选择折线图中的该组折线图标记和图例，如图9.40所示。

图9.40 选择折线图中的该组折线图标记和图例

步骤02 执行菜单栏中的"对象"|"图表"|"标记"命令，打开如图9.41所示的"图表标记"对话框，在"选取标记设计"列表框中，选择一个设计，在右侧的标记设计预览框

中，可以看到当前设计的预览效果。

图9.41 "图表标记"对话框

步骤03 选择标记设计后，单击"确定"按钮，即可将设计应用于标记，应用后的效果如图9.42所示。

图9.42 应用图表标记设计后的效果

第10章 效果应用

〔内容摘要〕

本章介绍了滤镜和效果的使用方法，以及各种滤镜产生的效果，比如3D效果、扭曲和变换效果、风格化效果等各种各样的效果，而且每组又含若干个效果命令，每个效果的功能各不相同，只有对每个效果的功能都比较熟悉，才能恰到好处地运用这些效果。

通过本章的学习，读者可以使用滤镜与效果中的相关命令来处理与编辑位图图像与矢量图形，同时为位图图像和矢量图形添加一些特殊效果。

〔教学目标〕

- 了解滤镜与效果
- 掌握各种效果与滤镜的使用
- 掌握特效处理位图图像的方法
- 掌握特效处理矢量图形的方法

10.1 关于效果菜单

效果为用户提供了许多特殊功能，使得使用Illustrator处理图形更加丰富。在"效果"菜单中大体可以根据分隔条将其分为3部分。第1部分由两个命令组成，前一个命令是重复使用上一个效果命令；后一个命令是打开上次应用的"效果"对话框进行修改。第2部分主要是针对矢量图形的Illustrator效果；第3部分主要是类似Photoshop效果，主要应用在位图中，也可以应用在矢量图形中。效果菜单如图10.1所示。

这里要特别注意"效果"菜单中的大部分命令不但可以应用于位图，还可以应用于矢量图形。最大的一点是，"效果"菜单中的命令，应用后会在"外观"面板中出现，方便再次打开相关的命令对话框进行修改。

图10.1 效果菜单

3D效果是Illustrator软件新推出的立体效果，包括"凸出和斜角"、"绕转"和"旋转"3种特效，利用这些命令可以将2D平面对象制作成三维立体效果。

10.2.1 凸出和斜角

"凸出和斜角"效果主要是通过增加二维图形的Z轴纵深来创建三维效果，也就是将二维平面图形以增加厚度的方式制作出三维图形效果。

要应用"凸出和斜角"效果，首先要选择一个二维图形，如图10.2所示，然后执行菜单栏中的"效果"|"3D"|"凸出和斜角"命令，打开如图10.3所示的"3D 凸出和斜角选项"对话框，对凸出和斜角进行详细的设置。

图10.2 原始二维图形

图10.3 "3D 凸出和斜角选项"对话框

① "位置"选项组

"位置"选项组主要用来控制三维图形的不同视图位置，可以使用默认的预设位置，也可以手动修改不同的视图位置。"位置"参数区如图10.4所示。

图10.4 "位置"选项组

"位置"参数区中各选项的含义说明如下：

● "位置预设"：从该下拉列表中，可以选择一些预设的位置，共包括16种，16种默认位置显示效果如图10.5所示。如果不想使用默认的位置，可以选择"自定旋转"选项，然后修改其他的参数来自定旋转。

前方　　　后方　　　左方　　　右方

上方　　　下方　　　离轴-前方　离轴-后方

离轴-左方　离轴-右方　离轴-上方　离轴-下方

等角-左方　等角-右方　　等角-上方　等角-下方

图10.5　16种默认位置显示效果

- "拖动控制区"：将光标放置在拖动控制区的方块上，光标将会有不同的变化，根据光标的变化拖动，可以控制三维图形的不同视图效果，制作出16种默认位置显示以外的其他视图效果。当拖动图形时，X轴、Y轴和Z轴区域将会发生相应的变化。
- "指定绕X轴旋转"：在右侧的文本框中，指定三维图形沿X轴旋转的角度。
- "指定绕Y轴旋转"：在右侧的文本框中，指定三维图形沿Y轴旋转的角度。
- "指定绕Z轴旋转"：在右侧的文本框中，指定三维图形沿Z轴旋转的角度。
- "透视"：指定视图的方位，可以从右侧的下拉列表中选择一个视图角度；也可以直接输入一个角度值。

② "凸出与斜角"选项组

　　"凸出与斜角"选项组主要用来设置三维图形的凸出厚度、端点、斜角和高度等设置，制作出不同厚度的三维图形或带有不同斜角效果的三维图形效果。"凸出与斜角"参数区如图10.6所示。

图10.6　"凸出与斜角"选项组

　　"凸出与斜角"选项组中各选项的含义说明如下：

- "凸出厚度"：控制三维图形的厚度，取值范围为0~2000pt。厚度值分别为10pt、30pt和50pt的效果，如图10.7所示。

凸出厚度为10pt　凸出厚度为30pt　凸出厚度为50pt

图10.7　不同凸出厚度效果

- "端点"：控制三维图形为实心还是空心效果。单击"开启端点以建立实心外观" 按钮，可以制作实心图形，如图10.8所示；单击"关闭端点以建立空心效果" 按钮，可以制作空心图形，如图10.9所示。

图10.8　实心图形效果　　图10.9　空心图形效果

- "斜角"：可以为三维图形添加斜角效果。在右侧的下拉列表中，预设提供了11种斜角，不同的显示效果如图10.10所示。同时，可以通过"高度"的数值来控制斜角的高度，还可以通过"斜角外扩"按钮，将斜角添加到原始对象；或通过"斜角内缩"按钮，从原始对象减去斜角。

　　　无　　　　　经典　　　　复杂1

　　复杂2　　　　复杂3　　　　复杂4

拱形　　　锯齿形　　　旋转形

圆形　　　长圆形

图10.10　11种预设斜角效果

③ "表面"选项组

在"3D 凸出和斜角选项"对话框中单击"更多选项"按钮，可以将展开"表面"选项组，如图10.11所示。在"表面"参数，不但可以应用预设的表面效果，还可以根据自己的需要重新调整三维图形显示效果，如光源强度、环境光、高光强度和底纹颜色等。

图10.11　"表面"选项组

"表面"选项组中各选项的含义说明如下：

- "表面"：在右侧的下拉列表中，提供了4种表面预设效果，包括"线框"、"无底纹"、"扩散底纹"和"塑料效果底纹"。"线框"表示将图形以线框的形式显示；"无底纹"表示三维图形没有明暗变化，整体图形颜色灰度一致，看上去图是平面效果；"扩散底纹"表示三维图形有柔和的明暗变化，但并不强烈，可以看出三维图形效果；"塑料效果底纹"表示为三维图形增加强烈的光线明暗变化，让三维图形显示一种类似塑料的效果。4种不同的表面预设效果如图10.12所示。

线框　　无底纹　　扩散底纹　塑料效果底纹

图10.12　4种不同的表面预设效果

- "光源控制区"：该区域主要用来手动控制光源的位置，添加或删除光源等操作，如图10.13所示。使用鼠标拖动光源，可以修改光源的位置。单击 按钮，可以将所选光源移动到对象后面；单击"新建光源" 按钮，可以创建一个新的光源；选择一个光源后，单击"删除光源" 按钮，可以将选取的光源删除。

光源

图10.13　光源控制区

- "光源强度"：控制光源的亮度。值越大，光源的亮度也就越大。
- "环境光"：控制周围环境光线的亮度。值越大，周围的光线越这。
- "高光强度"：控制对象高光位置的亮度。值越大，高光越亮。
- "高光大小"：控制对象高光点的大小。值越大，高光点就越大。
- "混合步骤"：控制对象表面颜色的混合步数。值越大，表面颜色越平滑。
- "底纹颜色"：控制对象背阴的颜色，一般常用黑色。
- "保留专色"和"绘制隐藏表面"：勾选这两个复选框，可以保留专色和绘制隐藏的表面。

④ 贴图

贴图就是为三维图形的面贴上一个图片，以制作出更加理想的三维图形效果，这里的贴图使用的是符号，所以要使用贴图命令，首先要根据三维图形的面设计好不同的贴图符号，以便使用。关于符号的制作在前面已经详细讲解过，这里将不再赘述。

完全掌握 Illustrator CC 超级手册

要对三维图形进行贴图，首先选择该三维图形，然后打开"3D 凸出和斜角选项"对话框，在该对话框中单击"贴图"按钮，将打开如图10.14所示的"贴图"对话框，利用该对话框对三维图形进行贴图设置。

图10.14 "贴图"对话框

"贴图"对话框中各选项的含义说明如下：

- "符号"：从右侧的下拉菜单中，可以选择一个符号，作为三维图形当前选择面的贴图。该区域的选项与"符号"面板中的符号相对应，所以，如果要使用贴图，首先要确定"符号"面板中含有该符号。

- "表面"：指定当前选择面以进行贴图。在该项的右侧文本框中，显示当前选择的面和三维对象的总面数。比如显示1/4，表示当前三维对象的总面为4个面，当前选择的面为第1个面。如果想选择其他的面，可以单击"第一个表面" ，"上一个表面" 、"下一个表面" 和"最后一个表面" 按钮来切换，在切换时，如果勾选了"预览"复选框，可以在当前文档中的三维图形中，看到选择的面，该选择面将以红色的边框突出显示。

- "贴图预览区"：用来预览贴图和选择面的效果，可以像变换图形一样，在该区域对贴图进行缩放和旋转等操作，以制作出更加适合选择面的贴图效果。

- "缩放以适合"：单击该按钮，可以强制贴图大小与当前选择面的大小相同。也可以直接按"F"键。

- "清除"和"全部清除"：单击"清除"按钮，可以将当前面的贴图效果删除，也可以按"C"键；如果想删除所

有面的贴图效果，可以单击"全部清除"按钮，或直接按"A"键。

- "贴图具有明暗调（较慢）"：勾选该复选框，贴图会根据当前三维图形的明暗效果自动融合，制作出更加真实的贴图效果。不过应用该项会强加文件的大小。也可以按"H"键应用或取消贴图具有明暗调整的使用。

- "三维模型不可见"：勾选该复选框，在文档中的三维模型将隐藏，只显示选择面的红色边框效果，这样可以加快计算机的显示速度。但会影响查看整个图形的效果。

视频讲座10-1：贴图的使用方法

案例分类：软件功能类
视频位置：配套光盘\movie\视频讲座
10-1：贴图的使用方法.avi

前面讲解了"贴图"对话框中的相关参数的应用，下面将通过具体的实例来讲解为三维图形贴图的方法。

步骤01 打开素材。执行菜单栏中的"文件"|"打开"命令，或按"Ctrl + O"组合键，打开"打开"对话框，选择配套光盘中的"调用素材\ 第10章 \贴图.ai"文件。这是CD包装盒的封面设计的一部分，正面和侧面如图10.15所示。

图10.15 打开的素材

步骤02 执行菜单栏中的"窗口"|"符号"命令，可按"Shift + Ctrl + F11"组合键，打开"符号"面板，然后分别选择打开素材的正面和侧面，将其创建为符号，并命名为"正面"和"侧面"。符号创建后的效果如图10.16所示。

图10.16 创建的符号效果

步骤03 因为CD包装盒的外形为正方体，所以首先利用"矩形工具" ■，在文档中拖动绘制一个与正面大小差不多的矩形，并将其填充为灰色（C:0，M:0，Y:0，K:30）。

步骤04 选择新绘制的矩形，然后执行菜单栏中的"效果"|"3D"|"凸出与斜角"命令，打开如图所示的"3D 凸出和斜角选项"对话框，参数设置及图形效果如图10.17所示。

图10.17 参数设置及图形效果

步骤05 在"3D 凸出和斜角选项"对话框中单击"贴图"按钮，打开"贴图"对话框，勾选"预览"复选框，在文档中查看图形当前选择的面是否为需要贴图的面，如果确定为贴图的面，从"符号"下拉菜单中，选择刚才创建的"正面"符号贴图，如图10.18所示。

图10.18 选择"正面"符号贴图

技巧

如果符号的大小与文档中图形面的大小不适合，可以单击"缩放以适合"按钮，将贴图与图形面匹配，也可以使用手动的方法来修改贴图的大小。

步骤06 通过"表面"右侧的按钮，将三维图形的选择面切换到需要贴图的面上，然后在"符号"下拉列表中，选择"侧面"符号贴图，在"贴图预览区"可以看到贴图与表面的方向不对应，可以将贴图选中并旋转一定的角度，以匹配贴图面，然后进行适当的缩放，如图10.19所示。

图10.19 侧面贴图效果

步骤07 完成贴图后，单击"确定"按钮，返回到"3D 凸出和斜角选项"对话框，再次单击"确定"按钮，完成三维图形的贴图，完成后的效果如图10.20所示。

图10.20 完成贴图效果

10.2.2 绕转

"绕转"效果可以根据选择图形的轮廓，沿指定的轴向进行旋转，从而产生三维图形，绕转的对象可以是开放的路径，也可以是封闭的图形，要应用"绕转"效果，首先选择一个二维图形。然后执行菜单栏中的"效果"|"绕

转"命令，打开如图10.21所示的"3D绕转选项"对话框，在该对话框中可以对绕转的三维图形进行设置。

二维图形

图10.21 "3D 绕转选项"对话框

"3D 绕转选项"对话框中"位置"和"表面"等选项在前面讲解"3D 凸出和斜角选项"对话框中已经详细讲解过了，这里只讲解前面没有讲到的部分，部分选项的含义说明如下：

● "角度"：设置绕转对象的旋转角度。取值范围为0~360度。可以通过拖动右侧的指针来修改角度，也可以直接在文本框中输入需要的绕转角度值。当输入360度时，完成三维图形的绕转；输入的值小于360度时，将不同程度地显示出未完成的三维效果。如图10.22所示为分别输入角度值为90度、180度、270度的不同显示效果。

角度值为90　　　角度值为180　　　角度值为270

图10.22 不同角度值的图形效果

● "端点"：控制三维图形为实心还是空心效果。单击"开启端点以建立实心外观" 🔘 按钮，可以制作实心图形，如图10.23所示；单击"关闭端点以建立空心效果" 🔘 按钮，可以制作空心图形，如图10.24所示。

图10.23 实心图形　　　图10.24 空心图形

● "位移"：设置离绕转轴的距离，值越大，离绕转轴就越远。如图10.25所示偏移值分别为0、30和50的效果显示。

偏移值为0　　　偏移值为30　　　偏移值为50

图10.25 不同偏移值效果

● "自"：设置绕转轴的位置。可以选择"左边"或"右边"，分别以二维图形的左边或右边为轴向进行绕转。

提示　　　　　　　　　　　　　　**?**

3D效果中还有一个"旋转"命令，它可以将一个二维图形模拟在三维空间中变换，以制作出三维空间效果，它的参数与前面讲解的"3D 凸出和斜角选项"对话框中参数相同，读者可以自己选择二维图形，然后使用该命令感受一下，这里不再赘述。

10.3 扭曲和变换效果

"扭曲和变换"效果是最常用的变形工具，主要用来修改图形对象的外观。包括"变换"、"扭拧"、"扭转"、"收缩和膨胀"、"波纹效果"、"粗糙化"和"自由扭曲"7种效果。

10.3.1 变换

"变换"命令是一个综合性的变换命令，它可以同时对图形对象进行缩放、移动、旋转和对称等多项操作。选择要变换的图形后，执行菜单栏中的"效果"|"扭曲和变换"|"变换"命令，

打开如图10.26所示的"变换效果"对话框，利用该对话框对图形进行变换操作。

图10.26 "变换效果"对话框

"变换效果"对话框中各选项的含义说明如下：

- "缩放"：控制图形对象的水平和垂直缩放大小。可以通过"水平"或"垂直"参数来修改图形的水平或垂直缩放程度。
- "移动"：控制图形对象在水平或垂直方向移动的距离。
- "旋转"：控制图形对象旋转的角度。
- "选项"：控制图形的方向复制和变换。其中勾选"对称X"复选框，图形将沿X轴镜像；勾选"对称Y"复选框，图形将沿Y轴镜像；勾选"随机"复选框，图形对象将产生随机的变换效果；勾选"缩放描边和效果"和"变换对象"复选框，图形的描边和对象将根据其他的变形设置而改变；勾选"缩放描边和效果"和"变换图案"复选框，图形的描边和图案将根据其他的变形设置而改变。"参考点" 为设置图形对象变换的参考点。只要用鼠标单击9个点中的任意一点就可以选定参考点，选定的参考点由白色方块变成为黑色方块，这9个参考点代表图形对象8个边框控制点和1个中心控制点。"副本"为控制变形对象的复制份数。在左侧的文

本框中，可以输入要复制的份数。比如输入2，就表示复制2个图形对象。

10.3.2 扭拧

"扭拧"效果以锚点为基础，将锚点从原图形对象上随机移动，并对图形对象进行随机的扭曲变换，因为这个效果应用于图形时带有随机性，所以每次应用所得到的扭拧效果会有一定的差别。选择要应用"扭拧"效果的图形对象，然后执行菜单栏中的"效果"|"扭曲和变换"|"扭拧"命令，打开如图10.27所示的"扭拧"对话框。

图10.27 "扭拧"对话框

"扭拧"对话框中各选项的含义说明如下：

- "数量"：利用"水平"和"垂直"两个滑块，可以控制沿水平和垂直方向的扭曲量大小。选中"相对"单选按钮，表示扭曲量以百分比为单位，相对扭曲；选中"绝对"单选按钮，表示扭曲量以绝对数值mm（毫米）为单位，对图形进行绝对扭曲。
- "锚点"：控制锚点的移动。勾选该复选框，扭拧图形时将移动图形对象路径上的锚点位置；取消勾选该复选框扭拧图形时将不移动图形对象路径上的锚点位置。
- "'导入'控制点"：勾选该复选框，

移动路径上的进入锚点的控制点。

- "'导出'控制点"：勾选该复选框，移动路径上的离开锚点的控制点。

应用"扭拧"命令产生变换的前后效果如图10.28所示。

图10.28 应用"扭拧"命令产生变换的前后效果

10.3.3 扭转

"扭转"命令沿选择图形的中心位置将图形进行扭转变形。选择要扭转的图形后，执行菜单栏中的"效果"|"扭曲和变换"|"扭转"命令，将打开"扭转"对话框，在"角度"文本框中输入一个扭转的角度值，然后单击"确定"按钮，即可将选择的图形扭转。值越大，表示扭转的程度越大。如果输入的角度值为正值，图形沿顺时针扭转；如果输入的角度值为负值，图形沿逆时针扭转。取值范围为-3600~3600度。图形扭转的操作效果如图10.29所示。

图10.29 图形扭转的操作效果

10.3.4 收缩和膨胀

"收缩和膨胀"命令可以使选择的图形以它的锚点为基础，向内或向外发生扭曲变形。选择要收缩和膨胀的图形对象，然后执行菜单栏中的"效果"|"扭曲和变换"|"收缩和膨胀"命令，打开如图10.30所示的"收缩和膨胀"对话框，对图形进行详细的扭曲设置。

图10.30 "收缩和膨胀"对话框

"收缩和膨胀"对话框中的选项的含义说明如下：

- "收缩"：控制图形向内收缩量。当输入的值小于0时，图形表现出收缩效果，输入的值越小，图形的收缩效果越明显。如图10.31所示为原图和收缩值分别为-10、-30的图形收缩效果。

原图　　　收缩值为-10　　收缩值为-30

图10.31 不同收缩效果

- "膨胀"：控制图形向外收缩量。当输入的值大于0时，图形表现出膨胀效果。输入的值越大，图形的膨胀效果越明显。如图10.32所示为原图和膨胀值分别为40、90的图形膨胀效果。

原图　　　膨胀值为40　　膨胀值为90

图10.32 不同膨胀效果

10.3.5 波纹效果

"波纹效果"是在图形对象的路径上均匀添加若干锚点，然后按照一定的规律移动锚点的位置，形成规则的锯齿波纹效果。首先选择要应用"波纹效果"的图形对象，然后执行菜单栏中的"效果"|"扭曲和变换"|"波纹效果"命令，打开如图10.33所示的"波纹效果"对话框，对图形进行详细的扭曲设置。

图10.33 "波纹效果"对话框

"波纹效果"对话框中各选项的含义说明如下：

- "大小"：控制各锚点偏离原路径的扭曲程度。通过拖动"大小"滑块来改变扭曲的数值，值越大，扭曲的程度也就越大。当值为0时，不对图形实施扭曲变形。
- "每段的隆起数"：控制在原图形的路径上，均匀添加锚点的个数。通过拖动下方的滑块来修改数值，也可以在右侧的文本框中直接输入数值。取值范围为0~100。
- "点"：控制锚点在路径周围的扭曲形式。选中"平滑"单选按钮，将产生平滑有边角；选中"尖锐"单选按钮，将产生锐利的边角效果。如图10.34所示为原图和使用"平滑"与"尖锐"设置的效果。

原图　　　　平滑　　　　尖锐

图10.34 图形的波纹效果

10.3.6 粗糙化

"粗糙化"是效果在图形对象的路径上添加若干锚点，然后随机的将这些锚点移动一定的位置，以制作出随机粗糙的锯齿状效果。要应用"粗糙化"效果，首先选择要应用该效果的图形对象，然后执行菜单栏中的"效果"|"扭曲和变换"|"粗糙化"命令，打开所示的"粗糙化"对话框。在该对话框中设置合适的参数，然后单击"确定"按钮，即可对选择的图形应用粗糙化。粗糙化图形操作效果如图10.35所示。

图10.35 粗糙化图形操作效果

提示　　　　　　　　　　　　　　**?**

"粗糙化"对话框中的参数与"波纹效果"对话框中的参数用法相同，这里不再赘述，详情请参考"波纹效果"对话框中的参数详解。

10.3.7 自由扭曲

"自由扭曲"工具与工具箱中的"自由变形工具" 用法很相似，可以对图形进行自由扭曲变形。选择要自由扭曲的图形对象，然后执行菜单栏中的"效果"|"扭曲和变换"|"自由扭曲"命令，打开"自由扭曲"对话框。在该对话框中，可以使用鼠标拖动控制框上的4个控制柄来调节图形的扭曲效果。如果对调整的效果不满意，想恢复默认效果，可以单击"重置"按钮，将其恢复到初始效果。扭曲完成后单击"确定"按钮，即可提交扭曲变形效果。自由扭曲图形的操作效果如图10.36所示。

图10.36 自由扭曲图形的操作效果

视频讲座10-2：冰雪字效果

 案例分类：进阶技能类
视频位置：配套光盘\movie\视频讲座
10-2：冰雪字效果.avi

本实例首先使用"置入"命令置入文件，然后使用"文字工具"输入文字，并将文字使用"创建轮廓"命令转换为图形，使用旗形命令将文字变形，最后使用"粗糙化"效果将文

完全掌握Illustrator CC超级手册

字制作成冰雪效果。通过本例的制作，学习变形和粗糙化命令的使用方法和技巧。

步骤01 执行菜单栏中的"文件"|"置入"命令，打开"置入"对话框，选择配套光盘中的"调用素材\第10章\背景.jpg"文件，单击"置入"按钮，将图像置入到当前文档中，并单击"控制栏"中的"嵌入"按钮，将图像嵌入到中，效果如图10.37所示。

图10.37 置入图片

步骤02 选择"文字工具" **T**，在文档中输入文字，设置字体为"汉仪综艺体简"，设置合适的大小，并将其填充为白色，效果如图10.38所示。

图10.38 填充白色

步骤03 执行菜单栏中的"文字"|"创建轮廓"命令，将文字转化为图形，效果如图10.39所示。

图10.39 创建轮廓的效果

步骤04 执行菜单栏中的"效果"|"变形"|"旗形"命令，打开"变形选项"对话框，设置"弯曲"的值为35%，其他选项如图10.40所示。

图10.40 "变形选项"对话框

步骤05 设置好参数后，单击"确定"按钮，即可将图形扭曲，将图形扭曲后的效果如图10.41所示。

图10.41 扭曲效果

步骤06 执行菜单栏中的"效果"|"扭曲和变换"|"粗糙化"命令，打开"粗糙化"对话框，设置"大小"的值为3%，"细节"的值为40/英寸，并选中"平滑"单选按钮，其他参数设置如图10.42所示。

图10.42 "粗糙化"对话框

步骤07 设置完成后，单击"确定"按钮，为图形添加粗糙化效果，完成冰雪字的制作，完成的效果如图10.43所示。

图10.43 最终效果

10.4 风格化效果

"风格化"效果主要对图形对象添加特殊的图形效果。比如内发光、圆角、外发光、投影和添加箭头等效果。这些特效的应用可以为图形增添更加生动的艺术氛围。

10.4.1 内发光

"内发光"命令可以在选定图形的内部添加光晕效果，与"外发光"效果正好相反。选择要添加内发光的图形对象，然后执行菜单栏中的"效果"|"风格化"|"内发光"命令，打开如图10.44所示的"内发光"对话框，对内发光进行详细的设置。

图10.44 "内发光"对话框

"内发光"对话框中各选项的含义说明如下：

- "模式"：从右侧的下拉菜单中，设置内发光颜色的混合模式。
- "颜色块"：控制内发光的颜色。单击颜色块区域，可以打开"拾色器"对话框，用来设置发光的颜色。
- "不透明度"：控制内发光颜色的不透明度。可以从右侧的下拉菜单中选择一个不透明度值，也可以直接在文本框中输入一个需要的值。取值范围为0~100%，值越大，越发光的颜色越不透明。
- "模糊"：设置内发光颜色的边缘柔和程度。值越大，边缘柔和的程度也就越大。
- "中心"和"边缘"：控制发光的位置。选中"中心"单选按钮，表示发光的位置为图形的中心位置。选中"边缘"单选按钮，表示发光的位置为图形的边缘位置。如图10.45所示为图形应用

内发光后的不同显示效果。

原图　　选中"中心"　　选中"边缘"
　　　　单选按钮　　　单选按钮

图10.45 应用内发光后的不同显示效果

10.4.2 圆角

"圆角"命令可以将图形对象的尖角变成为圆角效果。选择要应用"圆角"效果的图形对象，然后执行菜单栏中的"效果"|"风格化"|"圆角"命令，打开"圆角"对话框。通过修改"半径"的值，来确定图形圆角的大小。输入的值越大，图形对象的圆角程度也就越大。在"半径"文本框中输入10mm，然后单击"确定"按钮，即可完成圆角效果的应用。圆角效果应用过程如图10.46所示。

图10.46 圆角效果应用过程

10.4.3 外发光

"外发光"与"内发光"效果相似，只是"外发光"在选定图形的外部添加光晕效果。要使用外发光，首先选择一个图形对象，然后执行菜单栏中的"效果"|"风格化"|"外发光"命令，打开"外发光"对话框，在该对话框中设置外发光的相关参数，单击"确定"按钮，即可为选定的图形添加外发光效果。添加外发光效果的操作过程如图10.47所示。

图10.47 添加外发光效果的操作过程

"外发光"对话框中的相关参数应用与"内发光"参数应用相同,这里不再赘述。

10.4.4 投影

"投影"命令可以为选择的图形对象添加一个阴影,以增加图形的立体效果。要为图形对象添加投影效果,首先选择该图形对象,然后执行菜单栏中的"效果"|"风格化"|"投影"命令,打开如图10.48所示的"投影"对话框,对图形的投影参数进行设置。

图10.48 "投影"对话框

"投影"对话框中各选项的含义说明如下:

- "模式":从右侧的下拉菜单中,设置投影的混合模式。
- "不透明度":控制投影颜色的不透明度。可以从右侧的下拉菜单中选择一个不透明度值,也可以直接在文本框中输入一个需要的值。取值范围为0~100%,值越大,投影的颜色越不透明。
- "X位移":控制阴影相对于原图形在X轴上的位移量。输入正值阴影向右偏移;输入负值阴影向左偏移。
- "Y位移":控制阴影相对于原图形在Y轴上的位移量。输入正值阴影向下偏移;输入负值阴影向上偏移。
- "模糊":设置阴影颜色的边缘柔和程度。值越大,边缘柔和的程度也就越大。
- "颜色"和"暗度":控制阴影的颜色。选中"颜色"单选按钮,可以单击右侧的颜色块,打开"拾色器"对话框来设置阴影的颜色。选中"暗度"单选按钮,可以在右侧的文本框中,设置阴影的明暗程度。

如图10.49所示为图形添加投影的操作过程。

图10.49 图形添加投影的操作过程

10.4.5 涂抹

"涂抹"命令可以将选定的图形对象转换成类似手动涂抹的手绘效果。选择要应用"涂抹"的图形对象,然后执行菜单栏中的"效果"|"风格化"|"涂抹"命令,打开如图10.50所示的"涂抹选项"对话框,对图形进行详细的涂抹设置。

图10.50 "涂抹选项"对话框

"涂抹选项"对话框中各选项的含义说明如下:

- "设置":从右侧的下拉菜单中,可以选择预设的涂抹效果。包括涂鸦、密集、松散、锐利、素描、缠结和紧密等多个选项。
- "角度":指定涂抹效果的角度。
- "路径重叠":设置涂抹线条在图形对象的内侧、中央或是外侧。当值小于0

时，涂抹线条在图形对象的内侧；当值大于0时，涂抹线条在图形对象的外侧。如果想让涂抹线条重叠产生随机的变化效果，可以修改"变化"参数，值越大，重叠效果越明显。

- "描边宽度"：指定涂抹线条的粗细。
- "曲度"：指定涂抹线条的弯曲程度。如果想让涂抹线条的弯曲度产生随机的弯曲效果，可以修改"变化"参数，值越大，弯曲的随机化程度越明显。
- "间距"：指定涂抹线条之间的间距。如果想让线条之间的间距产生随机效果，可以修改"变化"参数，值越大，涂抹线条的间距变化越明显。如图10.51所示为几种常见预设的涂抹效果。

原图　　　　默认值　　　　涂鸦

素描　　　　缠结　　　　泼溅

图10.51 几种常见预设的涂抹效果

10.4.6 羽化

"羽化"命令主要为选定的图形对象创建柔和的边缘效果。选择要应用"羽化"命令的图形对象，然后执行菜单栏中的"效果"|"风格化"|"羽化"命令，打开"羽化"对话框，在"羽化半径"文本框中输入一个羽化的数值，"羽化半径"的值越大，图形的羽化程度也越大。设置完成后，单击"确定"按钮，即可完成图形的羽化操作。羽化图形的操作效果如图10.52所示。

图10.52 羽化图形的操作效果

视频讲座10-3：绘制洗面乳

 案例分类：进阶技能类
视频位置：配套光盘\movie\视频讲座
10-3：绘制洗面乳.avi

本实例首先利用"钢笔工具"，绘制出软管的外形轮廓，然后利用"羽化"命令，制作出软管的高光，最后添加文字。整体以粉色搭配作为管式包装的颜色，透出一种清新的感觉，从包装设计的用色和风格中，表现出了活泼的特点。

通过本例的制作，学习"羽化"命令的使用，掌握"变形选项"对话框的使用方法，掌握高光的制作技巧。

步骤01 创建一个新文档。单击工具箱中的"钢笔工具" 按钮，在页面中绘制一个封闭图形，效果如图10.53所示。

步骤02 单击工具箱中的"转换锚点工具" 按钮，对刚绘制的封闭图形进行调整，调整后的图形效果如图10.54所示。

图10.53 封闭图形　　　图10.54 调整效果

步骤03 用同样的方法，再次利用"钢笔工具" 在页面中绘制一个封闭图形，然后将其移动放置到合适的位置，效果如图10.55所示。

步骤04 将瓶身填充为粉红色（C:0；M:80；Y:0；K:0）到白色再到粉红色（C:0；M:80；Y:0；K:0）的线性渐变，"角度"为90度，然后再将其描边设置为无，效果如图10.56所示。将其复制一份，留作备用。

步骤05 将瓶盖填充为白色到浅粉红色（C:0；M:65；Y:0；K:0）的线性渐变，"角度"为90度，然后再将其描边设置为无，效果如图10.57所示。

图10.55 图形效果　　图10.56 渐变填充

步骤06 单击工具箱中的"钢笔工具" 按钮，在页面中绘制一个封闭图形，填充为紫红色（C:0；M:100；Y:0；K:28），放置到合适的位置，效果如图10.58所示。

图10.57 渐变效果　　图10.58 图像效果

步骤07 将之前复制出来的图像和刚绘制的图像选中，打开"路径查找器"面板，单击"交集" 按钮，此时图像相交后的效果如图10.59所示。

步骤08 执行菜单栏中的"效果"|"风格化"|"羽化"命令，打开"羽化"效果，设置"羽化半径"为14mm，如图10.60所示。

图10.59 相交后效果　　图10.60 设置羽化参数

步骤09 羽化参数设置完成后，单击"确定"按钮，此时，相交后图像的羽化效果，如图10.61所示。

步骤10 将刚羽化后的图像选中，双击工具箱中的"镜像工具" 按钮，打开"镜像"对话框，设置"轴"为垂直，如图10.62所示。

图10.61 羽化效果　　图10.62 "镜像"参数

步骤11 设置完成后，单击"复制"按钮，然后再将其水平向右移动放置到合适的位置。再将其颜色调整为白色，"羽化半径"调整为8mm，此时的图像效果如图10.63所示。

步骤12 利用工具箱中的"钢笔工具" 在页面中绘制一个封闭图形，然后填充为紫红色（C:0；M:100；Y:0；K:28），效果如图10.64所示。

图10.63 镜像并调整　　图10.64 填充效果

步骤13 打开"羽化"对话框，将刚绘制的图像的羽化设置为10mm，此时，图像的羽化效果，如图10.65所示。

步骤14 单击工具箱中的"椭圆工具" 按钮，在页面中绘制一个正圆，将其填充为粉红色（C:0；M:80；Y:0；K:0），描边设置为无，效果如图10.66所示。

图10.65 羽化效果　　　图10.66 正圆效果

步骤15 单击工具箱中的"文字工具" **T** 按钮，在页面中输入字母"S"，然后再调整字母的字体、大小和颜色，效果如图10.67所示。

步骤16 单击工具箱中的"直线段工具" **/** 按钮，在页面中绘制一条直线，将其描边颜色设置为粉红色（C:0；M:80；Y:0；K:0），描边粗细为0.5像素，如图10.68所示。

图10.67 添加字母　　　图10.68 直线效果

步骤17 利用工具箱中的"文字工具" **T**，在页面中输入相应的文字和英文，放置到合适的位置，效果如图10.69所示。

步骤18 再次利用工具箱中的"直线段工具" **/**，在页面中绘制多条1像素的直线，分别将其描边设置为不同的颜色，其效果如图10.70所示。

图10.69 添加文字和英文　　　图10.70 直线效果

步骤19 再次利用工具箱中的"文字工具" **T**，在页面中输入相应的文字，放置到合适的位置，效果如图10.71所示。

步骤20 单击工具箱中的"矩形工具" **▢** 按钮，在页面中绘制一个矩形，将其进行渐变填充，描边设置为无，效果如图10.72所示。

图10.71 添加文字　　　图10.72 矩形效果

步骤21 执行菜单栏中的"效果"|"变形"|"弧形"命令，打开"变形选项"对话框，选中"水平"单选按钮，设置"弯曲"为-30%，如图10.73所示。设置完成后，单击"确定"按钮，此时，矩形的弧形变形效果如图10.74所示。

图10.73 设置弯曲参数　　　图10.74 弧形变形效果

步骤22 将前面所绘制的轮廓复制一份并进行编组，然后再将其和变形后的矩形选中，单击"路径查找器"面板中的"联集" **▣** 按钮，此时的图像相交后的效果如图10.75所示。

步骤23 将刚相交后的图像复制一份，然后按下"Ctrl + B"组合键，将其粘贴在原图像的后面，并将其填充颜色调整为粉红色（C:0；M:80；Y:0；K:0）然后再向上稍加移动，效果如图10.76所示。

图10.75 相交效果　　　图10.76 复制并移动

图10.79 相减效果　　　图10.80 羽化效果

步骤24 单击工具箱中的"椭圆工具" 按钮，在页面中绘制一个椭圆，将其放置到合适的位置，效果如图10.77所示。

步骤25 单击工具箱中的"矩形工具" ■按钮，在页面中绘制一个矩形，将其放置到合适的位置，效果如图10.78所示。

图10.77 绘制椭圆　　　图10.78 绘制矩形

步骤26 将刚绘制的椭圆和矩形选中，单击"路径查找器"面板中的"减去顶层" ■按钮，然后再将相减后的图像填充为白色，效果如图10.79所示。

步骤27 选中刚修剪后的图像，并对其进行4像素的羽化，羽化后的图像效果，如图10.80所示。

步骤28 单击工具箱中的"直线段工具" ／按钮，在页面中绘制一条1像素的直线，将其描边颜色设置为灰色（C:0；M:0；Y:0；K:23）。然后再将其复制多份，并分别移动放置到合适的位置，效果如图10.81所示。

步骤29 再次利用"直线段工具" ／再次在页面中绘制一条2像素的紫红色（C:0；M:80；Y:0；K:15）的直线，然后将其放置到合适的位置，完成整个洗面乳的绘制，完成的最终效果如图10.82所示。

图10.81 直线效果　　　图10.82 最终效果图

10.5 栅格化效果

　　"栅格化"命令主要是将矢量图形转化为位图，前面已经讲解过，有些滤镜和效果是不能对矢量图应用的。如果想应用这些滤镜和效果，就需要将矢量图转换为位图效果。

　　要想将矢量图转换为位置，首先选择要转换的矢量图形，然后执行菜单栏中的"效果"|"栅格化"命令，打开如图10.83所示的"栅格化"对话框，对转换的参数进行设置。

提示 ❓

　　"效果"菜单中的"栅格化"命令与"对象"菜单中的"栅格化"命令是一样的。使用时要特别注意。

图10.83 "栅格化"对话框

"栅格化"对话框中各选项的含义说明如下：

- "颜色模式"：指定光栅化处理图形使用的颜色模式。包括RGB、CMYK和位图3种模式。
- "分辨率"：指定光栅化图形中，第一寸图形中的像素数目。一般来说，网页的图像的分辨率为72ppi；一般的打印效果的图像分辨率为150ppi；精美画册的打印分辨率为300ppi；根据使用的不同，可以选择不同的分辨率，也可以直接在"其它"文本框中输入一个需要的分辨率值。

- "背景"：指定矢量图形转换时空白区域的转换形式。选中"白色"单选按钮，用白色来填充图形的空白区域；选中"透明"单选按钮，将图形的空白区域转换为透明效果，并制作出一个Alpha通道，如果将图形转存到Photoshop软件中，这个Alpha通道将被保留下来。
- "消除锯齿"：指定在光栅化图形时，使用哪种方式来消除锯齿效果，包括"无"、"优化图稿（超像素取样）"和"优化文字（提示）"3个选项。选择"无"选项，表示不使用任何清除锯齿的方法；选择"优化图稿（超像素取样）"选项，表示以最优化线条图的形式消除锯齿现象；选择"优化文字（提示）"选项，表示以最适合文字优化的形式消除锯齿效果。
- "创建剪切蒙版"：勾选该复选框，将创建一个光栅化图像为透明的背景蒙版。
- "添加"：在右侧的文本框中输入数值，指定在光栅化后图形周围出现的环绕对象的范围大小。

10.6 像素化效果

使用"像素化"命令菜单下的命令可以使所组成图像的最小色彩单位——像素点在图像中按照不同的类型进行重新组合或有机地分布，使画面呈现出不同的类型的像素组合效果。其下包括彩色半调、晶格化、点状化和铜版雕刻4种效果命令。

10.6.1 彩色半调

"彩色半调"命令可以模拟在图像的每个通道上使用放大的半调网屏效果。"彩色半调"对话框如图10.84所示。

图10.84 "彩色半调"对话框

"彩色半调"对话框中各选项的含义说明如下：

- "最大半径"：输入半调网点的最大半径。
- "网角"：决定每个通道所指定的网屏角度。对于灰度模式的图像，只能使用通道1；对于RGB图像，使用通道1为红色通道、通道2为绿色通道、通道3为蓝色通道；对于CMYK图像，使用通道1为青色、通道2为洋红、通道3为黄色、通道4为黑色。

如图10.85所示为使用"彩色半调"命令的图像前后画面对比效果。

图10.85 使用"彩色半调"命令前后画面对比效果

10.6.2 晶格化

"晶格化"命令可以将选定图形产生结晶体般的块状效果。选择要应用"晶格化"的图形对象，然后执行菜单栏中的"效果"|"像素化"|"晶格化"命令，打开"晶格化"对话框，通过修改"单元格大小"数值，确定晶格化图形的程度，数值越大，所产生的结晶体越大。如图10.86所示为图形使用"晶格化"命令操作的效果。

图10.86 使用"晶格化"命令操作的效果

10.6.3 点状化

"点状化"命令可以将图像中的颜色分解为随机分布的网点，如同点状化绘画一样。在"点状化"对话框中，可通过设置"单元格大小"数值，修改点块的大小。数值越大，产生的点块越大。如图10.87所示为图形使用"点状化"命令操作的效果。

图10.87 使用"点状化"命令操作的效果

10.6.4 铜版雕刻

"铜版雕刻"命令可以对图形使用各种点状、线条或描边效果。可以从"铜版雕刻"对话框中的"类型"下拉列表中，选择铜版雕刻的类型。如图10.88所示为图形使用"铜版雕刻"命令操作的效果。

图10.88 使用"铜版雕刻"命令操作的效果

10.7 扭曲效果

"扭曲"效果主要功能是使图形产生扭曲效果，其中，既有平面的扭曲效果，也有三维或是其他变形效果。掌握扭曲效果的关键是搞清楚图像中像素扭曲前与扭曲后的位置变化，使用"扭曲"效果菜单下的命令可以对图像进行几何扭曲，从而使图像产生奇妙的艺术效果。包括扩散亮光、海洋波纹和玻璃3种扭曲命令。

10.7.1 扩散亮光

"扩散亮光"命令可以将图形渲染成如同透过一个柔和的扩散镜片来观看的效果，此命令将透明的白色杂色添加到图形中，并从中心向外渐隐亮光，该命令可以产生电影中常用的蒙太奇效果。"扩散亮光"对话框如图10.89所示。

图10.89 "扩散亮光"对话框

"扩散亮光"对话框中各选项的含义说明如下：

- "粒度"：控制亮光中的颗粒密度。值越大，密度也就越大。
- "发光量"：控制图形发光强度的大小。
- "清除数量"：控制图形中受命令影响的范围。值越大，受到影响的范围越小，图形越清晰。

如图10.90所示为使用"扩散亮光"命令的图形前后画面对比效果。

图10.90 使用"扩散亮光"命令前后画面对比效果

10.7.2 海洋波纹

"海洋波纹"效果可以模拟海洋表面的波纹效果，其波纹比较细小，且边缘有很多的抖动，"海洋波纹"对话框如图10.91所示。

图10.91 "海洋波纹"对话框

"海洋波纹"对话框中各选项的含义说明如下：

- "波纹大小"：控制生成波纹的大小。值越大，生成的波纹越大。
- "波纹幅度"：控制生成法的幅度和密度。值越大，生成的波纹幅度就越大。

如图10.92所示为使用"海洋波纹"命令的图形前后画面对比效果。

图10.92 "海洋波纹"命令前后画面对比效果

10.7.3 玻璃

"玻璃"命令可以使图像生成看起来像毛玻璃的效果。"玻璃"对话框如图10.93所示。

图10.93 "玻璃"对话框

"玻璃"对话框中各选项的含义说明如下：

- "扭曲度"：控制图形的扭曲程度。值越大，图形扭曲越强烈。
- "平滑度"：控制图形的光滑程度。值越大，图形越光滑。
- "纹理"：控制图形的纹理效果。在右侧的下拉列表中，可以选择不同的纹理效果，包括"块状"、"画布"、"磨砂"和"小镜头"4种效果。

- "缩放": 控制图形生成纹理的大小。值越大，生成的纹理也就越大。
- "反相": 勾选该复选框，可以将生成的纹理的凹凸面进行反转。

如图10.94所示为使用"玻璃"命令的图形前后画面对比效果。

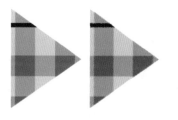

图10.94 使用"玻璃"命令前后画面对比效果

10.8 其他效果

10.8.1 模糊效果

"模糊"效果菜单下的命令可以对图形进行模糊处理，它通过平衡图形中已定义的线条和遮蔽区域清晰边缘旁边的像素，使其显得柔和，模糊效果在图形的设计中应用相当重要。模糊效果主要包括"径向模糊"、"特殊模糊"和"高斯模糊"3种，各种模糊应用后的效果，如图10.95所示。

原图　径向模糊　特殊模糊　高斯模糊

图10.95 各种模糊效果

提示 ?

由于效果菜单中的其他选项命令的应用方法与前面讲解过的方法相同，参数又非常容易理解，所以这里不再详细讲解其他的命令参数，读者可以自己调试感受一下。

10.8.2 画笔描边效果

"画笔描边"菜单下的命令可以在图形中增加颗粒、杂色或纹理，从而使图像产生多样的绘画效果。创造出不同绘画效果的外观。包括"喷溅"、"喷色描边"、"墨水轮廓"、"强化的边缘"、"成角的线条"、"深色线条"、"烟灰墨"和"阴影线"8种效果，各种命令应用在图形中的效果如图10.96所示。

原图　　喷溅　　喷色描边

墨水轮廓　强化的边缘　成角的线条

深色线条　烟灰墨　　阴影线

图10.96 各种"画笔描边"命令应用效果

10.8.3 素描效果

"素描"菜单命令主要用于给图形增加纹理，模拟素描、速写等艺术效果。包括"便条纸"、"半调图案"、"图章"、"基底凸现"、"影印"、"撕边"、"水彩画纸"、"炭笔"、"炭精笔"、"石膏效果"、"粉笔和炭笔"、"绘图笔"、"网状"和"铬黄"14种命令。各种"素描"菜单命令应用效果如图10.97所示。

原图

便条纸

半调图案

图章

基底凸现

影印

撕边

水彩画纸

炭笔

炭精笔

"石膏效果"

粉笔和炭笔

绘图笔

网状

铬黄

图10.97 各种"素描"菜单命令应用效果

原图

拼缀图

染色玻璃

纹理化

颗粒

马赛克拼贴

龟裂缝

图10.98 各种"纹理"菜单命令应用效果

10.8.4 纹理效果

使用"纹理"菜单下的命令可使图形表面产生特殊的纹理或材质效果。包括"拼缀图"、"染色玻璃"、"纹理化"、"颗粒"、"马赛克拼贴"和"龟裂缝"6种。各种"纹理"菜单命令应用效果如图10.98所示。

10.8.5 艺术效果

使用"艺术效果"菜单下的命令可以使图形产生多种不同风格的艺术效果。包括"塑料包装"、"壁画"、"干画笔"、"底纹效果"、"彩色铅笔"、"木刻"、"水彩"、"海报边缘"、"海绵"、"涂抹棒"、"粗糙蜡笔"、"绘画涂抹"、"胶片颗粒"、"调色刀"和"霓虹灯光"15种命令效果。各种"艺术效果"菜单命令应用效果如图10.99所示。

原图

塑料包装

壁画

干画笔

底纹效果

彩色铅笔

木刻

水彩

海报边缘

海绵

完全掌握Illustrator CC超级手册

涂抹棒　　　粗糙蜡笔　　　绘画涂抹

胶片颗粒　　　调色刀　　　霓虹灯光

图10.99 各种"艺术效果"菜单命令应用效果

10.8.6 USM锐化效果

"USM锐化"命令在图像边缘的每侧生

成一条亮线和一条暗线，产生边缘轮廓锐化效果，可用于校正摄影、扫描、重新取样或打印过程产生的模糊。

10.8.7 照亮边缘效果

"照亮边缘"命令可以对画面中的像素边缘进行搜索，然后使其产生类似霓虹灯光照亮的效果。照亮边缘前后效果如图10.100所示。

图10.100 照亮边缘前后效果

第11章 绘图大师基础进阶

〔内容摘要〕

本章主要讲解Illustrator CC基本图形的绘制、编辑与修改，通过本章的学习，认识基本图形的编辑和修改的方法，学习图形的缩放设置和"路径查找器"面板的应用，掌握卡通表情、晴雨伞和草莓果图形的绘制，掌握色彩应用的技巧。

〔教学目标〕

- 学习"减去顶层"命令的应用方法
- 掌握利用"吸管工具"吸取颜色的技巧
- 学习"多边形工具" ⬡ 的设置方法

11.1 卡通表情

设计构思

- 通过多个正圆的绘制组合，制作出卡通的基本表情。
- 使用"钢笔工具"绘制出眼镜的轮廓并通过调整制作出超酷的黑眼镜效果。
- 利用"路径查找器"面板做出眼镜的高光。

案例分类：进阶技能类
难易程度：★★☆☆☆
最终文件：配套光盘\配套素材\源文件\第11章\卡通表情.ai
视频位置：配套光盘\movie\11.1 卡通表情.avi

卡通表情效果如图11.1所示。

图11.1 最终效果图

✏ 操作步骤

11.1.1 绘制面部

步骤01 执行菜单栏中的"文件"|"新建"命令，将新建一个文档。

步骤02 单击工具箱中的"椭圆工具" ⬭ 按钮，将鼠标指针移至页面中，按住"Shift"键的同时，按下鼠标并拖动，在绘制一个正圆，将其填充为黄色（C:0；M:0；Y:100；K:0），并将描边设置为无，如图11.2所示。

技巧 ！

在使用"椭圆工具" ⬭ 绘制时，按"Alt"键可以从中心绘制椭圆；按"Shift"键可以绘制正圆；同时按"Alt+Shift"组合键，可以以单击处为中心绘制正圆；再按空格键可以在绘制过程中移动椭圆的位置。

步骤03 再次使用"椭圆工具" ⬭ ，在页面中绘制一个正圆，设置填充为白色，描边设置为无，放置到合适的位置，效果如图11.3所示。

图11.2 填充效果　　　　图11.3 绘制正圆

步骤04 将白色正圆选中，按住"Alt"键的同时，按下鼠标并向左水平拖动，将其放置到合适的位置，此时，白色正圆就被复制了一份，如图11.4所示。

技巧 ！

使用"选择工具"单击某个图形，就可以选中该图形；如果按住"Shift"键的同时，分别单击不同的图形，可以同时选择多个图形；如果想选择全部图形，可以按"Ctrl+A"组合键来完成。

步骤05 将这两个白色正圆选中，按住"Ctrl + C"组合键，将其复制，再按住"Ctrl + F"组合键，将刚复制出的图形贴在原图形的前面，

然后将其填充为黑色，并将其缩小，调整其位置后，图形效果如图11.5所示。

技巧 ！

在按住Alt键的同时，当指针指向控制点上成 ↕双向箭头和 ↳弯曲箭头时，向外或向内拖动，即可将图形以变换框的中心为中心进行旋转或缩放。

图11.4 复制并移动　　　图11.5 缩小并填充

11.1.2 绘制眼镜及其他

步骤01 单击工具箱中的"钢笔工具" ✐ 按钮，在页面中绘制一个封闭图形，效果如图11.6所示。

步骤02 单击工具箱中的"转换锚点工具" ⯅ 按钮，在封闭图形上方左边凸起的节点上单击并拖动，对图形进行调整，调整节点后的图形效果如图11.7所示。

技巧 ！

"转换锚点工具"可以将节点在角点和平滑点间进行转换，直接在节点上单击，可以将该节点转换为角点；如果在节点上单击拖动，可以将该节点转换为平滑点，同时会看到出现两个用来调整平滑点的控制柄。

图11.6 封闭图形　　　　图11.7 调整节点

步骤03 用同样的方法，对封闭图形中其他几个节点也进行调整，图形调整后的效果如图11.8所示。

步骤04 选中刚调整后的图形，将其填充设置为黑色，描边设置为无，图形的填充效果如图11.9所示。

图11.8 调整效果　　　图11.9 填充效果

步骤05 选中刚填充的图形，将其缩放后，移动放置到合适的位置，图形移动后的效果如图11.10所示。

步骤06 制作眼镜的高光。单击工具箱中的"椭圆工具" 按钮，在页面中绘制一个椭圆，效果如图11.11所示。

图11.10 移动效果　　　图11.11 绘制椭圆

步骤07 选中刚绘制的椭圆，双击工具箱中的"旋转工具" 按钮，打开"旋转"对话框，设置"角度"为8度，如图11.12所示。

步骤08 设置完成后，单击"确定"按钮，此时，椭圆就旋转了8度，椭圆的旋转效果，如图11.13所示。

图11.12 设置旋转参数　　　图11.13 旋转效果

技巧

在调整"旋转"对话框中角度的参数时，可以选中对话框中的"预览"复选框，这样可以直接观察调整后的效果。如果满意，可以单击"确定"按钮；如果效果不满意，可以继续进行调整。

步骤09 利用复制的方法，将椭圆复制一个副本，并放置到合适的位置，为了有所区别，将其填充为其他颜色，效果如图11.14所示。

步骤10 将这两个椭圆选中，打开"路径查找

器"面板，单击"减去顶层" 按钮，对图形进行修剪，修剪后的图形效果如图11.15所示。

图11.14 复制椭圆　　　图11.15 修剪效果

步骤11 单击工具箱中的"矩形工具" 按钮，在页面中绘制一个矩形，将其放置到合适的位置，如图11.16所示。

步骤12 将刚绘制的矩形和修剪后的图形选中，打开"路径查找器"面板，单击"减去顶层" 按钮，对图形进行修剪，修剪后的图形效果，如图11.17所示。

图11.16 绘制矩形　　　图11.17 修剪效果

步骤13 选中修剪后的图形，将其填充设置为白色，描边设置为无，移动放置到合适的位置，然后，将其复制一份，并移动放置到合适的位置，效果如图11.18所示。

步骤14 单击工具箱中的"圆角矩形工具" 按钮，将鼠标指针移至页面中单击，此时，页面中将弹出一个"圆角矩形"对话框，设置"宽度"为1mm，"高度"为13mm，"圆角半径"为8mm，如图11.19所示。

图11.18 填充并复制　　　图11.19 设置圆角参数

步骤15 设置完成后，单击"确定"按钮，此时，页面中将自动出现一个圆角矩形，然后将

完全掌握Illustrator CC超级手册

其填充为黑色，描边设置为无，放置到合适的位置，效果如图11.20所示。

步骤16 单击工具箱中的"椭圆工具" 按钮，在页面中绘制一个正圆，设置填充为无，描边为黑色，如图11.21所示。

技巧

在"描边"面板中设置边框的宽度时，除了使用下拉列表中给出的宽度值外，还可以自己直接输入数值来设置宽度。

图11.20 圆角矩形　　　　图11.21 绘制正圆

步骤17 选中刚绘制的正圆，单击工具箱中的"剪刀工具" ✂ 按钮，将鼠标指针移至右边中间的锚点上单击，如图11.22所示。

步骤18 然后，将鼠标指针移至正圆左边中间的节点上单击，将正圆剪成两半，然后将上面部分删除，此时的图形效果如图11.23所示。

图11.22 鼠标位置　　　　图11.23 删除效果

步骤19 选中修剪后的半圆，将其缩小后，移动放置到嘴的位置，此时的图形效果如11.24图所示，这样就完成了卡通表情的制作。

图11.24 图形的位置

11.2 晴雨伞

设计构思

- 利用椭圆工具，创建多个正圆，利用"减去顶层" 制作主伞的主体部分。
- 利用"钢笔工具" 绘制伞柄和伞叶部分，并利用"吸管工具" 吸取渐变填充。

案例分类：进阶技能类
难易程度：★★☆☆☆
最终文件：配套光盘\配套素材\源文件\第11章\晴雨伞.ai
视频位置：配套光盘\movie\11.2 晴雨伞.avi

晴雨伞效果如图11.25所示。

图11.25 最终效果图

图11.28 再次复制　　　　图11.29 选中图形

✎ 操作步骤

11.2.1 绘制伞叶

步骤01 执行菜单栏中的"文件"|"新建"命令，创建一个新的文档文件。

步骤02 单击工具箱中的"椭圆工具" ⬭ 按钮，将鼠标指标移至页面中，按住"Shift"的同时，按住鼠标并拖动，在页面中绘制一个正圆，任意填充一种颜色，并将正圆的描边设置为无，如图11.26所示。

技巧 ！

在英文输入法下，按键盘上的"L"键，可以选择"椭圆工具" ⬭ 。

步骤03 将鼠标移至刚绘制的正圆上，按住"Alt"键的同时拖动正圆，将正圆复制了一份，将复制出的正圆，任意填充一种颜色，如图11.27所示。

技巧 ！

在移动图形时，按"Shift"键，只能将对象沿水平、垂直或成45度倍数角度来移动图形。

技巧 ！

使用"选择工具" ▨ 在页面中拖动一个选取框，只要在选框内或与选框交叉的对象都将被选中。

步骤06 打开"路径查找器"面板，单击"减去顶层" ⬚ 按钮，如图11.30所示。此时，图形修剪后的效果，如图11.31所示。

图11.30 单击"减去顶层"　　图11.31 修剪效果

技巧 ！

执行菜单栏中的"窗口"|"路径查找器"命令，或按"Shift + Ctrl + F9"组合键，可以打开或关闭"路径查找器"面板。

步骤07 在修剪后的图形上单击将其选中，打开"渐变"面板，设置渐变的"类型"为"线性"，设置颜色从绿色（C:76；M:0；Y:99；K:0）到黄绿色（C:10；M:0；Y:80；K:0），如图11.32所示，图形的填充效果如图11.33所示。

图11.26 绘制正圆　　　　图11.27 移动并复制

步骤04 用同样的方法，将再将正圆复制两份，分别放置到合适的位置，并将其填充不同的颜色，如图11.28所示。

技巧 ！

这里的颜色填充，只是为了区分不同的正圆位置，以便看得更清楚。

步骤05 单击工具箱中的"选择工具" ▨ 按钮，将页面中的图形全部选中，如图11.29所示。

技巧 ！

在英文输入法下，按键盘上的"V"键，可以选择"选择工具" ▨ 。

图11.32 渐变编辑效果　　　　图11.33 填充渐变

执行菜单栏中的"窗口"|"渐变"命令，或按"Ctrl＋F9"组合键，可以打开或关闭"渐变"面板。

步骤08 单击工具箱中的"钢笔工具" ✐ 按钮，在页面中沿雨伞的中间部分绘制一个三角形，如图11.34所示。

步骤09 单击工具箱中的"添加锚点工具" ✐ 按钮，在刚绘制的三角形中的3条边的中心位置，分别添加3个锚点，如图11.35所示。

在英文输入法下，按键盘上的"＋（加号）"键，可以选择"添加锚点工具" ✐；按键盘上的"-（减号）"键，可以选择"删除锚点工具" ✐。

有些工具在绘图时，显示的是工作本身的图标效果，如果想将该工具以十字线显示，可以选择该工具后，按下"Caps Lock"键。

图11.34 绘制三角形　　　图11.35 添加锚点

在绘制线条时，利用"添加锚点工具" ✐，在线段没有锚点的位置单击，可以为线段添加锚点；利用"删除锚点工具" ✐ 在锚点上单击，可以删除该锚点。

步骤10 选择工具箱中的"转换锚点工具" ☐，对3个锚点进行转换，如果转换不能达到最终效果，还可以使用"直接选择工具" ☐ 来配合调整，调整后的效果如图11.36所示。

在使用"直接选择工具" ☐ 单击选择图形时，如果出现的节点是空白的小方块，可以直接进行调整；如果出现的节点是黑色实心的方块，可以通过双击图形的节点，将其转化为空白节点再进行调整。

图11.36 调整效果

步骤11 将调整后的图形填充为"线性"渐变，"角度"为-50，设置颜色从黄绿色（C:10；M:0；Y:80；K:0）到绿色（C:76；M:0；Y:99；K:0），渐变编辑如图11.37所示，并将其边框设置为无，填充后的效果如图11.38所示。

图11.37 渐变编辑　　　　图11.38 填充效果

步骤12 单击工具箱中的"钢笔工具" ✐ 按钮，在页面中绘制一个多边形，效果如图11.39所示。

步骤13 单击工具箱中的"转换锚点工具" ☐ 按钮，然后对刚绘制的多边形进行调整，在调整时配合"直接选择工具" ☐，以便更好地调整图形，调整效果如图11.40所示。

使用"转换锚点工具" ☐ 选择触点并拖动，可以将角点转换为曲线点；在曲线点上单击鼠标，可以将曲线点转换为角点。

图11.39 绘制多边形　　　图11.40 调整效果

步骤14 将调整后的多边形填充为咖啡色（C:0；M:20；Y:40；K:40），并将其边框设置为无，效果如图11.41所示。

步骤15 将填充后的多边形缩小到一定程度，移动放置到合适的位置，然后将其旋转一定角度，效果如图11.42所示。

技巧

在利用选择工具缩放图形时，按"Shift"键拖动变换点可以等比例缩放图形；按"Shift + Alt"组合键拖动变换点可以从变换中心点等比例缩放图形。

图11.41 填充效果　　图11.42 缩小并旋转

步骤16 单击工具箱中的"椭圆工具" ⬭ 按钮，将鼠标指标移至页面中，按住"Shift"的同时，按住鼠标并拖动，在页面中绘制一个正圆，填充为绿色（C:100；M:0；Y:100；K:0），锚边设置为无，将其放置到合适的位置，如图11.43所示。

步骤17 将刚填充的正圆复制多份，分别移动放置到合适的位置，作为伞桨的末尾部分，效果如图11.44所示。

图11.43 正圆效果　　图11.44 复制多份

11.2.2 绘制伞柄

步骤01 单击工具箱中的"矩形工具" ▪ 按钮，在页面中绘制一个矩形，设置填充为80%的黑，将其旋转一定角度后，放置到合适的位置，如图11.45所示。

技巧

在英文输入法下，按键盘上的"M"键，可以选择"矩形工具" ▪ 。

步骤02 将刚绘制的矩形选中，执行菜单栏中的"对象"|"排列"|"置于底层"命令，或按"Shift + Ctrl + ["组合键，将矩形放置到图形的最底层，效果如图11.46所示。

技巧

置于顶层的快捷键为"Shift + Ctrl +]"；前移一层的快捷键为"Ctrl +]"；后移一层的快捷键为"Ctrl + ["；置于底层的快捷键为"Shift + Ctrl + ["。

图11.45 绘制矩形　　图11.46 图层顺序

步骤03 单击工具箱中的"钢笔工具" ✒ 按钮，在页面中绘制一个多边形，作为伞的把手，效果如图11.47所示。

步骤04 单击工具箱中的"转换锚点工具" ⟍ 按钮，然后对刚绘制的多边形进行调整，调整效果如图11.48所示。

图11.47 绘制多边形　　图11.48 调整效果

步骤05 将调整后的图形缩小后，旋转一定的角度，然后放置到合适的位置，效果如图11.49所示。

步骤06 选择伞把手，然后单击工具箱中的"吸管工具" ✒ 按钮，将鼠标光标移动到伞的主体上，如图11.50所示。

技巧

在英文输入法下，按键盘上的"I"键，可以选择"吸管工具" ✒ 。

图11.49 旋转效果

图11.50 吸取颜色

图11.51 吸取后的效果

步骤07 在需要吸取颜色的位置单击鼠标，即可将渐变填充吸取到伞的把手上，填充后的效果如图11.51所示。

11.3 诱人的草莓

📖 设计构思

- 通过调整椭圆制作出草莓的主体部分。
- 通过将绘制的三角形变换，制作出草莓的颗粒效果。
- 应用"钢笔工具"和"铅笔工具"制作出草莓的叶子。

案例分类：进阶技能类
难易程度：★★★☆☆
最终文件：配套光盘\配套素材\源文件\第11章\诱人的草莓.ai
视频位置：配套光盘\movie\11.3 诱人的草莓.avi

诱人的草莓果效果如图11.52所示。

图11.52 最终效果图

✏️ 操作步骤

11.3.1 绘制草莓

步骤01 执行菜单栏中的"文件"|"新建"命令，创建一个新的文档文件。

步骤02 单击工具箱中的"椭圆工具" ⬭ 按钮，在页面中绘制一个椭圆，效果如图11.53所示。

步骤03 选中椭圆，单击工具箱中的"直接选择工具" 按钮，对椭圆进行调整，调整后椭圆的效果，如图11.54所示。

图11.53 绘制椭圆　　　图11.54 调整效果

步骤04 选中调整后的图形，将其填充设置为渐变，渐变"类型"为径向，渐变颜色为橙色（C:0；M:60；Y:100；K:0）到红色（C:0；M:100；Y:100；K:30），然后将其描边设置为无，图形的渐变效果如图11.55所示。

步骤05 单击工具箱中的"椭圆工具" 按钮，在页面中绘制一个正圆，将其填充设置为无，描边设置为黑色，如图11.56所示。

图11.55 渐变效果　　　图11.56 绘制正圆

步骤06 单击工具箱中的"多边形工具" 按钮，按下鼠标拖动的同时，按住"Shift"键，并多次按下"下方向键"，在页面中绘制一个正三角形，如图11.57所示。

步骤07 将刚绘制的正三角形选中，双击工具箱中的"旋转工具" 按钮，打开"旋转"对话框，设置"角度"为180度，如图11.58所示。

图11.57 正三角形

图11.58 设置旋转参数

步骤08 设置完成后，单击"确定"按钮，此时，三角形就被旋转了180度，三角形旋转后的效果，如图11.59所示。

步骤09 调整三角形的大小以后，将其移动放置到合适的位置，移动后的图形效果如图11.60所示。

图11.59 旋转效果　　　图11.60 移动效果

步骤10 将正圆和三角形选中，打开"路径查找器"面板，单击"联集" 按钮，此时，图形的相加效果如图11.61所示。

步骤11 选中相加后的图形，将其填充设置为渐变，渐变"类型"为径向，渐变颜色为黄色（C:0；M:0；Y:100；K:0）到橙色（C:0；M:60；Y:100；K:0），描边设置为无，渐变后的图形效果，如图11.62所示。

图11.61 相加效果　　　图11.62 渐变效果

步骤12 将刚渐变后的图形选中，复制一份，然后移动放置到合适的位置，并将其填充为橙色（C:0；M:60；Y:100；K:0）到深红色（C:0；M:100；Y:100；K:60）的线性渐变，效果如图11.63所示。

步骤13 选中复制出的图形，然后单击鼠标右键，在弹出的菜单中选择"排列"命令，在打开的子菜单中选择"后移一层"命令，或按"Ctrl＋["组合键，如图11.64所示。

图11.63 复制并填充

图11.64 选择命令

步骤14 此时，复制出的图形将自动向后移动一层，放置到原图形的后面，图形的后移效果如图11.65所示。

步骤15 选中刚绘制的这两个图形，将其缩小后，移动放置到合适的位置，图形缩小并移动后的图形效果如图11.66所示。

图11.65 后移效果　　　图11.66 缩小并移动

步骤16 将刚缩小后的这两个图形复制多次，然后分别移动放置到合适的位置，并不同程度地缩小，此时的图形效果如图11.67所示。

步骤17 单击工具箱中的"钢笔工具" 按钮，在页面中绘制一个封闭图形，效果如图11.68所示。

图11.67 多次复制　　　图11.68 封闭图形

步骤18 选中刚绘制的封闭图形，将其填充设置为渐变，渐变"类型"为线性，"角度"为161度，渐变颜色为橙色（C:0；M:60；Y:100；K:0）到深红色（C:0；M:100；Y:100；K:50），描边设置为无，图形的渐变效果，如图11.69所示。

步骤19 将刚填充渐变的封闭图形选中放置到合适的位置，移动后的效果如图11.70所示。

图11.69 渐变效果　　　图11.70 移动效果

11.3.2 绘制叶片

步骤01 单击工具箱中的"钢笔工具" 按钮，在页面中绘制一个封闭图形，将其填黄绿色（C:30；M:0；Y:100；K:0）到绿色（C:100；M:0；Y:100；K:0）的线性渐变，"角度"为127度，描边设置为无，放置到合适的位置，效果如图11.71所示。

步骤02 单击工具箱中的"钢笔工具" 按钮，在页面中绘制一个封闭图形，将其黄绿色（C:30；M:0；Y:100；K:0）到绿色（C:100；M:0；Y:100；K:0）的线性渐变，"角度"为12度，描边设置为无，放置到合适的位置，效果如图11.72所示。

图11.71 渐变效果　　　　图11.72 封闭图形

图11.73 叶子效果　　　　图11.74 绘制曲线

步骤03 单击工具箱中的"钢笔工具" 按钮，在页面中绘制一个封闭图形，成为叶子，将其填充为黄绿色（C:30；M:0；Y:100；K:0）到绿色（C:100；M:0；Y:100；K:0）的线性渐变，"角度"为-8度，描边设置为无，放置到合适的位置，效果如图11.73所示。

步骤04 单击工具箱中的"铅笔工具" 按钮，在叶面中单击拖动绘制一条曲线，设置曲线的颜色为深绿色（C:100；M:0；Y:100；K:30），描边的粗细为2pt，制作出叶子的主脉，效果如图11.74所示。

> **技巧**　　　　　　　　　　！
>
> 在英文输入法下，按键盘上的"N"键，可以选择"铅笔工具" 。

步骤05 再次利用"铅笔工具" 在叶面中拖动，绘制出其他的小叶脉，并设置颜色为深绿色（C:100；M:0；Y:100；K:30），描边的粗细为1pt，至此，草莓绘制完成，完成后的最终效果如图11.75所示。

图11.75 最终效果图

第12章

绘图大师技能提高

〔内容摘要〕

本章主要通过"钢笔工具"的使用，绘制出不同类型的图形效果，然后再通过不同的效果命令制作出优美的最终效果，以及学习不同格式图片的置入和修改的方法，也使读者在学习本章的同时，复习前面各章所学的要点。通过本章的学习，读者可以运用效果中的相关命令来处理与编辑图形。

〔教学目标〕

● 学习"羽化"命令的使用
● 制作高光和投影的方法
● 图像的嵌入
● 掌握"收缩和膨胀"命令的使用技巧
● 学习光效的表现

12.1 超炫的钻戒

设计构思

● 首先绘制两个椭圆，然后利用"减去顶层" 制作出钻戒的外环。
● 通过绘制椭圆和三角形，制作出钻石，最后添加星形光效。

案例分类：进阶技能类
难易程度：★★★☆☆
最终文件：配套光盘\配套素材\源文件\第12章\超炫的钻戒.ai
视频位置：配套光盘\movie\12.1 超炫的钻戒.avi

超炫的钻戒效果如图12.1所示。

图12.1 最终效果图

✏ 操作步骤

12.1.1 绘制指环

步骤01 执行菜单栏中的"文件"|"新建"命令，有页面中创建一个新的文档。

步骤02 单击工具箱中的"椭圆工具" ⬭ 按钮，按住"Shift"键的同时，按下鼠标并拖动，在页面中绘制一个正圆，然后将其填充为浅灰色（C:9；M:6；Y:5；K:0）到灰色（C:0；M:0；Y:0；K:43）的线性渐变，描边的颜色设置为无，效果如图12.2所示。

步骤03 利用"椭圆工具" ⬭ 在页面中绘制一个椭圆，将其填充为灰色（C:0；M:0；Y:0；K:43）到浅灰色（C:9；M:6；Y:5；K:0）的线性渐变，效果如图12.3所示。

图12.2 正圆效果　　　图12.3 椭圆效果

步骤04 选中刚绘制的小椭圆，按"Ctrl + C"组合键，将其复制。打开"路径查找器"面板，单击"减去顶层" ⬚ 按钮，如图12.4所示。

技巧 ！

这里按"Ctrl + C"组合键，是为了将图形先复制在粘贴板中，这样可以在后面需要时将其粘贴出来。

步骤05 此时，图像的修剪效果如图12.5所示。

图12.4 "修整"面板　　　图12.5 修剪效果

步骤06 按"Ctrl + F"组合键，将刚才复制的椭圆粘贴在当前位置粘贴一份。选中椭圆，执

行菜单栏中的"对象"|"变换"|"缩放"命令，打开"比例缩放"对话框，选中"等比"单选按钮，设置"等比"的值为95%，如图12.6所示。

技巧 ！

这里按"Ctrl + F"组合键，与步骤4中的"Ctrl + C"组合键相对应，将前面复制的图形粘贴到原图形的前面。

步骤07 设置完成后，单击"复制"按钮复制图形，然后将复制并缩小后的椭圆稍加移动，效果如图12.7所示。

技巧 ！

为了能够看得更加清晰，这里将复制并缩小后的椭圆任意填充一种颜色，以区分与其他图形的颜色，便于操作。

图12.6 "比例缩放"对话框　图12.7 复制并缩小

步骤08 选中原小椭圆和复制出的椭圆，打开"路径查找器"面板，单击"减去顶层" ⬚ 按钮，修改后的效果如图12.8所示。

步骤09 利用"椭圆工具" ⬭ 在页面中绘制一个椭圆，然后将其填充为浅蓝色（C:56；M:0；Y:0；K:0）到蓝色（C:87；M:14；Y:0；K:0）的线性渐变，描边设置为无，适当调整效果如图12.9所示。

图12.8 修剪效果　　　图12.9 渐变填充

12.1.2 绘制钻戒

步骤01 单击工具箱中的"多边形工具" ⬡ 按钮，然后在页面中绘制一个三角形，效果如图12.10所示。

技巧 !

在绘制多边形时，按键盘上的上箭头#可以增加多边形的边数，按下箭头$可以减少多边形的边数；按"Shift"键可以绘制正多边形，按"Alt"键可以以鼠标单击点为中心绘制多边形，按"Shift + Alt"组合键可以以鼠标单击点为中心绘制正多边形。

步骤02 选择浅蓝色的椭圆，按"Ctrl + C"组合键将其复制。选中刚绘制的三角形和浅蓝色椭圆，打开"路径查找器"面板，单击"交集" ⬚ 按钮，如图12.11所示。

图12.10 三角形   图12.11 "交集"按钮

步骤03 将修剪后的图像填充为浅蓝色（C:56；M:0；Y:0；K:0）到蓝色（C:87；M:14；Y:0；K:0）的线性渐变，按"Ctrl+B"组合键，将刚才复制的椭圆粘贴出来，效果如图12.12所示。

步骤04 将刚修剪后的图像复制多份，然后分别对其进行大小调整和渐变填充调整，此时的图像效果，如图12.13所示。

图12.12 相交并填充   图12.13 图像效果

步骤05 利用"椭圆工具" ⬭ 按钮，在页面中绘制一个椭圆，将其填充为白色，然后移动放置到合适的位置，效果如图12.14所示。

步骤06 将刚绘制的椭圆复制多份，然后分别调

整复制出的椭圆的大小和位置，此时的图像效果如图12.15所示。

图12.14 椭圆效果   图12.15 复制并调整

步骤07 将刚复制出的所有椭圆选中，执行菜单栏中的"对象"|"变换"|"对称"命令，打开"镜像"对话框，选中"垂直"单选按钮，如图12.16所示。

步骤08 单击"复制"按钮，将图像复制一份，并进行水平镜像，然后再将其稍加旋转并放置到合适的位置，效果如图12.17所示。

图12.16 "镜像"对话框   图12.17 水平镜像

步骤09 单击工具箱中的"星形工具" ✦ 按钮，然后按住"Shift"键的同时，按下鼠标并拖动，在页面中绘制一个正四角星，效果如图12.18所示。

图12.18 正四角星

步骤10 选中刚绘制的四角星，执行菜单栏中的"效果"|"扭曲和变换"|"收缩和膨胀"命令，打开"收缩和膨胀"对话框，设置收缩的值为-70%，如图12.19所示。

技巧 !

在"收缩和膨胀"对话框中，设置收缩和膨胀值时，当设置的值为负值时，图形将收缩；设置的值为正值时，图形将膨胀。

图12.19 "收缩和膨胀"对话框

步骤11 设置完成后，单击"确定"按钮，此时，页面中所绘制的四角星，就自动变为如图12.20所示的形状。

步骤12 单击工具栏中的"删除锚点工具" ✎ 按钮，然后分别单击形状中间4个锚点，将其删除，此时的图形效果如图12.21所示。

图12.20 变形效果　　　图12.21 删除节点

步骤13 将图形填充为青色（C:100；M:0；Y:0；K:0），然后将其缩小并移动放置到合适的位置，效果如图12.22所示。

步骤14 将刚填充的图像复制多份，然后分别对其进行调整，调整后的图像效果，如图12.23所示。

图12.22 填充效果　　　图12.23 复制修改

12.2 保龄球

📖 设计构思

● 利用"钢笔工具"绘制保龄球半边的轮廓，然后通过复制和相加，制作出保龄球的轮廓图。

● 通过内发光和羽化效果制作出保龄球的高光效果。

案例分类：进阶技能类
难易程度：★★☆☆☆
最终文件：配套光盘\配套素材\源文件\第12章\保龄球.ai
视频位置：配套光盘\movie\12.2 保龄球.avi

保龄球效果如图12.24所示。

图12.24 最终效果图

完全掌握Illustrator CC超级手册

图12.28 "路径查找器"面板 图12.29 相加效果

操作步骤

12.2.1 绘制保龄球瓶轮廓

步骤01 执行菜单栏中的"文件"|"新建"命令，或按下"Ctrl＋N"组合键，新建一个文档。

步骤02 单击工具箱中的"钢笔工具" 按钮，在页面中绘制一个封闭图形，效果如图12.25所示。

图12.25 封闭图型

步骤03 选中封闭图形，双击工具箱中的"镜像工具" 按钮，打开"镜像"对话框，选中"垂直"单选按钮，如图12.26所示。

步骤04 单击"复制"按钮，此时，图形就被复制了一份，并进行了垂直镜像，然后再将其水平向左移动放置到合适的位置，效果如图12.27所示。

图12.26 "镜像"对话框 图12.27 复制并镜像

步骤05 将这两个封闭图形选中，打开"路径查找器"面板，单击"联集" 按钮，如图12.28所示。

步骤06 两个封闭图形相加后，就合并为一个图形，合并后的图形效果如图12.29所示。

12.2.2 绘制保龄球瓶的立体感

步骤01 打开"渐变"面板，设置渐变颜色为浅灰蓝色（C:30；M:12；Y:15；K:0）到浅灰蓝色（C:13；M:0；Y:4；K:0）到浅灰蓝色（C:62；M:40；Y:45；K:0）的线性渐变，如图12.30所示。

步骤02 选中相加后的封闭图形，将其进行渐变填充，然后，再将其描边设置为无，此时，图形的渐变填充效果，如图12.31所示。

图12.30 设置渐变 图12.31 渐变填充效果

步骤03 执行菜单栏中的"效果"|"风格化"|"内发光"命令，打开"内发光"对话框，设置"模式"为正常，"不透明度"为75%，"模糊"为15毫米，颜色为浅灰蓝色（C:38；M:12；Y:19；K:0），如图12.32所示。

步骤04 各项参数设置完成后，单击"确定"按钮，此时，图像就添加了内发光效果，如图12.33所示。

图12.32 设置内发光参数　图12.33 内发光效果

步骤05 利用"钢笔工具" ✒ 在页面中绘制一个封闭图形，填充为白色，并将其描边设置为无，然后再稍加旋转，效果如图12.34所示。

步骤06 执行菜单栏中的"效果"|"风格化"|"羽化"命令，打开"羽化"对话框，设置"半径"为8mm，如图12.35所示。

图12.34 图像效果　　图12.35 设置羽化参数

步骤07 羽化参数设置完成后，单击"确定"按钮，此时，填充白色的图像的羽化效果如图12.36所示。

步骤08 执行菜单栏中的"效果"|"风格化"|"外发光"命令，打开"外发光"对话框，设置"模式"为正常，"不透明度"为75%，"模糊"为4mm，颜色为白色，如图12.37所示。

图12.36 羽化效果　　图12.37 设置外发光参数

步骤09 各项参数设置完成后，单击"确定"按钮，此时，图像就添加了外发光效果，如图12.38所示。

步骤10 用同样的方法，在图像的上方绘制一个椭圆，并对其进行羽化和外发光设置，其效果

如图12.39所示。

图12.38 外发光效果　　图12.39 图像效果

步骤11 利用"矩形工具" ▭ 在页面中绘制一个矩形，填充为红色（C:0；M:100；Y:100；K:0），并将其描边设置为无，效果如图12.40所示。

步骤12 单击工具箱中的"改变形状工具" ↘ 按钮，然后在矩形中间的上、下方各添加一个锚点，如图12.41所示。

图12.40 绘制矩形　　图12.41 添加锚点

步骤13 单击工具箱中的"直接选择工具" ▷ 按钮，然后将刚添加的两个锚点选中，按下鼠标并向下拖动，此时，矩形的变形效果如图12.42所示。

步骤14 将变形后的图像复制一份，然后将复制出的图像垂直向下移动放置到合适的位置，效果如图12.43所示。

图12.42 变形效果　　图12.43 复制并移动

步骤15 将变形后的两个图像选中，将其进行编组，并移动到合适的位置，效果如图12.44所示。然后将前面绘制的保龄球主体图形复制一份，并粘贴在原图形的前面。

完全掌握Illustrator CC超级手册

技巧

按"Ctrl + G"组合键，可以将选择的图形编组。这样有利用整体操作。

步骤16 将编组后的图像和刚复制出的图像选中，打开"路径查找器"面板，按住"Alt"键的同时，单击"交集" ⬚ 按钮，此时，图像相交后的效果如图12.45所示。

图12.44 编组并移动　　图12.45 相交效果

步骤17 将绘制好的保龄球瓶全部选中，双击"比例缩放工具" 按钮，打开"比例缩放"对话框，设置"比例缩放"的值为90%，如图12.46所示。

步骤18 设置完成后，单击"复制"按钮，复制图形，然后将复制并缩小后的图像移动放置到合适的位置，并将其置于底层，效果如图12.47所示。

图12.46 设置比例参数　图12.47 复制、缩小并后移

步骤19 用同样的方法，将刚复制并缩小后的图像再复制一份，此时的图像效果，如图12.48所示。

步骤20 选中复制并缩小后的两个图像，双击"镜像工具" 按钮，打开"镜像"对话框，

选中"垂直"单选按钮，单击"复制"按钮复制图形，然后将镜像并复制出的图像水平向左移动到合适的位置，效果如图12.49所示。

图12.48 复制并缩小　　　图12.49 复制并镜像

步骤21 利用"椭圆工具" 在页面中绘制一个椭圆，填充为黑色，并将其描边设置为无，然后旋转-25度，效果如图12.50所示。

步骤22 打开"羽化"对话框，设置"羽化半径"为17毫米，单击"确定"按钮，此时，图像的羽化效果如图12.51所示。

图12.50 椭圆效果　　　图12.51 羽化效果

步骤23 选中羽化后的椭圆，打开"透明度"面板，设置"不透明度"为75%，如图12.52所示。其效果如图12.53所示。

图12.52 "透明度"面板 图12.53 不透明度效果

步骤24 将羽化后的椭圆复制一份，并进行垂直镜像，然后将其置于底层，并移动放置到合适的位置，完成保龄球的制作。

12.3 / MP3宣传扇子设计

设计构思

- 利用"钢笔工具"和"转换锚点工具"绘制出扇子的轮廓并填充颜色。
- 利用调用素材制作人物背景。
- 添加MP3播放器，并制作艺术文字，完成Mp3宣传扇子的设计。

案例分类：进阶技能类
难易程度：★★★☆☆
调用素材：配套光盘\配套素材\调用素材\第12章\MP3宣传扇子设计
最终文件：配套光盘\配套素材\源文件\第12章\MP3宣传扇子设计.ai
视频位置：配套光盘\movie\12.3 MP3宣传扇子设计.avi

MP3宣传扇子设计效果如图12.54所示。

图12.54 最终效果图

操作步骤

12.3.1 绘制扇子轮廓

步骤01 执行菜单栏中的"文件"|"新建"命令，或按"Ctrl + N"组合键，打开"新建"对话框，设置"名称"为"MP3宣传扇子"，设置"大小"为A4，单击"确定"按钮。

步骤02 单击工具箱中的"钢笔工具"按钮，在文档中绘制一个封闭图形，效果如图12.55所示。

步骤03 单击工具箱中的"转换锚点工具"按钮，将刚绘制的封闭图形进行调整，调整后的图形效果如图12.56所示。

完全掌握Illustrator CC超级手册

图12.55 封闭图形　　图12.56 调整后效果

步骤04 选中刚调整后的图形，将其填充为蓝色（C:100；M:29；Y:0；K:0），描边颜色为浅蓝色（C:80；M:0；Y:0；K:0），图形填充后的效果如图12.57所示。

步骤05 选中填充后的图像，打开"描边"面板，设置"粗细"为8pt，在"对齐描边"后选择"使描边外侧对齐"按钮，如图12.58所示。

图12.57 填充效果　　图12.58 "描边"面板

步骤06 "描边"面板中的各项参数都设置完成这后，此时，图像的描边效果如图12.59所示。

步骤07 执行菜单栏中的"文件"|"打开"命令，打开"打开"对话框，选择配套光盘中的"调用素材\第12章\MP3宣传扇子设计\扇子插图.ai"文件，单击"打开"按钮，此时，图像就显示到文档中，效果如图12.60所示。

图12.59 描边效果　　图12.60 打开的图片

步骤08 确认当前画面为"扇子插图"文档。单击"选择工具"按钮，将鼠标指针移至图片上按下鼠标并拖动，将其拖至到"MP3宣传扇子"画布上。然后再调整其大小和位置，效果如图12.61所示。

步骤09 选中扇子插图，将其填充颜色调整为深蓝色（C:100；M:57；Y:0；K:0），描边为无，此时的图像的效果如图12.62所示。

图12.61 图片效果　　图12.62 改变颜色

步骤10 打开"透明度"面板，在面板中设置"不透明度"为60%，设置完成后，扇子插图降低不透明度后的效果如图12.63所示。

步骤11 将步骤（2）~步骤（5）所绘制的图像选中，将其复制一份，然后粘贴在原图像的前面。

步骤12 选中刚复制出的图像和扇子插图，打开"路径查找器"面板，在面板中单击"交集" 按钮，如图12.64所示。

图12.63 降低不透明度　　图12.64 "交集"按钮

步骤13 此时，就完成了图像的修剪，修剪后的图像效果如图12.65所示。

步骤14 利用工具箱中的"文字工具"，在文档中输入英文"MP3"，设置字体为"汉仪综艺体简"，大小为120像素，颜色为浅蓝色（C:50；M:0；Y:0；K:0），然后将其的不透明度设置为30%，效果如图12.66所示。

图12.65 修剪效果　　图12.66 添加英文

12.3.2 添加扇面内容

步骤01 选择菜单栏中的"文件"|"置入"命令，打开"置入"对话框，选择配套光盘中的"调用素材\第12章\MP3宣传扇子设计\MP3-1.psd"文件，单击"置入"按钮，此时，图像就显示到文档中，在控制栏中单击"嵌入"按钮，然后再调整图像的大小和位置，效果如图12.67所示。

步骤02 选中刚打开的图像，选择菜单栏中的"效果"|"风格化"|"外发光"命令，打开"外发光"对话框，设置"模式"为滤色，"不透明度"为80%，"模糊"为12mm，颜色为藏蓝色（C:100；M:93；Y:39；K:43），如图12.68所示。

图12.67 打开的图像　　图12.68 设置外发光参数

步骤03 外发光的各项参数设置完成后，单击"确定"按钮，此时，图像的外发光效果如图12.69所示。

步骤04 用同样的方法，再在文档中置入"MP3-2.psd"、"MP3-3.psd"和"MP3-4.psd"文件，然后分别调整其大小和位置，再为图像添加外发光，此时的图像效果如图12.70所示。

图12.69 外发光效果　　　图12.70 图像效果

步骤05 单击工具箱中的"文字工具"按钮，在文档中输入文字"我的音乐我喜欢"，设置字体为"汉仪圆叠体简"，颜色为粉红色（C:0；M:100；Y:0；K:0），如图12.71所示。然后为其添加8像素的粉红色描边。

步骤06 将文字复制一份，再按下"Ctrl + F"组合键，将复制出的文字粘贴在原文字的前面，然后将其描边删除，再填充为白色，此时的文字效果如图12.72所示。

图12.71 添加文字　　　图12.72 文字效果

步骤07 将刚输入的文字选中，然后打开"变换"面板，设置"旋转"为23度，此时，文字的旋转效果如图12.73所示。

步骤08 利用工具箱中的"钢笔工具"，在文档中绘制一个封闭图形，然后将其填充为白色，描边为无，放置到合适的位置，效果如图12.74所示。

图12.73 旋转效果　　　图12.74 封闭图像

步骤09 将刚绘制的图像复制一份，按下"Ctrl + B"组合键，将复制出的图像粘贴在原图像的后面，然后将其填充为粉红色（C:0；M:100；Y:0；K:0），再调整其大小和位置，效果如图12.75所示。

步骤10 再次在文档中添加文字和图像，然后将其放置到合适的位置，其效果如图12.76所示。

图12.75 复制效果　　　图12.76 图像效果

12.3.3 制作扇柄

步骤01 利用工具箱中的"椭圆工具" ，在文档中绘制一个椭圆，将其填充为深蓝色（C:100；M:70；Y:0；K:0），描边为无，然后放置到合适的位置，效果如图12.77所示。

步骤02 利用工具箱中的"直接选择工具"，选中刚绘制的椭圆的底部的锚点，对其进行调整，调整后的图像效果如图12.78所示。

图12.77 绘制椭圆　　　图12.78 图像效果

步骤03 单击工具箱中的"椭圆工具"按钮，按住"Shift"键的同时，按下鼠标并拖动，在文档中绘制一个正圆，将其填充为白色，描边为无，如图12.79所示。

步骤04 将刚调整后的图像和正圆选中，打开"对齐"面板，在面板中单击"水平居中对齐" 按钮，如图12.80所示。此时调整后的图像和正圆的水平居中对齐效果，如图12.81所示。

图12.79 正圆效果　　　图12.80 "对齐"面板

步骤05 利用工具箱中的"矩形工具"，在文档中绘制一个矩形，填充为深蓝色（C:100；M:70；Y:0；K:0），描边为无，效果如图12.82所示。

步骤06 将刚水平居中对齐的图像进行编组，然后再将其和刚绘制的矩形也同样进行水平居中对齐，图像的对齐效果，如图12.54所示。

图12.81 水平居中对齐　　　图12.82 矩形效果

第13章 唯美插画设计

〔内容摘要〕

　　插画，在拉丁文中是指"照亮"的意思。最初只是给故事书加的一些插图，比如常说的图文并茂其实就是说的插画。到了近代，插画也包括单纯的美术设计。插图是运用图案表现的形象，本着审美与实用相统一的原则，尽量使线条、形态清晰明快，制作方便。插画经历了黑板报、版画、宣传画格式的发展，后来借鉴了国际流行风格，90年代中后期随着电脑技术的普及，越来越多使用电脑进行插画设计的新锐涌现，他们用Photoshop、Illustraot、Painter以及数码手写板进行更多形式的插画设计作品创作，并应用在商业宣传中。

　　商业插画是借助广告渠道进行传播，覆盖面很广，社会关注度很高。商业插画有一定的规则，需要具备三个特性：传达消息的直接性、大众审美的符合性和商品强化的夸张性。本章通过几个插画实例，详细讲解了插画设计的理念和设计精粹。

〔教学目标〕

- 认识插画的含义及发展
- 了解商业插画的特性
- 掌握插画设计的技巧

13.1 优美蝴蝶插画设计

设计构思

- 绘制矩形，并通过复制制作出插画背景，然后创建新的符号。
- 通过"符号喷枪工具"制作出分散的花朵效果。
- 通过"路径查找器"制作出蝴蝶，并将蝴蝶复制多份，完成优美蝴蝶插画的制作。

案例分类：唯美插画设计类
难易程度：★★★☆☆
最终文件：配套光盘\配套素材\源文件\第13章\优美蝴蝶插画设计.ai
视频位置：配套光盘\movie\13.1 优美蝴蝶插画设计.avi

优美蝴蝶插画设计效果如图13.1所示。

图13.1 最终效果图

✏️ 操作步骤

13.1.1 绘制插画背景

步骤01 单击工具箱中的"矩形工具" 🔲 按钮，在页面中绘制一个矩形，将其填充为粉红色（C:0；M:100；Y:0；K:0）到紫色（C:68；M:100；Y:0；K:0）的线性渐变，然后设置其描边为无，效果如图13.2所示。

步骤02 单击工具箱中的"矩形工具" 🔲 按钮，在页面中绘制一个矩形，将其填充为浅粉色（C:0；M:80；Y:0；K:0）到紫色（C:68；M:100；Y:0；K:0）的线性渐变，描边设置为无，效果如图13.3所示。

技巧 ❗

通过设置不同的渐变颜色，可以制作出深浅不同的渐变效果，并可以和背景很好地融合，制作出不错的背景效果。

图13.2 矩形效果

图13.3 渐变填充

步骤03 将刚绘制的矩形复制多份，然后分别调整矩形的大小和位置，此时的图像效果如图13.4所示。

步骤04 将页面中除步骤（1）以外的所有矩形全部选中，然后进行编组。再打开"透明度"面板，设置其"不透明度"为80%，此时的图像效果如图13.5所示。

技巧 ❗

为了使图形与背景更好地融合，可以利用降低不透明度的方法来实现，这是在平面设计中非常常用的一种融合方法。

图13.4 复制并调整　　图13.5 降低不透明度

13.1.2 添加插画内容

步骤01 单击工具箱中的"钢笔工具" 🖊️ 按钮，在页面中绘制一条2像素的白色的曲线，然后将其放置到合适的位置，效果如图13.6所示。

步骤02 再次利用"钢笔工具" 🖊️ 在页面中绘制一个封闭图形，然后再利用"转换锚点工具"⬚对刚绘制的图形进行调整，调整后的图形效果如图13.7所示。

图13.6 曲线效果　　　图13.7 图形效果

步骤03 将刚绘制的封闭图形选中，将其填充为白色，然后再设置其描边为无，图形的填充效果如图13.8所示。

步骤04 将刚绘制好的图像选中，复制多份，然后分别对其进行调整，调整后的图像效果如图13.9所示。

图13.8 填充效果　　　图13.9 复制并调整

步骤05 再次利用"钢笔工具"⬚在页面中绘制一条2像素的白色的曲线，放置到合适的位置，效果如图13.10所示。

步骤06 单击工具箱的中"椭圆工具"⬚按钮，在页面中绘制一个正圆，将其填充为白色，描边设置为无，放置到合适的位置，效果如图13.11所示。

图13.10 曲线效果　　　图13.11 正圆效果

步骤07 单击工具箱中的"钢笔工具"⬚按钮，在页面中绘制一个花朵形状的图形，其效果如图13.12所示。

步骤08 将刚绘制的花朵图形填充为白色到浅粉色（C:0；M:80；Y:0；K:0）的径向渐变，然后再设置其描边为无，效果如图13.13所示。

图13.12 花朵图形　　　图13.13 渐变填充

步骤09 单击工具箱中的"椭圆工具"⬚按钮，在页面中绘制一个正圆，将其填充为白色到红色（C:0；M:100；Y:100；K:0）的径向渐变，再为其添加5像素的黄绿色（C:42；M:0；Y:100；K:0）描边，效果如图13.14所示。

步骤10 再次利用"椭圆工具"⬚，在页面中绘制一个椭圆，将其填充为桔黄色（C:0；M:50；Y:100；K:0）到橙色（C:0；M:72；Y:80；K:0）的线性渐变，描边设置为无，其效果如图13.15所示。

图13.14 添加正圆　　　图13.15 椭圆效果

步骤11 将绘制好的花朵全部选中，打开"符号"面板，单击其下方的"新建符号"⬚按钮，在弹出的"符号选项"对话框中，设置"名称"为花朵，如图13.16所示。

技巧

执行菜单栏中的"窗口"|"符号"命令，或按"Shift + Ctrl + F11"组合键，可以打开或关闭"符号"面板。

步骤12 设置完成后，单击"确定"按钮，此时"符号"面板中就自动生成了一个新的符号——花朵，如图13.17所示。

完全掌握Illustrator CC超级手册

图13.16 "符号选项"对话框

图13.17 "符号"面板

步骤13 选中"符号"面板中的花朵符号,单击工具箱中的"符号喷枪工具" 🖈 按钮,然后在页面中喷出花朵,效果如图13.18所示。

技巧 ❗

在英文输入法下,按键盘上的"Shift + S"键,可以选择"符号喷枪工具" 🖈 按钮。

步骤14 分别利用"符号紧缩器工具" 🐾、"符号缩放器工具" 🐾、"符号移位器工具" 🐾,对将喷出的花朵进行调整,调整后的图像效果如图13.19所示。

技巧 ❗

使用"符号紧缩器工具" 🐾 在符号上按住鼠标不动或拖动鼠标,可以将符号收缩在一起;如果在操作时按住"Alt"键,可以将符号扩展开来。

使用"符号缩放器工具" 🐾 在符号上按住鼠标不动或拖动鼠标,可以将符号放大;如果在操作时按住"Alt"键,可以将符号缩小。

使用"符号移位器工具" 🐾 拖动符号,可以改变符号的位置。按"Shift"键可以将符号前移一层;按"Shift + Alt"组合键,可以将符号后移一层。

图13.18 花朵效果 　　 图13.19 调整效果

13.1.3 绘制简易蝴蝶

步骤01 利用工具箱中的"钢笔工具" 🖊 在页面中绘制一个封闭图形,然后将其复制一份并稍加调整,效果如图13.20所示。

步骤02 将刚绘制的这两个图像选中,打开"路径查找器"面板,单击"减去顶层" 🖿 按钮,然后再将其相减后的图像填充为红色(C:0;M:100;Y:100;K:0)到深红色(C:0;M:100;Y:100;K:40)的线性渐变,效果如图13.21所示。

图13.20 图像效果 　　 图13.21 相减并填充

步骤03 将刚修剪后的图像选中并复制一份,然后再将复制出的图像稍加旋转、缩小并移动放置到合适的位置,效果如图13.22所示。

步骤04 将刚绘制的这两个图像复制一份,再按下"Ctrl + B"组合键,将复制出的图像粘贴在原图像的后面,然后再调整其渐变填充的位置,效果如图13.23所示。

图13.22 复制并调整 　　 图13.23 复制图像

步骤05 利用"钢笔工具" ✐ 在页面中绘制一个封闭图形，然后将其填充为红色（C:0；M:100；Y:100；K:0）到深红色（C:0；M:100；Y:100；K:40）线性渐变，描边设置为无，放置到合适的位置，效果如图13.24所示。

步骤06 单击工具箱中的"椭圆工具" ⬭ 按钮，在页面中绘制一个正圆，将其填充为红色（C:0；M:100；Y:100；K:0）到深红色（C:0；M:100；Y:100；K:40）线性渐变，描边设置为无，放置到合适的位置，效果如图13.25所示。

M:100；Y:100；K:0）到深红色（C:0；M:100；Y:100；K:40）线性渐变，描边设置为无，然后将再其复制一份，此时就完成了蝴蝶的绘制，其效果如图13.26所示。

步骤08 将绘制好的蝴蝶复制多份，然后分别调整复制出的蝴蝶的颜色、大小和位置，完成优美蝴蝶插图，最终效果如图13.1所示。

图13.24 渐变填充　　图13.25 添加正圆

步骤07 再次利用"钢笔工具" ✐ 在页面中绘制一个封闭图形，将其填充为红色（C:0；

图13.26 蝴蝶效果

13.2 / 精美音乐插画设计

📖 设计构思

- 绘制插画的背景，通过正圆的绘制和不同颜色的填充设置，制作出多彩的圆环效果。
- 通过对文字应用"凸出"命令制作出艺术文字效果。
- 通过"扩展外观"和"偏移路径"命令，制作出描边的文字效果，完成劲爆音乐插图的制作。

案例分类：唯美插画设计类
难易程度：★★★☆☆
最终文件：配套光盘\配套素材\源文件\第13章\精美音乐插画设计.ai
视频位置：配套光盘\movie\13.2 精美音乐插画设计.avi

精美音乐插画设计效果如图13.27所示。

图13.27 最终效果图

✏ 操作步骤

13.2.1 绘制插画背景

步骤01 单击工具箱中的"矩形工具" ▭ 按钮，在文档中绘制一个矩形，将其填充为深紫色（C:100；M:100；Y:0；K:30），然后设置其描边为无，效果如图13.28所示。

步骤02 单击工具箱中的"钢笔工具" ✎ 按钮，在文档中绘制一条3像素的白色的曲线，然后再将其不透明度设置为40%，效果如图13.29所示。

图13.30 复制并调整　　图13.31 正圆效果

步骤05 选中刚绘制的正圆，按下鼠标向右拖动的同时按住"Ctrl + Shift"组合键，将其复制一份，效果如图13.32所示。

步骤06 按住"Ctrl"键的同时，多次按下"D"键，重复刚才的复制并水平向右移动操作，此时的图像效果如图13.33所示。

图13.28 矩形效果　　图13.29 曲线效果

步骤03 将刚绘制的曲线复制2份，然后再分别调整其大小和位置后，此时的图像效果如图13.30所示。

步骤04 单击工具箱中的"椭圆工具" ⬭ 按钮，在文档中绘制一个正圆，将其填充为白色，描边为无，然后放置到合适的位置，效果如图13.31所示。

图13.32 复制并移动　图13.33 重复复制并移动

步骤07 选中图像中所有的正圆并进行编组，然后打开"透明度"面板，设置其"不透明度"为40%，效果如图13.34所示。

步骤08 将刚降低不透明度后的正圆复制多份，然后再分别调整其位置，此时的图像效果如图13.35所示。

图13.34 降低不透明度　　图13.35 复制并调整

步骤09 单击工具箱中的"椭圆工具" 按钮，在文档中绘制一个正圆，将其填充为白色，描边为无，放置到合适的位置，效果如图13.36所示。

步骤10 选择菜单栏中的"效果"|"风格化"|"羽化"命令，打开"羽化"对话框，设置"羽化半径"为32像素，单击"确定"按钮，此时，正圆的羽化效果如图13.37所示。

图13.36 正圆效果　　　图13.37 羽化效果

步骤11 将羽化后的正圆复制一份，然后将其移动放置到图像的右下方，此时的图像效果如图13.38所示。

步骤12 再次利用"椭圆工具" 在文档中绘制一个白色正圆，再将其复制多份，然后再分别调整其大小和不透明度，其效果如图13.39所示。

图13.38 复制并移动　　图13.39 图像效果

13.2.2 添加插画内容

步骤01 单击工具箱中的"椭圆工具" 按钮，在文档中绘制一个正圆，将其填充为白色，描边为无，效果如图13.40所示。

步骤02 将刚绘制的正圆复制一份，然后将其填充为设置无，描边颜色为青色（C:100；M:0；Y:0；K:0），描边粗细为5像素，效果如图13.41所示。

图13.40 正圆效果　　　图13.41 复制并描边

步骤03 选中白色正圆，再次将其复制一份并稍加缩小，然后再将其填充颜色设置为黄色（C:0；M:0；Y:100；K:0），效果如图13.42所示。

步骤04 使用同样方法反复将正圆进行复制并缩小，然后再填充不同的颜色，此时的图像效果如图13.43所示。

图13.42 复制并缩小　　图13.43 图像效果

步骤05 将步骤（1）至（4）所绘制的正圆选中并进行编组，然后再将其复制多份，并进行相应的调整，效果如图13.44所示。

步骤06 单击工具箱中的"文字工具" 按钮，在文档中输入文字"劲爆音乐 点亮生活"，设置字体为"汉仪竹节体简"，大小为36像素，颜色为红色（C:0；M:100；Y:100；K:0），效果如图13.45所示。

图13.44 图像效果

图13.45 添加文字

图13.48 扩展外观

图13.49 设置偏移路径参数

步骤07 选择菜单栏中的"效果"|"变形"|"凸出"命令，打开"变形选项"对话框，设置其中的各项参数为默认值，如图13.46所示。单击"确定"按钮，此时的文字效果如图13.47所示。

步骤10 各项参数设置完成后，单击"确定"按钮。然后打开"路径查找器"面板，按住"Alt"键的同时，单击"联集" 按钮，此时的图像效果如图13.50所示。

步骤11 将相加后的图像填充为白色，然后再设置描边颜色为黄色（C:0；M:0；Y:100；K:0），描边粗细为3像素，效果如图13.51所示。

图13.46 变形选项

图13.47 文字的凸出效果

步骤08 按下"Ctrl + C"组合键将其复制一份。选择菜单栏中的"对象"|"扩展外观"命令，扩展外观后的文字效果如图13.48所示。

步骤09 选择菜单栏中的"对象"|"路径"|"偏移路径"命令，打开"位移路径"对话框，设置"偏移"为3mm，"连接"为斜接，如图13.49所示。

图13.50 偏移并相加

图13.51 填充并描边

步骤12 按下"Ctrl + F"组合键，将之前复制出的文字粘贴在原图像的前面，完成精美插画设计。

第14章 企业形象设计

〔内容摘要〕

企业形象设计包括有很多的内容，这里重点讲解标志及办公VI设计技巧，标志是一种特殊的图形符号，它以信息传达为主，也被称作Logo。它具有简洁、明了的特点。在市场经济体制下，竞争不断加剧，而具有特色鲜明、易辨认、易记忆和含义深刻的标志，更容易使人对其留下深刻的印象；办公VI也是一个企业整体形象的表现，体现出一个公司的整体风格，本章就详细讲解了标志及办公VI的设计技巧。

〔教学目标〕

- 了解标志和VI的应用
- 学习标志的制作方法
- 掌握VI设计技巧

14.1 服饰标志设计

📖 设计构思

- 利用"椭圆工具" ⬭、"矩形工具" ⬛和"减去顶层" ⬜按钮，制作出标志的一部分。
- 利用缩放和复制命令，制作出其他部分，并添加球形和文字，制作出以皇冠外形主体，配以弧形流线效果，体现出尊贵、舒适、奢华的感觉。

案例分类：企业形象设计类
难易程度：★★☆☆☆
最终文件：配套光盘\配套素材\源文件\第14章\服饰标志设计.ai
视频位置：配套光盘\movie\14.1 服饰标志设计.avi

服饰标志设计效果如图14.1所示。

图14.1 最终效果图

操作步骤

步骤01 执行菜单栏中的"文件"|"新建"命令，或按"Ctrl + N"组合键，打开"新建"对话框，设置"名称"为"标志设计"，设置"大小"为A4，"取向"为横向，单击"确定"按钮。

步骤02 单击工具箱中的"椭圆工具"⬭按钮，在页面中绘制一个椭圆，将其填充为白色，描边设置为无，如图14.2所示（为了使白色更为突出，所以添加了一个深色的背景）。

步骤03 选中刚绘制椭圆，按住"Alt"键的同时，按下鼠标并拖动，将其复制一份，效果如图14.3所示。

技巧

在利用"Alt"键复制图形时，由于两个图形的填充颜色是一致的，所以不容易看出交叉的效果，这时可以将其中一个图形填充为其他的颜色，以便操作与查看。

图14.2 椭圆效果

图14.3 复制并移动

步骤04 将页面中刚绘制的两个椭圆选中，打开"路径查找器"面板，按住"Alt"键的同时，单击"减去顶层"▣按钮，如图14.4所示。此时，椭圆相减后的图像效果，如图14.5所示。

图14.4 "路径查找器"面板 图14.5 相减后的效果

步骤05 单击工具箱中的"矩形工具"▣按钮，在页面中绘制一个矩形，然后将其放置到合适的位置，效果如图14.6所示。

步骤06 重复步骤（4）的操作方法，将相减后图像的多余部分删除，对图像进行修剪，其效果如图14.7所示。

图14.6 绘制矩形 图14.7 相减后的效果

步骤07 将修剪后的图像选中，打开"渐变"面板，设置"类型"为线性，"角度"为0，颜色为白色到灰色（C:0；M:0；Y:0；K:30），如图14.8所示。此时，图像的渐变填充效果，如图14.9所示。

图14.8 "渐变"面板　　图14.9 渐变后的效果

技巧

在利用"渐变"面板进行渐变设置时，如果想添加更多的渐变色，可以在色带的位置单击鼠标来添加渐变滑块，通过改变渐变滑块的颜色来添加渐变色；如果想减少渐变色，可以选择渐变滑块，然后将其拖动到"渐变"面板以外的位置释放鼠标，即可删除不需要的滑块，但滑块最少不能少于两个。

步骤08 选中渐变填充后的图像，双击工具箱中的"镜像工具" 按钮，打开"镜像"对话框，设置"轴"为"垂直"，如图14.10所示。

技巧

在"镜像"对话框中，"水平"、"垂直"或指定角度值设置的为轴向，而不是复制的方向。选择"垂直"轴向图形将会沿垂直轴水平镜像；如果要水平镜像请选择"水平"轴。

步骤09 设置完成后，单击"复制"按钮，选中镜像后的图像，然后按住"Shift"键的同时，将其向左移动到合适的位置，效果如图14.11所示。

图14.10 "镜像"对话框　　图14.11 镜像并移动

步骤10 将刚镜像后的图像的渐变颜色，调整为灰色（C:0；M:0；Y:0；K:40）到白色，调整后的效果如图14.12所示。

步骤11 单击工具箱中的"椭圆工具" 按钮，按住"Shift"键的同时，按下鼠标并拖动，在页面中绘制一个正圆，将其放置到合适的位置，如图14.13所示。

技巧

在这里移动时按住"Shift"键，主要是移动时将其沿水平方向移动。如果垂直移动也可以按住"Shift"键，否则将出现偏差。

图14.12 调整渐变后的效果　　图14.13 正圆效果

步骤12 选中刚绘制的正圆，打开"渐变"面板，设置"类型"为"径向"，颜色为白色到灰色（C:0；M:0；Y:0；K:30），然后设置白色滑块的"位置"为30%，此时，正圆的渐变填充效果，如图14.14所示。

步骤13 将页面中的图像选中，按下"Ctrl + G"组合键将其进行编组。

步骤14 然后双击工具箱中的"比例缩放工具" 按钮，打开"比例缩放"对话框，选中"等比"单选按钮，设置"比例缩放"为的值70%，如图14.15所示。

图14.14 渐变效果　图14.15 "比例缩放"对话框

步骤15 设置完成后，单击"复制"按钮，此时，图像的等比缩放和复制效果如图14.16所示。

步骤16 将缩放后的图像选中，双击工具箱中的"旋转工具" ⟳ 按钮，打开"旋转"对话框，设置"角度"为45度，如图14.17所示。

图14.16 缩放并复制　　图14.17 "旋转"对话框

步骤17 设置完成后，单击"确定"按钮，然后再将旋转后的图像移动放置到合适的位置，此时的图像效果如图14.18所示。

步骤18 选中刚旋转后的图像，执行菜单栏中的"对象"|"排列"|"后移一层"命令，此时，图像的后移效果如图14.19所示。

图14.18 旋转并移动　　图14.19 后移一层效果

步骤19 将后移后的图像选中，双击工具箱中的"旋转工具" ⟳ 按钮，打开"旋转"对话框，设置"角度"为-90度，单击"复制"按钮，然

后再将其移水平向右移动放置到合适位置，效果如图14.20所示。

步骤20 重复步骤（2）至（4）的操作，在页面中绘制一个图像，然后将其移动放置到合适的位置，如图14.21所示。

图14.20 旋转并复制　　　图14.21 图像效果

步骤21 将绘制好的图像填充为灰色（C:0；M:0；Y:0；K:40）到白色再到灰色（C:0；M:0；Y:0；K:40）的线性渐变，此时的图像效果如图14.22所示。

步骤22 单击工具箱中的"文字工具" **T** 按钮，在页面中输入"香港皇朝服饰 XIANGGANG HUANGCHAO"，然后设置不同的字体和字号，其效果如图14.23所示。

图14.22 渐变填充　　　图14.23 添加文字

14.2 爱诗威尔标志设计

📖 设计构思

- 通过"钢笔工具"绘制基本描边。
- 通过"镜像工具"对图形进行翻转。
- 通过对图形填充透明渐变来增加标志的质感。
- 通过建立不透明蒙版来给标志添加光泽。
- 通过"文字工具"输入文字，再设置为不同字体和大小，以避免文字过于死板。

案例分类：企业形象设计类
难易程度：★★☆☆☆
最终文件：配套光盘\配套素材\源文件\第14章\爱诗威尔标志设计.ai
视频位置：配套光盘\movie\14.2 爱诗威尔标志设计.avi

爱诗威尔标志设计效果如图14.24所示。

HERT
DIAMOND RING

图14.24 最终效果图

完全掌握Illustrator CC超级手册

操作步骤

步骤01 单击工具箱中的"钢笔工具" ✐ 按钮，在页面中绘制一个封闭图形，效果如图14.25所示。

图14.25 绘制图形

步骤02 将绘制的图形复制一份，双击工具箱中的"镜像工具" ⬚ 按钮，打开"镜像"对话框，设置"轴"为"垂直"，如图14.26所示。将复制出的图形拖到原图右侧，使其与原图对齐，选中两个图形后单击鼠标右键，在弹出的快捷菜单中选择"编组"命令，将两个图形编组，如图14.27所示。

图14.26 "镜像"对话框   图14.27 复制图形

步骤03 单击工具箱中的"渐变工具" ▨ 按钮，"类型"设置为线性，"角度"设置为-90°，渐变效果从橘红色（C:0；M:60；Y:100；K:0）到橘红色（C:0；M:60；Y:100；K:0），如图14.28所示。设置不透明度为30%，如图14.29所示。

图14.28 设置渐变   图14.29 设置不透明度

步骤04 将图形复制一份，进行大小变换，效果如图14.30所示。

图14.30 复制并变换

步骤05 选中两个图形，单击"路径查找器"面板中的"分割" ⬚ 按钮，然后单击鼠标右键，在弹出的快捷菜单中选择"取消编组"命令，选中多余部分后按Delete键删除，效果如图14.31所示。

步骤06 单击工具箱中"钢笔工具" 按钮，随意绘制一个三角形，设置三角形的"描边"为无，然后将其复制多个，调整它们的大小、角度和位置并填充不同深浅颜色的橘红色，设置不透明度为30%左右，效果如图14.32所示。

图14.31 剪裁立体效果 图14.32 复制并调整三角形

步骤07 选中不规则图形并复制，然后单击鼠标右键，在弹出的快捷菜单中选择"排列"|"置于顶层"，再选中其他三角形，单击鼠标右键，在弹出的快捷菜单中选择"建立剪切蒙版"命令，效果如图14.33所示。

图14.33 建立剪切蒙版效果

步骤08 再次选中不规则图形并复制，单击"路径查找器"面板中的"合并" 按钮，将颜色填充为黑色，"描边"为无，并对图形进行变换至合适，然后单击鼠标右键，在弹出的快捷菜单中选择"排列"|"置于底层"命令，效果如图14.34所示。

步骤09 执行菜单栏中的"效果"|"模糊"|"高斯模糊"（半径23个像素左右），然后降低不透明度直到合适，效果如图14.35所示。

图14.34 图形变换效果　　　图14.35 添加阴影

步骤10 单击工具箱中的"文字工具" T按钮，输入两行文字，设置不同字体和大小，为标志添加文字效果如图14.36所示。

图14.36 添加文字

14.3 九久钻石标志设计

📖 设计构思

- 通过"矩形工具"绘制正方形。
- 通过"变换"面板对图形进行翻转。
- 通过对图形填充不断地复制组合以及变换来确认基本的标志轮廓。
- 通过添加不同的颜色来增加标志的凸出立体感。
- 通过"文字工具"输入文字，再设置其为不同字体和大小，然后使用"路径查找"面板，利用"分割"按钮来对文字进行分割，以避免文字过于死板。

案例分类：企业形象设计类
难易程度：★★☆☆☆
最终文件：配套光盘\配套素材\源文件\第14章\九久钻石标志设计.ai
视频位置：配套光盘\movie\14.3 九久钻石标志设计.avi

九久钻石标志设计效果如图14.37所示。

九久钻石

JOHNGLE DIAMOND

图14.37 最终效果图

✏ 操作步骤

步骤01 单击工具箱中的"矩形工具" 按钮，绘制一个"宽"为30mm，"高"为30mm的矩形，在"变换"面板中输入旋转角度为45，将矩形旋转45°，如图14.38所示。

图14.38 绘制矩形并旋转

步骤02 选中矩形，设置其"宽"为35mm，"高"为20mm，并单击工具箱中的"矩形工具" 按钮，绘制一个矩形并放在变形后的矩形1\2处，效果如图14.39所示。

步骤03 将两个图形全部选中，单击"路径查找器"面板中的"分割" 按钮，将旋转之后的矩形分割，然后单击鼠标右键，从弹出的快捷菜单中选择"取消编组"命令，选中其中一部分图形，按住Delete键删除，留下一个等腰三角形，如图14.40所示。

图14.39 绘制新矩形　图14.40 修剪之后的效果

步骤04 选中三角形并复制一份，单击工具箱中的"镜像工具" 按钮，将复制的图形垂直翻转，如图14.41所示。然后将两个图形以最长的一边摆放在一起，如图14.42所示。

图14.41 翻转图形　　图14.42 复制并组合

步骤05 将两个三角形全部选中，在"变换"面板中输入旋转角度为30，完成旋转效果，然后将其复制一份，水平放置右侧，如图14.43所示。

步骤06 将前面两个图形（4个三角形）再复制一份，在"变换"面板只中输入旋转角度为90，完成旋转效果，放置右侧并与之前的图形相互贴齐，如图14.44所示。

图14.43 旋转并复制　　图14.44 复制并旋转

步骤07 选中一个图形（2个三角形）复制一份。同样，在"变换"面板中输入旋转角度为30，完成旋转效果，并单击工具箱中的"镜像工具" 按钮，将图形水平放置在左侧，效果如图14.45所示。

步骤08 选中其中5个三角形，设置"描边"为无，填充颜色为深蓝色（C:100；M:60；Y:10；K:0），如图14.46所示。

图14.45 排列图形　　　图14.46 填充图形

步骤09 选中其他5个三角形，设置"描边"为无，填充蓝色（C:67；M:0；Y:0；K:0），效果如图14.47所示。

图14.47 填充其他图形

步骤10 单击工具箱中的"文字工具" T 按钮，输入文字"九久钻石"，设置"字体"为"微软雅黑"，文本大小适中，如图14.48所示。

步骤11 选中文字，单击鼠标右键，在弹出的快捷菜单中选择"创建描边"命令，将文字拆分并重新排列位置，如图14.49所示。

图14.48 输入文字　　　图14.49 重新排列位置

步骤12 单击工具箱中的"矩形工具" 按钮，随意绘制一个长条形矩形放置在文字"九"的位置，如图14.50所示。

步骤13 选中文字"九"与矩形，单击"路径查找器"面板中的"分割"按钮 ，将选中的图形分割，然后单击鼠标右键，在弹出的快捷菜单中选择"取消编组"命令，选中矩形及多余部分，并按Delete键删除，效果如图14.51所示。

图14.50 添加辅助矩形　图14.51 修剪后的效果

步骤14 再绘制矩形放到文字的其他部位，并逐一运用上面讲过的方法对文字进行修剪，效果如图14.52所示。

图14.52 其他文字修建之后的效果

步骤15 选中文字"钻"，单击工具箱中的"直接选择工具" 按钮，通过调整、添加、删除节点，绘制文字的变形体，如图14.53所示，调整之后与其他字体放置在一起，如图14.54所示。

图14.53 编辑文字　　　图14.54 字体最终效果

步骤16 单击工具箱中的"文字工具" T 按钮，输入英文"JOHNGLE DIAMOND"，设置"字体"为"Century Gothic"，调整文字大小，并放置在中文下方，如图14.55所示。

图14.55 输入英文

步骤17 将之前绘制完成的图案与文字相结合，并将文字填充为深蓝色（C:100；M:60；Y:10；K:0），标志设计制作完成，效果如图14.56所示。

图14.56 完成设计

设计构思

- 使用"文字工具"输入文字。
- 通过给文字创建描边之后,使用"路径查找器"面板中的功能,对文字进行不断地合并修剪来完成效果。
- 通过对"星形工具"在圆的基础上绘制星形;然后复制并改变其大小和角度;最后将图形文字组合到一起并填充颜色,完成最终效果。

案例分类:企业形象设计类
难易程度:★★☆☆☆
最终文件:配套光盘\配套素材\源文件\第14章\九江国际标志设计.ai
视频位置:配套光盘\movie\14.4 九江国际标志设计.avi

九江国际标志设计效果如图14.57所示。

图14.57 最终效果图

操作步骤

步骤01 单击工具箱中的"文字工具" T 按钮,输入"九江国际",设置字体为"汉仪综艺简体",效果如图14.58所示。

图14.58 输入中文

步骤02 选中文字,单击鼠标右键,在弹出的快捷菜单中选择"创建描边"命令,再次单击

鼠标右键,在弹出的快捷菜单中选择"取消编组"命令,效果如图14.59所示。

图14.59 创建描边

步骤03 单击工具箱中的"直接选择" ▷ 按钮,选中"江"字的两个锚点,按住鼠标并向左侧水平拖动,如图14.60所示。然后将"九"和"江"连接到一起并全部选中,单击"路径查找器"面板中的"合并" ▣ 按钮,将文字完

成连接，效果如图14.61所示。

图14.60 连接文字　　　图14.61 完成连接

步骤04 使用拖动的方法选中文字"九"的所有锚点，如图14.62所示。按住鼠标水平向右拖动，调整到合适的位置并释放鼠标，以缩小文字间的距离，效果如图14.63所示。

图14.62 选中锚点　　　图14.63 调整后的效果

步骤05 选中文字连接处的锚点，如图14.64所示，对接点调整、变换，使文字连接得更自然，如图14.65所示。

图14.64 选中文字连接处的锚点

图14.65 调整后的效果

步骤06 单击工具栏中的"矩形工具按钮" ▢ 按钮，在"九江"之间绘制一个长条状矩形，如图14.66所示。选中矩形和文字，单击"路径查找器"面板中的"分割" ▣ 按钮，将文字进行分割修剪，然后单击鼠标右键，在弹出的快捷菜单中选择"取消编组"命令，选中矩形及多余部分，按Delete键删除。如图14.67所示。

图14.66 绘制矩形　　　图14.67 修剪文字

步骤07 选中文字"江"字，单击工具箱中"添加锚点工具" ✎ 按钮，在"江"字上并排添

加两个锚点，如图14.68所示。将新添加的锚点和上方横竖交叉处的两个锚点全部选中，如图14.69所示，按住鼠标并水平拖动，效果如图14.70所示。

图14.68 添加锚点　　　图14.69 选中锚点

图14.70 移动后的效果

步骤08 单击工具箱中"矩形工具" ▢ 按钮，将文字"国"和"际"按照前面学过的方法，分别进行修剪，如图14.71所示。然后把修剪后的"国"与"际"排列到一起，制作成"共用一条笔画"的设计效果，如图14.72所示。

图14.71 修剪文字　　图14.72 修剪排列之后效果

步骤09 把之前制作完成的"九江"与"国际"水平摆放到一起，并调整到上下对齐，如图14.73所示。单击工具箱中的"文字工具" T 按钮，输入大写英文"JIUJIANG INTERNATIONAL"，设置英文字体为"Felix Titling"，调整大小之后，放置于中文字的下方，效果如图14.74所示。

图14.73 调整好的文字

图14.74 添加英文

步骤10 单击工具箱中的"星形工具" ⭐ 按钮，按住Ctrl键+左右键绘制一个五角星，效果如图14.75所示。

步骤11 单击工具中的"比列倾斜工具" ↗ ，改变五角形的倾斜度，并确定最后方案，效果如图14.76所示。

步骤13 调整完成后，选中正圆，按Delete键将其删除，效果如图14.79所示。将调整完成后的五角星全部选中，填充为橘红色（C:0；M:60；Y:100；K:0），"描边"设置为无，如图14.80所示。

图14.75 绘制图形　　图14.76 最终方案

图14.79 删除正圆图形　　图14.80 填充颜色

步骤12 将最后调整好的星星复制九个。为了让其沿圆形排列，这里创建一个辅助圆，单击工具箱中的"椭圆工具" ⬭ 按钮，绘制一个正圆，如图14.77所示，将九个星星分别放到正圆边上，并选中五角星调整好角度，然后改变其大小，效果如图14.78所示。

步骤14 将前面制作完成的文字部分填充为橘红色C:0；M:60；Y:100；K:0），并放置到星形图案中心偏左位置。至此，完成标志设计，效果如图14.81所示。

图14.77 绘制正圆图形　图14.78 添加五角星编辑

图14.81 完成设计

14.5 远东时尚标志设计

📖 设计构思

- 通过"椭圆工具"绘制基本描边。
- 通过用"矩形工具"给标志创建方便接下来用"钢笔工具"绘制图形的支架。
- 通过对"钢笔工具"围绕正方形和圆形绘制路径。
- 给刚绘制的图形填充颜色。使用"文字工具"输入文字并对文字进行分割设计。

案例分类：企业形象设计类
难易程度：★★☆☆☆
最终文件：配套光盘\配套素材\源文件\第14章\远东时尚标志设计.ai
视频位置：配套光盘\movie\14.5 远东时尚标志设计.avi

远东时尚标志设计效果如图14.82所示。

图14.82 最终效果图

✒️ 操作步骤

步骤01 单击工具箱中的"椭圆工具" ⬭ 按钮，绘制一个"宽度"为30mm，"高度"为30mm的正圆，然后单击工具箱中的"矩形工具" ▭ 按钮，绘制一个"宽度"为13mm，"高度"为13mm的矩形放置在正圆的中心，效果如图14.83所示。

步骤02 从左侧与上方的标尺处，拖动鼠标各拉出一条辅助线，分别相交于圆心与正方形的中心点，如图14.84所示。

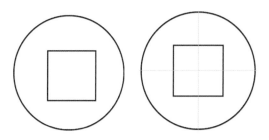

图14.83 绘制矩形　　　　图14.84 辅助线

步骤03 单击工具箱中的"钢笔工具" ✎ 按钮，在上方圆形与辅助线相交的地方单击，然后在正方形左下角单击并拖住鼠标移动，使其完成一条曲线的绘制，并穿过正方形左上角的顶点，效果如图14.85所示。

步骤04 按照上面同样的方法，再次利用"钢笔工具" ✎ 绘制三条曲线，连接其他顶角与编辑点，如图14.86所示

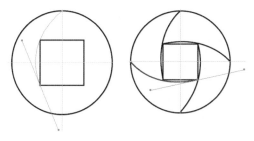

图14.85 绘制一条曲线　图14.86 绘制三条曲线

步骤05 选中所有的曲线，执行菜单栏中的"对象"|"路径"|"描边化描边"命令，将线条变成图形。然后选中全部图形，单击"路径查找器"面板中的"合并" ▣ 按钮，对图形进行修剪，单击鼠标右键，从弹出的快捷菜单中选择"取消编组"命令，再次单击鼠标右键，从弹出的快捷菜单中选择"释放复合路径"命令。然后选中多余部分，按Delete键删除，如图14.87所示。

步骤06 在空白处单击鼠标右键，从弹出的快捷菜单中选择"隐藏参考线"命令。逐一选中每个不规则图像，单击工具箱中的"渐变工具" ▤ 按钮，为4个不规则图形填充不同颜色，效果如图14.88所示。

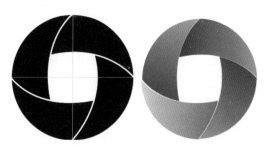

图14.87 拆分修剪　　　　图14.88 填充颜色

步骤07 单击工具箱中的"文字工具" Ｔ 按钮，输入中文"远东时尚"，设置"字体"为"华文中宋"，文字大小适中，如图14.89所示。

步骤08 再次利用"文本工具"输入英文"FAR EAST FASHION"，设置"字体"为"Tw CenMT"，调整文字大小适中并放置到中文下方，如图14.90所示。

远东时尚　　　远东时尚
　　　　　　　FAR EAST FASHION

图14.89 输入文字　　　图14.90 输入英文

步骤09 将文字全部选中，单击鼠标右键，从弹出的快捷菜单中选择"创建描边"命令，然后单击工具箱中的"直接选择工具" 按钮，选中"尚"中的"口"部，按Delete键删除，效果如图14.91所示。

图14.91 删除文字部分笔画

步骤10 将绘制的图形部复制一份，缩小并调整，放置在"尚"的中心部分，效果如图14.92所示。

图14.92 添加图形

步骤11 最后将文字与图形完美地结合在一起，调整彼此间的大小与间距，完成最终设计，效果如图14.93所示。

图14.93 完成设计

14.6 会员卡设计

设计构思

- 通过"圆角矩形工具"绘制名片的规格尺度并填充颜色。
- 通过用"直线工具"来给名片划分并填充不同的颜色。
- 通过对文字设置效果来增加文字的质感。
- 再次对素材以及标志设置效果和颜色来完成会员卡设计。

案例分类：企业形象设计类
难易程度：★★★☆☆
调用素材：配套光盘\配套素材\调用素材\第14章\会员卡设计
最终文件：配套光盘\配套素材\源文件\第14章\会员卡设计.ai
视频位置：配套光盘\movie\14.6 会员卡设计.avi

会员卡设计效果如图14.94所示。

图14.94 最终效果图

操作步骤

步骤01 单击工具箱中的"圆角矩形工具" 按钮，绘制一个"宽度"为90mm，"高度"为50mm，"圆角半径"为3mm的矩形，设置圆角矩形的"描边"为无，填充淡灰色（C:0；M:0；Y:0；K:10），效果如图14.95所示。

步骤02 单击工具栏中的"直线工具" 按钮，在圆角矩形中间处绘制一条直线，效果如图14.96所示。

图14.95 绘制一个圆角矩形　图14.96 绘制一条直线

步骤03 选中圆角矩形及直线，单击"路径查找器"面板中的"分割" 按钮，再单击鼠标右键，从弹出的快捷菜单中选择"取消编组"命令，使其分割成两个矩形，效果如图14.97所示。

步骤04 将右半边填充为九江国际集团的企业标准色橘红色（C:0；M:60；Y:100；K:0），效果如图14.98所示。

图14.97 分割圆角矩形　图14.98 填充不同颜色

步骤05 执行菜单栏中的"文件"|"打开"命令，打开"打开"对话框，选择配套光盘中的"调用素材\第14章\会员卡设计\九江国际标志设计.ai"文件，单击"打开"按钮，将其拖动过来，调整大小并放置在矩形的左角上，如图14.99所示。

步骤06 单击工具箱中的"文字工具" 按钮，输入中文"西北九江国际娱乐有限公司"；英文"Northwest JiuJiang International Entertainment Co.,Ltd"，设置中\英文"字体"为"方正准圆简体"，文字大小分别为5pt和3pt，底色为橘红色（C:0；M:60；Y:100；K:0）。然后调整间距与位置，效果如图14.100所示。

图14.99 添加企业标识　图14.100 添加企业名称

步骤07 单击"文字工具" 按钮，输入数字"NO.3423864"，设置"字体"为"宋体"，"大小"为13pt，颜色为橘黄色（C:11；M:31；Y:74；K:0），执行菜单栏中的"效果"|"纹理"|"龟裂缝"命令，如图14.101所示。将不透明度降至60%，然后再将文字摆放在矩形上面，效果如图14.102所示。

图14.101 设置"龟裂缝"效果

图14.102 摆放文字

步骤08 单击"文字工具" 按钮，输入文字"贵宾卡"，设置"字体"为"华文中宋"文字"大小"为10pt；输入英文"VIP CARD"，设置"字体"为"adobe caslon pro bold"，设置文字"大小"为5pt，将文字上下摆放，并填充颜色为橘黄色（C:3；M:23；Y:65；K:0），如图14.103所示。

图14.103 摆放文字

步骤09 执行菜单栏中的"文件"|"打开"命令，打开"打开"对话框。选择配套光盘中的"调用素材\第14章\会员卡设计\花纹.ai"文件，单击"打开"按钮，将其拖动过来，如图14.104所示。

图14.104 导入素材图案

步骤10 将企业标志复制一份，放到花环中心，将两者全部选中，填充橘黄色（C:0；M:60；Y:100；K:0），执行菜单栏中的"效果"|"网

格"|"内发光"命令，在打开的"内发光"对话框中，设置"模式"为正常，颜色为橘黄色（C:0；M:60；Y:100；K:0），中心模糊，如图14.105所示。单击"确定"按钮，再复制一份花环和标识，填充为黑色，移至底层，并向右下方向移动，效果如图14.106所示。

图14.105 设置内发光 图14.106 调整之后浮雕效果

步骤11 将制作完成的浮雕花环放置底版中央部分，并调整好大小，效果如图14.107所示。

图14.107 完成设计

14.7 爱诗威尔名片设计

设计构思

- 导入素材并使用素材中的图形，通过"矩形工具"绘制名片的底版。
- 通过用"文字工具"输入需要的内容并设置不同的大小、字体。
- 通过对"倾斜工具"使文字倾斜来增加名片的美观。最后导入素材对文字装饰。

案例分类：企业形象设计类
难易程度：★★☆☆☆
调用素材：配套光盘\配套素材\调用素材\第14章\爱诗威尔名片设计
最终文件：配套光盘\配套素材\源文件\第14章\爱诗威尔名片设计.ai
视频位置：配套光盘\movie\14.7 爱诗威尔名片设计.avi

爱诗威尔名片设计效果如图14.108所示。

图14.108 最终效果图

操作步骤

步骤01 单击工具箱中的"矩形工具" █ 按钮，绘制一个"高度"为50mm，"宽度"为90mm的矩形。

步骤02 执行菜单栏中的"文件"|"打开"命令，打开"打开"对话框。选择配套光盘中的"调用素材\第14章\爱诗威尔标志设计.ai"文件，单击"打开"按钮。将其拖动过来，然后将其复制一份留作备用。

步骤03 选中导入的图形，执行菜单栏中的"对象"|"剪贴蒙版"|"释放"命令，如图14.109所示。

图14.109 释放剪贴蒙版效果

步骤04 选中部分三角形，重新排列位置并调整大小和不透明度，放置矩形至合适的位置，如图14.110所示。

图14.110 三角形摆放效果

步骤05 复制矩形并置于最顶层，选择全部图形，执行菜单栏中的"对象"|"剪贴蒙版"|"建立"命令，效果如图14.111所示。

图14.111 底版效果

步骤06 将之前备份的标志文件调整大小，并放置在图形的右上方，完成外框及底版的绘制，如图14.112所示。

图14.112 完成底版

步骤07 单击工具箱中的"文字工具" T 按钮，输入文字，设置文字"字体"为"方正小标宋简体"，再单击工具箱中"倾斜工具" ↗ 按钮，将"顾问"、"手机"、"电话"等内容倾斜，效果如图14.113所示。

电话: 010-12345800 手机: 15929110521
E-mail：lijianguo@yahoo.com

图14.113 倾斜效果

步骤08 执行菜单栏中的"文件"|"置入"命令，打开"置入"对话框。选择配套光盘中的"调用素材\第14章\名片设计\羽毛.png"文件，单击"置入"按钮。此时光标成■状，单击画面，素材便会显示在页面中，将素材调整大小并摆放在适当的位置。效果如图14.114所示。

图14.114 最终效果

14.8 伟业建材名片设计

设计构思

- 通过"椭圆工具"绘制一个圆，再使用"添加锚点工具"给圆添加锚点并使用"直接选择工具"来修改描边。
- 通过"路径查找器"面板的作用来进一步修剪图形，并通过翻转等功能完成描边的绘制。
- 通过对"矩形工具"来绘制名片的底版。将图形复制并填充颜色，以及创建蒙版。
- 使用"文字工具"输入文字并对文字进行分割设计、摆放至不同位置等。

案例分类：企业形象设计类
难易程度：★★☆☆☆
最终文件：配套光盘\配套素材\源文件\第14章\伟业建材名片设计.ai
视频位置：配套光盘\movie\14.8 伟业建材名片设计.avi

伟业建材名片设计效果如图14.115所示。

图14.115 最终效果图

✏ 操作步骤

步骤01 单击工具箱中的"椭圆工具" ⬭ 按钮，绘制一个圆形，如图14.116所示，在工具箱中单击"添加锚点工具" ✚ 按钮，在圆形上添加两个锚点，如图14.117所示。

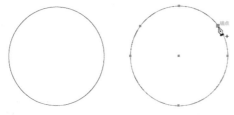

图14.116 绘制圆形　　图14.117 添加锚点

步骤02 单击工具箱中的"直接选择工具" ▷ 按钮，选中圆形最顶端的锚点向上拖动，并对锚点进行调节，如图14.118所示，然后复制一份，单击工具栏中的"镜像工具" ⬚ 按钮，将其垂直翻转并拖至合适位置，效果如图14.119所示。

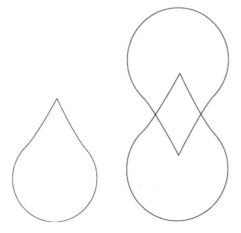

图14.118 调节锚点效果　图14.119 垂直翻转

步骤03 选中两个图形，单击"路径查找器"面板中的"联集" ⬚ 按钮，效果如图14.120所示。

步骤04 单击工具栏中"直接选择" ▷ 按钮，调节图形的流畅性，单击工具栏中"椭圆工具" ⬭ 按钮，绘制一个正圆并放置在之前的图形的任意一头，效果如图14.121所示。

图14.120 分割图形　　图14.121 添加圆形

步骤05 选中两个图形，单击面板中的"联集" ⬚ 按钮，将其分割删减，效果如图14.122所示，再选择工具箱中"直接选择工具" ▷ 按钮，调节锚点来改变整体描边的流畅性。效果如图14.123所示。

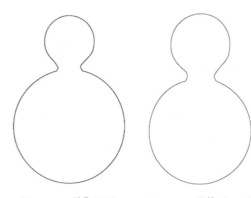

图14.122 联集图形　　图14.123 调整后图形

步骤06 单击工具箱中的"矩形工具" ▢ 按钮，绘制一个"宽度"为90mm，"高度"为50mm的矩形，如图14.124所示。

图14.124 绘制矩形

步骤07 将之前绘制的图形摆放到矩形中合适的位置并复制，旋转不同的角度，使大圆呈重叠效果，如图14.125所示。

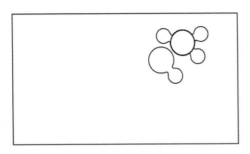

图14.125 大圆重叠效果

步骤08 将重叠后的3个图形全部选中，单击"路径查找器"面板中的"联集" 按钮，将其焊接，如图14.126所示。

步骤09 选中步骤5绘制的图形，将其复制几份，分别摆放在矩形的不同位置，然后分别填充为橘红色（C:0；M:60；Y:100；K:0）和深褐色（C:0；M:20；Y:20；K:60），如图14.127所示。

图14.126 完成焊接　　　图14.127 填充颜色

步骤10 复制一份矩形并排列在最顶层，选中所有图形，执行菜单栏中的"对象"|"剪贴蒙版"|"建立"命令，效果如图14.128所示。

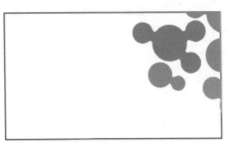

图14.128 建立剪贴蒙版效果

步骤11 单击工具箱中的"文字工具" T 按钮，输入公司名称"庞州市伟业建材市场\业务部"，设置字体为"黑体"，并放置在矩形适当位置。然后将矩形内部的深褐色图形复制一份，放置到文字左边，并填充效果为橘红色（C:0；M:60；Y:100；K:0）。

步骤12 输入中文"梁晨"，设置"字体"为"黑体"，然后单击鼠标右键，在弹出的快捷菜单中选择"创建描边"命令，将其拆分，将拆分后的姓名重新调整大小，排列在一起并放置到矩形中的合适位置，如图14.129所示。

图14.129 编辑文字

步骤13 再次输入其他文字，调整不同大小，设置不同字体，摆放不同位置，从而完成名片设计。最终效果如图14.130所示。

图14.130 完成设计

完全掌握 Illustrator CC 超级手册

14.9 仁岛快餐VI设计

📖 设计构思

- 通过素材与文字的结合，使用"路径查找器"面板中的"分割"按钮建立镂空效果，再使用"矩形工具"、"删除锚点"和"添加锚点"等工具制作纸贴效果，与图形结合来完成标志的设计。
- 通过"钢笔工具"、"直接选择工具"、"删除锚点工具"、"添加锚点工具"等，绘制T恤和帽子，并添加不同颜色，掌握路径和锚点之间的关系。
- 通过"矩形工具"和"钢笔工具"绘制手提袋的描边，添加不同颜色来打造立体效果，与标志结合，完成手提袋设计。
- 通过"矩形工具"绘制底色，使用"不透明蒙版"给宣传册添加倒影，最后将物品组合在一起。

案例分类：企业形象设计类
难易程度：★★★★☆
调用素材：配套光盘\配套素材\调用素材\第14章\仁岛快餐VI设计
最终文件：配套光盘\配套素材\源文件\第14章\仁岛快餐VI设计.ai
视频位置：配套光盘\movie\14.9 仁岛快餐VI设计.avi

仁岛快餐VI设计效果如图14.131所示。

图14.131 仁岛快餐VI设计最终效果图

✏️ 操作步骤

14.9.1 制作标志

步骤01 执行菜单栏中的"文件"|"打开"命令，打开"打开"对话框，选择配套光盘中的"调用素材\第14章\仁岛快餐VI设计\墨滴.ai"文件，使用"移动工具" ▶❖ 将墨滴拖到画布中，选中图形，填充为洋红色（C:0；M:100；Y:0；K:0），如图14.132所示。

步骤02 单击工具箱中的"文字工具" T 按钮，输入中文"仁岛"，设置"字体"为"华文中宋"。选中文字，单击鼠标右键，在弹出的快捷菜单中选择"创建描边"命令，再次单击鼠标右键，在弹出的快捷菜单中选择"取消编组"命令，将文字拆分，重新排列位置并放置到墨滴之上，效果如图14.133所示。

步骤08 将字母"r"复制一份。选中竖向矩形，单击工具箱中的"直接选择工具" ![箭头] 按钮，选中最下方的两个锚点并向下拖动。然后将最上面的圆角矩形复制两份，依次摆在其下方，完成字母"E"的制作，效果如图14.139所示。

图14.132 打开素材　图14.133 将文字放置在图形上

步骤03 将文字与图形全部选中，单击"路径查找器"面板中的"分割" ![图标] 按钮，再次单击鼠标右键，在弹出的快捷菜单中选择"取消编组"命令，完成分割，然后选中文字，按Delete键删除，效果如图14.134所示。

步骤04 单击工具箱中的"钢笔工具" ![图标] 按钮，绘制一个圆角矩形，效果如图14.135所示。

图14.138 完成字母"r"　图14.139 完成字母
　　　的制作　　　　　　　　　"E"的制作

步骤09 按照以上讲过的方法，将矩形不断复制，绘制直角矩形，并与圆角矩形合理组合，完成剩下的"NDAO"的制作，最后完成汉语拼音"rendao"的制作，效果如图14.140所示。

图14.140 摆放效果

步骤10 将所有字母复制一份，调整大小并放置到洋红色墨滴中，效果如图14.141所示，单击"路径查找器"面板的"分割" ![图标] 按钮，再次单击鼠标右键，在弹出的快捷菜单中选择"取消编组"命令，完成分割，然后选中文字，按Delete键将拼音字母删除，效果如图14.142所示。

图14.134 分割之后效果　图14.135 绘制圆角矩形

步骤05 单击工具箱中的"矩形工具" ![图标] 按钮，绘制一个长条矩形，并放置到合适的位置，效果如图14.136所示。

步骤06 单击工具箱中的"添加锚点工具" ![图标] 按钮，在两个图形相交的地方添加锚点，效果如图14.137所示。

图14.141 放置在墨滴上　图14.142 完成图形绘制

步骤11 将字母全部选中，填充为洋红色（C:0；M:100；Y:0；K:0），设置"描边"为无。确认选中所有字母，在"透明度"面板中设置"不透明度"为30%完成效果如图14.143所示。

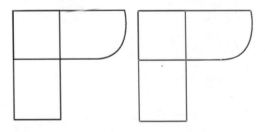

图14.136 将图形放置在一起　图14.137 添加锚点

步骤07 单击工具箱中的"删除锚点工具" ![图标] 按钮，依次单击矩形左上顶角的锚点，按Delete键删除，完成字母"r"的制作，效果如图14.138所示。

完全掌握Illustrator CC超级手册

图14.143 填充颜色应用透明效果

步骤12 单击工具箱中的"文字工具" **T** 按钮，输入中文"仁爱快餐 美味香甜"，设置"字体"为"幼圆"，颜色设置为洋红色（C:0；M:100；Y:0；K:0），调整大小并放置到洋红字母之上，如图14.144所示。

仁爱快餐　美味香甜

图14.144 完成设计

14.9.2 绘制服装及帽子

步骤01 单击工具箱中的"钢笔工具" 按钮，绘制一个T恤，效果如图14.145所示，然后绘制若干个封闭图形，都放置在T恤上，形成衣服褶皱的效果，如图14.146所示。

图14.145 绘制T恤外形 图14.146 绘制褶皱纹理

步骤02 单击工具箱中的"钢笔工具" 按钮，在衣领部分绘制一个封闭图形，设置"描边"为无，并填充洋红色（C:0；M:100；Y:0；K:0）。然后将褶皱纹理部分同样设置"描边"为无，并填充浅灰色（C:0；M:0；Y:0；K:20），效果如图14.147所示。

步骤03 将之前绘制完成的图案标志和文字标志全部放置到T恤上，调整大小和位置，如图14.148所示。

步骤04 将T恤全部选中，复制一份，填充为洋红色（C:0；M:100；Y:0；K:0），作为同一款服装的配色版，并放置在白色T恤下方，如图14.149所示。

图14.147 填充颜色 图14.148 放置标志

步骤05 单击工具箱中的"钢笔工具" 按钮，绘制一个封闭图形，如图14.150所示。

图14.149 复制并填充颜色 图14.150 绘制封闭图形

步骤06 应用"钢笔工具"按照前面绘制的封闭图形，再绘制两个封闭图形，同时单击工具箱中的"椭圆工具" 按钮，绘制一个小椭圆形，最后将图形组合到一起完成帽子的描边图，如图14.151所示。

步骤07 单击选中帽子的帽檐与三角面，填充颜色为淡粉色（C:7；M:17；Y:4；K:0）；然后选中其他图形，填充为洋红色（C:0；M:100；Y:0；K:0）；最后选中全部图形，选择"描边"为无，效果如图14.152所示。

图14.151 帽子描边图 图14.152 填充颜色

步骤08 将之前绘制完成的标志复制一份，放置到帽子的三角面上，调整标志的角度、大小等，效果如图14.153所示。

步骤09 将帽子选中并复制一份，单击工具箱中的"镜像工具" 按钮，将其翻转，然后填充不同的颜色。将图形标志也复制一份，填充白色，同样调整角度、大小等，效果如图14.154所示。

图14.153 添加标志并调整　图14.154 完成帽子绘制

14.9.3 仁岛快餐宣传单和手提袋

步骤01 单击工具箱中的"矩形工具" □按钮，绘制多个矩形，并单击工具箱中的"直接选择工具" ▷按钮，调节线条长短及图形的角度，将矩形组合到一起，如图14.155所示。

步骤02 单击工具箱中的"钢笔工具" ⌀按钮，绘制一个三角形，放置在左侧两个4边形的下方，制作立体效果，然后再袋口右侧也绘制两个封闭图形，如图14.156所示。

图14.155 调整矩形　图14.156 完成大概描边

步骤03 单击工具箱中的"椭圆工具" ⬭按钮，绘制一个椭圆形，填充为黑色，设置"描边"为无，调整大小并放在矩形上方，然后将其复制一份，完成手提袋眼的绘制，如图14.157所示。

步骤04 将图形分别填充为洋红色（C:0；M:100；Y:0；K:0）、浅灰色（C:0；M:0；Y:0；K:20）、灰色（C:0；M:0；Y:0；K:30）并单击工具箱中的"钢笔工具" ⌀按钮，绘制一条提手，设置描边宽度适中，颜色为浅灰色（C:0；M:0；Y:0；K:10）。将其复制一份，将它们按前后顺序放置在手提袋上并将矩形的"描边"设置为无，效果如图14.158所示。完成手提袋草图的设绘制。

图14.157 绘制手提带眼　图14.158 填充颜色

步骤05 将标志填充白色，调整大小、角度，连同绘制的字母一起放置到洋红色矩形框中，如图14.159所示。

图14.159 完成手提袋的绘制

步骤06 单击工具箱中的"矩形工具" □按钮，绘制一个"宽度"为44mm，"高度"为44mm的矩形，将其复制一份，单击工具箱中的"直接选择工具" ▷按钮，选中矩形的右边的两个锚点进行调节，效果如图14.160所示。

图14.160 调整锚点

步骤07 按照上面讲过的方法，将矩形复制多份，不断调整锚点或水平翻转矩形，最后并排放置，完成手册的描边图制作，效果如图14.161所示。

图14.161 手册的描边图

步骤08 将矩形间隔填充为洋红色（C:0；M:100；Y:0；K:0）与淡灰色（C:0；M:0；Y:0；K:10），如图14.162所示。

图14.162 填充不同颜色

步骤09 将图形标志与宣传放置在最左侧的矩形中，调整大小和位置，填充图形与文字为洋红色（C:0；M:100；Y:0；K:0）。同时将其全部复制一份，放置于最右侧的红色矩形中，填充为白色，制作出封面与封底，效果如图14.163所示。

图14.163 绘制封面与封底

步骤10 执行菜单栏中的"文件"｜"打开"命令，打开"打开"对话框，选择配套光盘中的"调用素材\第14章\仁岛快餐VI设计\快餐美图14.jpg、快餐美图2.jpg"文件，使用"移动工具" 将其拖到画布中，如图14.164所示。

图14.164 导入素材

步骤11 单击工具箱中的"矩形工具" 按钮，在"快餐美图"上绘制一个矩形，如图14.165所示，再选中两个图形，单击鼠标右键，在弹出的快捷菜单中选择"建立剪贴蒙

版"命令，效果如图14.166所示。

图14.165 绘制矩形

图14.166 建立剪贴蒙版后的效果

步骤12 单击工具箱中的"渐变工具" 按钮，在处理过的"快餐美图1"上绘制一个大小相同的黑白渐变矩形，效果如图14.167所示。选中图片和渐变图形，在"透明度"面板中单击"制作蒙版" 制作蒙版 按钮，效果如图14.168所示。

图14.167 绘制渐变矩形 图14.168 制作蒙版后的效果

步骤13 将处理过的图片摆放到宣传单封面位置，效果如图14.169所示，再按照同样的方法，将"快餐美图2"放置在其中一个单页上，调整位置与大小，并将文字标志旋转90°，放置在单页右侧，单击工具箱中的"倾斜工具" 按钮，将文字制作出倾斜效果，如图14.170所示。

图14.169 完成封面设计 图14.170 完成内页设计

步骤14 将所有的单页全部复制一份，设置平"描边"为无，将其全部选中，单击工具箱中的"镜像工具" 按钮，将其翻转，效果如图14.171所示。

图14.171 翻转宣传册

步骤15 将翻转后的图形放置在原图的下方，单击工具箱中的"直接选择工具" 按钮，调节锚点及文字的扭曲效果，最终使复制后的翻转图形上方能够与原图下方吻合与平行，效果如图14.172所示。

图14.172 放置到原图下方

步骤16 按照上面讲过的方法，将图形制作蒙版，效果如图14.173所示。

图14.173 制作蒙版后的效果

步骤17 单击工具箱中的"矩形工具" 按钮，绘制一个矩形，设置"描边"为无，填充为灰色（C:0；M:0；Y:0；K:40），然后将之前绘制的图形放置到背景中，调整位置如图14.174所示，最后为其添加图形标志和文字标志等装饰图案，完成最终的VI设计，如图14.175所示。

图14.174 将物品全部组合到一起

图14.175 添加装饰完成设计

14.10 herrmarck画册折页设计

设计构思

- 通过"矩形工具"及"直接选择工具"绘制地板框架，并填充不同颜色。
- 对调用素材裁剪，添加数字对其"创建描边"改变大小，添加英文和英文素材，对四边形添加阴影，并将文字填充不同的颜色来完成画册。
- 通过"镜像工具"翻转四边形，添加英文，使用"倾斜工具"完成画册折页效果，并用"钢笔工具"为图形添加阴影，完成画册立体效果。

案例分类：企业形象设计类
难易程度：★★★☆☆
调用素材：配套光盘\配套素材\调用素材\第14章\herrmarck画册折页设计
最终文件：配套光盘\配套素材\源文件\第14章\herrmarck画册折页设计.ai
视频位置：配套光盘\movie\14.10 herrmarck画册折页设计.avi

herrmarck画册折页展开面设计效果如图14.176所示。herrmarck画册折页立体设计效果如图14.177所示。

图14.176 展开面设计

图14.177 herrmarck画册折页立体设计最终效果图

14.10.1 绘制底版框架

步骤01 单击工具箱中的"矩形工具" □按钮，绘制一个"宽度"为120mm，"高度"为250mm的矩形，单击工具箱中的"直接选择工具" ▷按钮，拖动矩形右下角的锚点水平向左锁紧，如图14.178所示。

步骤02 选中图形并复制一份。然后选中复制出的图形，单击工具箱中的"镜像工具" ⋈按钮，使图形水平翻转，再次使用"镜像工具"，垂直翻转。将两个图形相互吻合地摆放在一起，上下对齐，左右均等，效果如图14.179所示。

图14.178 移动锚点　　图14.179 复制并摆放

步骤03 选中复制出的图形再复制一份，单击工具箱中的"镜像工具" ⋈按钮，使图形水平翻转，将其水平摆放在已摆放完成的图形右侧，同样注意线条贴紧，上下对齐，如图14.180所示。

图14.180 摆放完成

步骤04 将最左侧的4边形填充为洋红（C:0；M:100；Y:0；K:0），最右侧的4边形填充为浅灰色（C:0；M:100；Y:0；K:20），并填充右侧两个4变形的"描边"为灰色（C:23；M:18；Y:18；K:0），适当加粗，完成底版的绘制，如图14.181所示。

图14.181 调整并组合新图形

14.10.2 绘制图形与文字

步骤01 单击工具箱中的"星形工具" ☆按钮，绘制一个正六角星，绘制同时按键盘上的"Ctrl+上下左右键"可调节星形的边数和锐度。效果如图14.182所示。

图14.182 绘制星形

步骤02 单击工具箱中的"直接选择工具" ▷按钮，拖动鼠标选中六角星下方3个角的所有锚点，如图14.183所示，按Delete键删除锚点，效果如图14.184所示。

图14.183 选中锚点　　图14.184 删除锚点

步骤03 单击工具箱中的"直接选择工具" ▷按钮，调整图形3个角度、位置和指向，然后再单击"直线工具" ╱按钮，在星形删减的地方添加直线，选中直线和星形，单击"路径查找器"面板中的"联集" ◻按钮，将图形加粗，效果如图14.185所示。

步骤04 单击工具箱中的"文字工具" T按钮，

输入英文"herrmarck"，设置"字体"为"时尚中黑简体"，调整大小并放置于图形下方，效果如图14.186所示。

图14.185 调整后效果　　图14.186 添加文字

步骤05 执行菜单栏中的"文件"|"打开"命令，打开"打开"对话框，选择配套光盘中的"第14章\herrmarck画册折页设计\车素材.AI"文件，使用"移动工具" ➭ 将其拖到画布中，"描边"设置为0.25pt，如图14.187所示。

图14.187 调用素材

步骤06 将汽车复制一份，"描边"设置为洋红色（C:0；M:100；Y:0；K:0），将之前绘制的四边形复制一份，放置到汽车的上方，如图14.188所示。并选中两个图形，单击鼠标右键，在弹出的快捷菜单中选择"建立剪贴蒙版"，效果如图14.189所示。

图14.188 四边形放置到汽　　图14.189 编辑效果
　　　　　车上方

步骤07 将图形放置到底版框架的最顶端，调整好位置和大小，效果如图14.190所示。

图14.190 洋红色汽车效果

步骤08 将汽车原图直接放置到中间与右边的四边形下方，"描边"颜色设置为灰色（C:0；M:0；Y:0；K:40），调整大小与位置，然后单击工具箱中的"橡皮工具" ▱ 按钮，擦除多余部分，效果如图14.191所示。

图14.191 灰色汽车效果

步骤09 单击工具箱中的"文字工具" T 按钮，输入不同的数字。完成后选中数字，单击鼠标右键，在弹出的快捷菜单中选择"创建描边"命令，再次单击鼠标右键，在弹出的快捷菜单选择"取消编组"命令，将数字拆分，然后分别选中数字，调整大小和位置，改变部分文字的透明度，摆放在图形中，效果如图14.192所示。然后再输入6个英文单词，设置"字体"为"时尚中黑简体"，按照同样的方法，进行拆分、调整位置大小，并将其分别放置在数字后方合适的位置，制作个性目录，效果如图14.193所示。

图14.192 添加数字

图14.195 编辑并添加素材

步骤12 选中部分数字和英文，填充颜色为洋红（C:0；M:100；Y:0；K:0），并将之前制作完成的标志图形复制一份，调整大小分别放置于左侧红色四边形和右侧文字区的上方，如图14.196所示。

图14.193 添加英文单词

步骤10 执行菜单栏中的"文件"|"打开"命令，打开"打开"对话框，选择配套光盘中的"第14章\herrmarck画册折页设计\装饰文字.AI"文件，使用"移动工具" 将素材拖到画布中，如图14.194所示。

VINTAGE STYLE

SAMPLE TEXT
HERE YOUR SAMPLE TEXT SAMPLE
TEXT HERE YOUR
SAMPLE TEXT SAMPLE TEXT HERE
YOUR SAMPLE TEXT SAMPLE
HERE YOUR SAMPLE TEXT SAMPLE TEXT
HERE YOUR SAMPLE TEXT
SAMPLE TEXT HERE YOUR SAMPLE TEXT
SAMPLE TEXT SAMPLE TEXT
TEXT SAMPLE TEXT HERE YOUR
SAMPLE TEXT SAMPLE TEXT
HERE YOUR SAMPLE TEXT SAMPLE
SAMPLE TEXT SAMPLE TEXT HERE
SAMPLE TEXT HERE YOUR SAMPLE

图14.194 导入素材

步骤11 将装饰文字复制多份，然后单击工具箱中的"文字工具" 按钮，输入其他文字，设置字体与大小，将装饰文字与刚输入的英文群组一起放到最右侧的灰色四边形中，填充文字颜色为白色，调整之后的效果如图14.195所示。

图14.196 添加标志

步骤13 选中洋红色四边形，执行菜单栏中的"效果"|"风格化"|"投影"命令，参数设置如图14.197所示，效果如图14.198所示。

图14.197 设置投影参数

图14.198 添加投影后效果

14.10.3 制作立体效果

步骤01 将制作完成的展开图复制一份。选中复制出的图形，将最右侧灰色四边形中的中文字、图形全部删除，效果如图14.199所示。

图14.199 删除内容

步骤02 选中灰色四边形，单击工具箱中的"镜像工具" 按钮，将图形进行水平翻转。然后单击工具箱中的"文字工具" T按钮，输入英文，设置"字体"为"时尚中黑简体"，填充颜色为洋红色（C:0；M:100；Y:0；K:0），并将其添加到翻转之后的四边形上，如图14.200所示。

图14.200 翻转并添加英文

步骤03 选中灰色四边形及刚添加的英文，单击工具箱中的"倾斜工具" 按钮，向左拖动，完成倾斜，并对图形大小位置进行调整，效果如图14.201所示。

步骤04 单击工具箱中的"钢笔工具" 按钮，在折页上绘制一个新的四边形，设置"描边"为无，并填充黑色，效果如图14.202所示。

图14.201 倾斜后的效果 图14.202 绘制黑色四边形

步骤05 选中绘制的黑色图形，单击工具箱中的"渐变工具" 按钮，填充为灰色到黑色的线性渐变，在"渐变"面板中设置渐变滑动块颜色均为黑色，并设置左边的渐变滑动块的透明度，效果如图14.203所示。

步骤06 按照前面讲过的方法，在此单击工具箱中的"钢笔工具" 按钮，为折页绘制阴影，在为其添加透明渐变，效果如图14.204所示。

图14.203 渐变透明效果 图14.204 完成阴影效果

步骤07 单击工具箱中的"矩形工具" 按钮，绘制一正方形，设置"描边"为无，填充为黑灰色（C:77；M:65；Y:65；K:36）到淡灰色（C:47；M:38；Y:38；K:2）的线性渐变，效果如图14.205所示。

图14.205 完成设计

第15章 封面装帧设计

〔内容摘要〕

封面装帧设计通过艺术形象设计的形式来反映产品的内容，通常是指对护封、封面和封底的设计。在琳琅满目的市场中，产品的装帧起到了一个无声的推销员作用，它的好坏在一定程度上将会直接影响人们的购买欲。图形、色彩和文字是封面设计的三要素，设计者根据书的不同性质、用途和读者对象，把这三者有机地结合起来，从而表现出产品的丰富内涵，并以传递信息为目的，以美感的形式呈现给读者。本章重点讲解杂志封面展开面与立体效果的制作。

〔教学目标〕

- 了解杂志封面装帧设计的作用
- 学习杂志封面装帧设计的设计要素
- 掌握杂志封面装帧设计展开面制作
- 掌握杂志封面装帧设计立体效果表现

15.1 中国民俗封面设计

📖 设计构思

- 通过"文字工具"输入文字，再通过调用素材来和文字组合装饰文字。
- 通过"矩形工具"绘制封底和封面，利用"渐变工具"对矩形进行填色。再调用素材，用"路径查找器"面板的分割工具对素材分割、填色。将文字摆放到合适位置来完成封面，封底通过"橡皮工具"绘制素材来实现效果。
- 通过"倾斜工具"来制作封底和封面的扭曲效果，利用"镜像工具"来翻转图形，通过建立不透明剪贴蒙版来加强书面的立体效果。

案例分类：封面装帧设计类
难易程度：★★★☆☆
调用素材：配套光盘\配套素材\调用素材\第章\中国民俗封面设计
最终文件：配套光盘\配套素材\源文件\第15章\中国民俗封面设计.ai
视频位置：配套光盘\movie\15.1 中国民俗封面设计.avi

中国民俗封面展开面设计效果如图15.1所示。中国民俗封面立体设计效果如图15.2所示。

图15.1 展开面设计

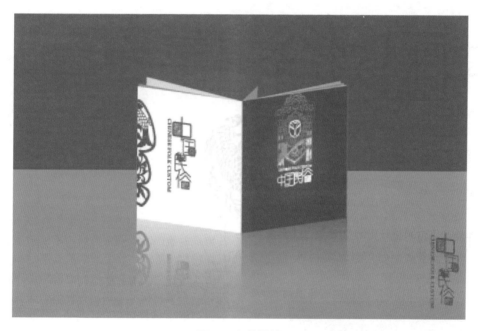

图15.2 立体设计

✏️ **操作步骤**

15.1.1 制作文字

步骤01 单击工具箱中的"文字工具" **T** 按钮，输入中文"中国民俗"并设置"字体"为"幼圆"，输入英文"CHINESE FOLK CUSTOM"并设置"字体"为"adobe caslon pro bold"。

步骤02 选中文字，单击鼠标右键，在弹出的快捷菜单中选择"创建描边"命令，再次单击鼠标右键选择"取消编组"命令，然后将文字调整大小放置在合适位置，效果如图15.3所示。

图15.3 调整文字

步骤03 执行菜单栏中的"文件"|"打开"命令，打开"打开"对话框，选择配套光盘中的"调用素材\第15章\中国民俗封面设计\中国民俗装饰剪纸.AI"文件，使用"移动工具" ▶✛ 按钮，将剪纸素材拖到画布中，单击工具箱中的"直接选择工具" ▷ 按钮，将文字部分笔画变换或删除，然后恰当地将4个素材分别与文字组合，效果如图15.4所示。

图15.4 编辑文字

15.1.2 绘制封面和封底

步骤01 单击工具箱中的"矩形工具" ▭ 按钮，绘制一个"宽度"为200mm，"高度"为200mm的正方形，设置"描边"为无，将其填充为红色（C:52；M:96；Y:90；K:10）到深红色（C:72；M:90；Y:87；K:41）的径向渐变，制作封面如图15.5所示。

图15.6 绘制封底矩形

步骤03 执行菜单栏中的"文件"|"打开"命令，打开"打开"对话框，选择配套光盘中的"调用素材\第15章\中国民俗封面设计\剪纸.AI"文件，使用"移动工具" ▶✛ 按钮，将剪纸素材拖到画布中，将素材填充为橘红色（C:0；M:60；Y:100；K:0），效果如图15.7所示。

图15.7 打开素材

步骤04 单击工具箱中的"钢笔工具" ✎ 按钮，在剪纸的脸部及衣服部分绘制不规则图形，效果如图15.8所示，然后选中剪纸素材和不规则图形，单击"路径查找器"面板的"分割" ▦ 按钮，再单击鼠标右键，在弹出的快捷菜单中选择"取消编组"命令，将多余部分按Delete键删除，并选中被分割部分填充为白色，效果如图15.9所示。

图15.5 绘制封面矩形

步骤02 将图形复制一份，将其填充为白色，制作成封底，将它们顶端对齐，完成封面与封底的组合，效果如图15.6所示。

图15.8 绘制图形　　　　图15.9 填充白色

步骤05 将制作好的人物放到之前绘制的渐变矩形中的合适位置，如图15.10所示，同样方法，将之前绘制好的文字也放置在渐变矩形中，如图15.11所示。

图15.10 将剪纸素材放到封面当中

图15.11 将文字放到封面当中

步骤06 输入出版社名称，设置"字体"为"汉仪长美黑简"，颜色为白色，上下摆放，并放到合适位置，效果如图15.12所示。

图15.12 完成封面的所有制作

步骤07 执行菜单栏中的"文件"|"打开"命令，打开"打开"对话框，选择配套光盘中的"调用素材\第15章\中国民俗封面设计\封底素材.AI"文件，使用"移动工具" 按钮，将剪纸素材拖到画布中，将图形颜色填充为淡灰色（C:0；M:0；Y:0；K:20），如图15.13所示。

步骤08 将素材摆放到与封底合适位置，调整好大小。单击工具箱中的"橡皮工具" 按钮，将多余部分擦除，效果如图15.14所示。

图15.13 将素材填充为 图15.14 调整大小并擦出
灰色

步骤09 执行菜单栏中的"文件"|"打开"命令，打开"打开"对话框，选择配套光盘中的"调用素材\第15章\中国民俗封面设计\福字剪纸.AI"文件，使用"移动工具" 按钮，将剪纸素材拖到画布中，将图形颜色填充为深红色（C:64；M:92；Y:88；K:29），如图15.15所示。

步骤10 单击工具箱中的"镜像工具" 按钮，将图形进行翻转，效果如图15.16所示。

图15.15 导入素材 图15.16 翻转素材

步骤11 将素材摆放到封底合适位置，调整好大小。单击工具箱中的"橡皮工具" 按钮，将多余部分擦除，效果如图15.17所示。

步骤12 然后将制作好的文字"中国民俗"和"CHINESE FOLK CUSTOM"竖式排列，修改填充颜色为深红色（C:64；M:92；Y:88；K:29）并放入到页面中心，当素材描边过粗时适当修改描边大小。效果如图15.18所示。

图15.17 绘制封底

图15.18 完成封底绘制

步骤13 最后，将制作好的封面和封底分别群组，完成书籍封面的制作，效果如图15.19所示。

图15.19 封面和封底的效果

15.1.3 绘制立体效果

步骤01 单击矩工具箱中的"矩形工具" 按钮，绘制两个矩形作为背景，分别填充深灰色（C:0；M:0；Y:0；K:90）和浅灰色（C:0；M:0；Y:0；K:70），效果如图15.20所示。

图15.20 绘制矩形

步骤02 把封面与封底放置其中，调整好大小和位置，如图15.21所示。

图15.21 摆放效果

步骤03 选中封面，单击工具箱中的"倾斜工具" 按钮，向上拖动使封面倾斜，效果如图15.22所示。

图15.22 使封面倾斜

步骤04 按照上面讲过的方法将封底做倾斜的立体效果，如图15.23所示。

图15.23 倾斜立体效果

步骤05 单击工具箱中的"矩形工具" 按钮，绘制与封面大小一致的矩形并复制多份，再根据前面讲过的方法，将矩形分别垂直倾斜，要在保持边长统一的情况下角度不同，为书籍绘制内页，再选中全部内页，将内页置于封面后一层，效果如图15.24所示。

图15.24 绘制内页

步骤06 分别选择绘制的内页，并为内页填充不同颜色，以制作出不同颜色的彩色页面效果，如图15.25所示。

图15.25 填充颜色

步骤07 单击工具箱中的"钢笔工具" ✎按钮，为封面绘制阴影，并单击工具箱中的"渐变工具" ▣按钮，为阴影填充透明渐变，效果如图15.26所示。

图15.26 绘制阴影

步骤08 分别复制封面封底，单击工具箱中的"镜像工具" ◁按钮，使封面和封底垂直翻转，再单击工具箱中的"倾斜工具"按钮调整图形，使复制的图形上方与原图的下方水平吻合，效果如图15.27所示。

图15.27 调整图形

步骤09 单击工具箱中的"渐变工具" ▣按钮，在复制的图形上绘制一个大小相同的黑白渐变矩形，效果如图15.28所示。选中在复制图形和渐变图形，在"透明度"面板中单击"制作蒙版" 制作蒙版 按钮，效果如图15.29所示。

图15.28 绘制黑白渐变

图15.29 完成设计

15.2 城市坐标封面设计

📖 设计构思

- 通过"钢笔工具"绘制条纹，利用"直接选择工具"来调节并添加颜色。
- 通过旋转黄色矩形来增加封面的活泼效果。
- 通过"文字工具"输入文字，再设置为不同字体和大小，给文字设计新造型，避免文字过于死板。
- 通过"钢笔工具"来绘制折角式三角形，并添加文字。
- 通过"倾斜工具"、"制作蒙版"等来完成书籍的立体效果。

案例分类：封面装帧设计类
难易程度：★★★☆☆
最终文件：配套光盘\配套素材\源文件\第15章\城市坐标封面设计.ai
视频位置：配套光盘\movie\15.2 城市坐标封面设计.avi

城市坐标封面平面设计效果如图15.30所示。城市坐标封面立体设计效果如图15.31所示。

图15.30 平面设计

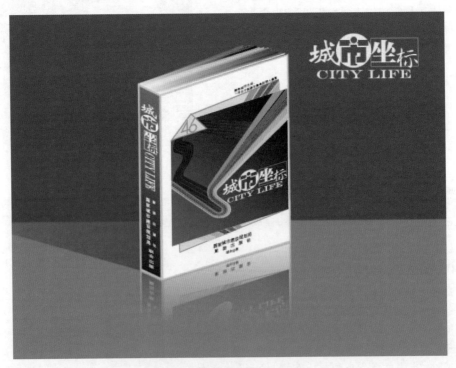

图15.31 城市坐标封面立体设计

完全掌握Illustrator CC 超级手册

操作步骤

15.2.1 制作条纹

步骤01 单击工具箱中的"钢笔工具" ✐按钮，绘制底纹，效果如图15.32所示。

步骤02 将图形复制4份，单击工具箱中的"直接选择工具" ▷按钮，依次将复制出来的图形进行调整角度、大小、倾斜，将5个图形摆放在一起，如图15.33所示。

图15.32 绘制底纹　图15.33 调整并组合新图形

步骤03 将图形填充不同颜色并全部选中，按Ctrl+G组合键进行编组，设置"描边"为无，效果如图15.34所示。用同样的工具和方法，再绘制一个类似的图形，全部选中并按Ctrl+G组合键进行编组，设置"描边"为无，颜色填充灰色（C:0；M:0；Y:0；K:88）到黑色（C:0；M:0；Y:0；K:100）的线性渐变，效果如图15.35所示。

图15.34 五彩色条　　图15.35 渐变条纹

15.2.2 设计框架

步骤01 单击工具箱中的"矩形工具" ▭按钮，绘制一个矩形，设置"宽度"为185mm，"高度"为260mm。填充为白色，描边颜色为灰色（C:0；M:0；Y:0；K:10），描边"宽度"为6pt，效果如图15.36所示。

步骤02 复制一个新矩形，设置其"宽度"为155mm，"高度"为190mm，并填充颜色为黄色（C:0；M:0；Y:100；K:0），设置描边颜色为绿色（C:100；M:0；Y:100；K:0），描边"宽度"为6pt，如图15.37所示。

图15.36 绘制矩形　　图15.37 复制新矩形

步骤03 将五色彩条复制一份，调整大小、角度并分别摆放在黄色矩形的合适位置，效果如图15.38所示。选中黄色矩形，按Ctrl+C组合键复制，在确定没有选中任何图形的情况下按Ctrl+F组合键粘贴在原位最前面。选中黄色矩形及五彩色条，按Ctrl+7组合键建立剪贴蒙版，效果如图15.39所示。

图15.38 摆放到合适位置 图15.39 建立剪贴蒙版

步骤04 选中图形，旋转至合适的位置，完成倾斜效果，效果如图15.40所示。

图15.40 倾斜效果

步骤05 单击工具箱中的"矩形工具" 按钮，设置其"宽度"为170mm，"高度"为170mm，填充颜色为灰色（C:0；M:0；Y:0；K:80）到黑色（C:0；M:0；Y:0；K:100）的线性渐变，设置"描边"为无，如图15.41所示。

步骤06 将绘制完的五彩条纹和灰色条纹按照同样的方法调整大小、摆放到合适的位置，再建立剪贴蒙版，效果如图15.42所示。

图15.41 渐变矩形　　　图15.42 完成后的效果

步骤07 将3个矩形从上到下依次排列放置，选择黄色和黑色矩形，按Ctrl+G组合键，将它们编组。然后选中3个图形，单击"对齐"面板中的"垂直居中对齐" 按钮，使图形对齐，完成封面构图与框架，效果如图15.43所示。

图15.43 框架最终效果

15.2.3　制作文字

步骤01 单击工具箱中的"文字工具" T 按钮，输入中文"城市坐标"与英文"CITY LIFE"，填充文字颜色为灰色（C:0；M:0；Y:0；K:10），将中文"城"字体设置为"长城新魏碑体"，"市"字体设置为"汉仪圆叠体简"，"坐"字体设置为"长城特粗宋体"，"标"字体设置为"文鼎中行书简"。调整不同大小；英文设置为"Engravers MT"。选中文字，按Ctrl++Shift+O键，给文字创建描边，再单击鼠标右键，选择"取消编组"命令，将文字拆分，效果如图15.44所示。

图15.44 输入并调整文字

步骤02 单击工具箱中"椭圆工具" 按钮，绘制一个小椭圆，选择文字"市"，调整到略比椭圆大一点，然后将文字放在椭圆中并连同椭圆全部选中，单击"路径查找器"面板的"分割" 按钮，在单击鼠标右键，选择"取消编组"命令，选择文字并按Delete键删除。单击工具箱中"矩形工具" 按钮，绘制一个填充为无、描边为1pt、颜色为白色的矩形，将文字"坐标"放置到矩形内，再将所有文字进行局部大小、位置的调整，将文字放到封面合适位置。效果如图15.45所示。

图15.45 完成效果

15.2.4　完成封面辅助图案

步骤01 单击工具箱中"添加锚点工具" 按钮，给灰色封面红色位置添加两个锚点，如图15.46所示；再单击工具箱中"删除锚点工具" 按钮，单击灰色封面左上角锚点，如图15.47所示。黄色矩形也按照同样方法删除锚点，整体效果如图15.48所示。

图15.46 添加锚点

图15.47 删除锚点

步骤03 添加其他文字，并调整大小、字体、颜色及位置等，将其放置在封面上，完成封面设计图，效果如图15.50所示。

图15.50 完成封面设计

15.2.5 完成书籍

步骤01 单击工具箱中的"矩形工具" ▢ 按钮，绘制一个"宽度"为30mm，"高度"为260mm的矩形，填充颜色为灰色（C:0，M:0，Y:0，K:80）到黑色（C:0；M:0；Y:0；K:100）的线性渐变，设置描边颜色为灰色（C:0；M:0；Y:0；K:30），描边宽度为4pt，效果如图15.51所示。

步骤02 将制作好的文字，包括中文名、英文名、出版社名等复制一份并全部竖式排列，效果如图15.52所示。

图15.48 删除锚点之后的整体效果

步骤02 单击工具箱中的"钢笔工具" ✒ 按钮，沿着两个图形新增加的边，绘制一个三角形，并填充颜色为黄色（C:0；M:0；Y:100；K:0），设置描边颜色为绿色（C:100；M:0；Y:100；K:0），描边"粗细"为4pt，单击工具箱中的"文字工具" T 按钮，输入数字"46"，设置字体为"华文细黑"。选中文字并按住"Alt+→"键来调整文字之间的间距并填充为绿色（C:100；M:0；Y:100；K:0），效果如图15.49所示。

图15.49 绘制效果

图15.51 绘制渐变矩形 　　图15.52 书脊文字

步骤03 将竖式文字复制到书脊中，上下排列，并把颜色变换成白色，然后把书脊与封面组合到一起，效果如图15.53所示。

图15.53 封面与书脊组合效果

步骤04 单击工具箱中的"倾斜工具" 按钮，将封面向上倾斜，效果如图15.54所示。

图15.54 倾斜封面

步骤05 按照同样的方法，将书脊也应用倾斜，效果如图15.55所示。

图15.55 书脊倾斜效果

步骤06 单击工具箱中的"钢笔工具" 按钮，绘制多边形并复制多份，效果如图15.56所示。单击"渐变工具" 按钮，为他们填充不同颜色到透明的渐变，以达到旅游书籍五彩斑斓的特点，最终效果如图15.57所示。

图15.56 绘制内页

图15.57 给内页添加颜色

步骤07 将书籍复制一份，选中复制出来的书籍，单击工具箱中的"镜像工具"按钮，使书籍垂直翻转，效果图如图15.58所示。在单击工具箱中的"倾斜工具"按钮，将复制图形上方与原图下方水平吻合，效果如图15.59所示。

图15.58 复制书籍　　图15.59 倾斜复制书籍

图15.61 制作蒙版效果

步骤08 单击工具箱中的"渐变工具"按钮，在复制的图形上绘制一个大小相同的黑白渐变矩形，效果如图15.60所示。选中复制图形和渐变图形，在"透明度"面板中单击"制作蒙版"按钮，效果如图15.61所示。

步骤09 单击工具箱中的"矩形工具"按钮，绘制两个矩形作为背景，分别填充深灰色（C:0；M:0；Y:0；K:90）和浅灰色（C:0；M:0；Y:0；K:70），效果如图15.62所示。

图15.62 绘制矩形并填充

步骤10 将书籍放置到矩形合适位置，效果如图15.63所示。

图15.60 绘制渐变矩形

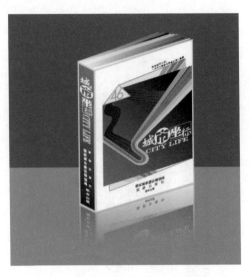

图15.63 放置到矩形中

步骤11 单击工具箱中的"钢笔工具" ✐按钮，为书籍绘制阴影，并单击工具箱中的"渐变工具" ▢按钮，为阴影填充渐变，效果如图15.64所示。

图15.64 最终展示效果

15.3 / 小说封面设计

📖 设计构思

- 首先新建画布，并通过创建参考线创建封面轮廓辅助图。
- 利用矩形工具绘制书籍展开面，并填充不同的颜色。
- 使用符号为封面添加纹理图案，并利用"透明度"面板调整符号的不透明度。
- 使用"倾斜"命令将封面扭曲制作出封面立体效果。
- 本例主要是讲述小说封面设计，简单易学。应用工具比较少，设计的关键在于构思，图与图，图与字，图与版面的结构、色彩的应用。

通过本例的制作，学习辅助线、自然界符号、镜像工具及水彩画笔的使用，外发光滤镜，立体效果的制作，掌握插画的技巧。

案例分类：封面装帧设计类
难易程度：★★★★☆
调用素材：配套光盘\配套素材\调用素材\第15章\小说封面设计
最终文件：配套光盘\配套素材\源文件\第15章\小说封面设计.ai
视频位置：配套光盘\movie\15.3 小说封面设计.avi

本例封面展开面设计如图15.65所示。封面立体效果如图15.66所示。

图15.65 展开面设计

图15.66 封面立体效果图

📖 **学习目标**

15.3.1 制作书籍展开面

步骤01 执行菜单栏中的"文件"|"新建"命令，或按"Ctrl + N"组合键，打开"新建"对话框，设置"名称"为"封面展开面设计"，设置"宽度"为388mm，"高度"为266mm，"取向"为横向，单击"确定"按钮。

提示 ？

印刷前的作品与印刷后的作品的实际大小是不一样的，因此要设置"出血"，印刷后的作品的各个边上都会被截去大约3mm~4mm的宽度，因此在制作之前的宽度和高度应该比实际图像大6mm~8mm。对于封面设计，出血通常设置为3mm，所以在设置时，各个边上都增加3mm的出血值。

步骤02 绘制书籍描边，需要借助辅助线，按如图15.67所示拉出辅助线。为绘制书籍描边打下基础。

步骤03 为了使读者更清楚地看到文档设计的尺寸，下面是标示出尺寸后的封面描边图，如图15.68所示。

图15.67 拉出辅助线　　　图15.68 封面描边图

技巧

在设计书脊的宽度时，书脊厚度=纸张克数×印张数，计算出的就是书脊的厚度，所以书脊的尺寸设置要根据最后的书所用的纸张厚度来定。

步骤04 单击工具箱中的"矩形工具"按钮，沿封面辅助线在文档中绘制一个矩形，将其进行填充深绿色（C:45；M:40；Y:100；K:15），然后设置描边为无，效果如图15.69所示。

步骤05 利用工具箱中的"矩形工具"，沿书脊辅助线在文档中绘制一个矩形，将其进行填充深绿色（C:50；M:40；Y:100；K:60），然后设置描边为无，效果如图15.70所示。

图15.69 填充封面颜色　　　图15.70 填充书脊颜色

步骤06 再次利用工具箱中的"矩形工具"，沿封底辅助线在文档中绘制一个矩形，将其填充深绿色（C:55；M:50；Y:100；K:45），然后设置描边为无，效果如图15.71所示。

步骤07 打开"符号"面板，单击面板右上角的按钮，在弹出的快捷菜单中选择"打开符号库"|"自然"命令，打开"自然"面板，在其中单击"蝴蝶"，此时，"符号"面板中就自动生成一个新符号——蝴蝶，如图15.72所示。

图15.71 填充封底颜色　　　图15.72 "符号"面板

步骤08 单击蝴蝶符号，然后再单击"符号"面板下方的"置入符号实例"按钮，此时，文档中就自动生成一个蝴蝶符号，如图15.73所示。

步骤09 在文档中调整蝴蝶符号的大小然后旋转60度。打开"透明度"面板，设置"不透明度"为12%，然后将其放置到封面的右上角，效果如图15.74所示。

图15.73 蝴蝶符号　　　图15.74 调整效果

步骤10 选中调整后的蝴蝶，双击工具箱中的"镜像工具"按钮，打开"镜像"对话框，设置"轴"为水平，如图15.75所示。

步骤11 设置完成后，单击"复制"按钮。然后将镜像并复制出的蝴蝶垂直向下移动，放置到封面的右下角，如图15.76所示。

图15.75 "镜像"对话框　　　图15.76 移动蝴蝶

步骤12 将蝴蝶复制多份，然后分别调整它们的大小和位置，并分别进行旋转，此时的图像效果如图15.77所示。

图15.77 图像效果

步骤13 执行菜单栏中的"文件"|"打开"命令，打开"打开"对话框，选择配套光盘中的"调用素材\第15章\小说封面设计\封面插图.ai"文件，单击"打开"按钮，此时，图像就显示到文档中，效果如图15.78所示。

图15.78 封面插图

步骤14 确认当前画面为"封面插图"。单击"选择工具" 按钮，将鼠标指针移至图片上按下鼠标并拖动，将其拖至到"封面展开面设计"图形上。然后再调整其大小和位置后，将其不透明度设置为26%，效果如图15.79所示。

步骤15 将调整后的封面插图复制多份，然后分别调整它们的大小和位置，此时的图像效果如图15.80所示。

图15.79 图片效果　　图15.80 复制并移动

15.3.2　添加封面内容

步骤01 单击工具箱中的"钢笔工具" 按钮，在文档中绘制一条曲线，设置其填充为无，描边颜色为白色，粗细为1像素，效果如图15.81所示。

步骤02 打开"画笔"面板，单击面板右上角的 按钮，在弹出的快捷菜单中选择"打开画笔库"|"艺术效果"|"艺术效果-水彩"命令，打开"艺术效果-水彩"面板，在其中单击"水彩－混合"，此时，"画笔"面板中就自动生成一个新画笔——水彩－混合，如图15.82所示。

图15.81 曲线效果　　图15.82 "画笔"面板

步骤03 选中刚绘制的曲线，在打开的"画笔"面板中单击"水彩－混合"，此时，文档中的曲线效果如图15.83所示。

步骤04 打开"不透明度"面板，设置被画笔填充后的曲线的不透明度为68%，此时，图像降低不透明度后的效果如图15.84所示。

图15.83 画笔填充效果　　图15.84 降低不透明度

步骤05 选中曲线，双击工具箱中的"镜像" 按钮，打开"镜像"对话框，设置"轴"为水平，单击"复制"按钮，然后将复制出的曲线移动放置到合适的位置，其效果如图15.85所示。

步骤06 单击工具箱中的"钢笔工具" 按

钮，在文档中绘制一条曲线，将其填充设置为无，描边颜色为白色，放置到合适的位置，效果如图15.86所示。

图15.85 镜像并移动　　图15.86 曲线效果

步骤07 单击工具箱中的"转换锚点工具" 按钮，将刚绘制的曲线进行调整，调整后的效果如图15.87所示。

步骤08 执行菜单栏中的"文件"|"打开"命令，打开"打开"对话框，选择配套光盘中的"调用素材\第15章\小说封面设计\玫瑰花.ai"文件，单击"打开"按钮，此时，玫瑰花就显示到文档中，效果如图15.88所示。

图15.87 调整后的效果　　图15.88 玫瑰花

步骤09 单击"选择工具" 按钮，将鼠标指针移至玫瑰花上按住鼠标并拖动，将其拖至到"小说封面展开面设计"画布上。然后再调整其大小和位置，效果如图15.89所示。

步骤10 单击工具箱中的"直排文字工具" 按钮，在文档中输入书名"谈情说爱"，设置字体为"华文彩云"，大小为120像素，颜色为白色，效果如图15.90所示。

图15.89 移动并旋转　　图15.90 添加文字

步骤11 执行菜单栏中的"效果"|"风格化"|"外发光"命令，打开"外发光"对话框，设置"模式"为"滤色"，"不透明度"为75%，"模糊"为2mm，颜色为白色，如图15.91所示。

步骤12 外发光的各项参数设置完成后，单击"确定"按钮，此时，文字就添加了外发光效果，如图15.92所示。

图15.91 设置外发光参数　　图15.92 外发光效果

步骤13 再次利用"直排文字工具" ，在文档中输入文字"编著 杨霜璐"，设置字体为"华文细黑"，大小为21像素，颜色为白色，效果如图15.93所示。

步骤14 单击工具箱中的"多边形工具" 按钮，按住鼠标拖动的同时，按几次向下方向键$将多边形变为三角形，然后，再按住"Shift"键，绘制一个正三角形，效果如图15.94所示。

图15.93 添加文字　　　图15.94 正三角形

步骤15 单击工具箱中的"添加锚点工具"🖊️按钮，在三角形底边的中间添加一个锚点，然后再利用"直接选择工具"➤将刚添加的锚点向上移动到合适的位置，其效果如图15.95所示。

步骤16 将变形后的三角形填充为黑色，将描边设置为无。再将其复制一份并进行水平镜像，然后将镜像后的图像水平向上移动放置到合适的位置，效果如图15.96所示。

图15.95 添加锚点并变形 图15.96 填充、复制并镜像

步骤17 利用工具箱中的"椭圆工具"⬭，在文档中绘制一个正圆，填充为黑色，描边设置为无。然后将其复制一份，并将复制出的正圆移动放置到合适的位置，效果如图15.97所示。

步骤18 再次利用"椭圆工具"⬭，在文档中绘制一个椭圆，将其填充设置为无，描边颜色为黑色，描边"粗细"为12像素，如图15.98所示。

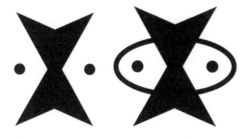

图15.97 添加正圆　　　图15.98 描边效果

步骤19 选中刚描边后的椭圆，执行菜单栏中的"对象"|"路径"|"描边化描边"命令，将椭圆的描边效果转变为填充效果，如图15.99所示。然后将步骤（14）~步骤（19）所绘制的图像进行编组。

步骤20 将刚编组后的图像稍加缩小，然后将其移动放置到合适的位置，此时的图像效果，如图15.100所示。

图15.99 描边化描边效果　　图15.100 缩小并移动

步骤21 利用工具箱中的"文字工具"T，在文档中输入出版社名称"北京奚凡电子出版社"，设置字体为"华文细黑"，大小为25像素，颜色为黑色，效果如图15.101所示。

步骤22 添加书脊内容。再次利用工具箱中的"文字工具"T，在文档中输入书名"谈情说爱"，设置字体为"华文细黑"，大小为25像素，颜色为白色，效果如图15.102所示。

图15.101 出版社名称　　　图15.102 添加书名

步骤23 将出版社标志复制一份，然后将复制出的图像的填充颜色调整为白色，再移动放置到书脊中，其效果如图15.103所示。

步骤24 利用工具箱中的"直排文字工具"↓T，在文档中再次输入出版社名称"北京奚凡电子出版社"，字体为"华文细黑"，大小为20像素，颜色为白色，效果如图15.104所示。

图15.103 复制并移动　图15.104 添加出版社名称

15.3.3 添加封底内容

步骤01 利用工具箱中的"钢笔工具" ，在文档中绘制一条曲线，设置其填充颜色为无，描边颜色为白色，然后再将其不透明度设置为50%，效果如图15.105所示。

步骤02 将刚绘制的曲线复制一份，然后再将复制出的曲线垂直向下移动放置到合适的位置，效果如图15.106所示。

图15.105 曲线效果　　图15.106 复制并移动

步骤03 利用工具箱中的"直线段工具" 按钮，在文档中制一个斜线，设置其填充颜色为无，描边颜色为白色，然后再将其不透明度设置为50%，效果如图15.107所示。

步骤04 选中刚绘制的斜线，按下鼠标向下拖动的同时，按住"Ctrl+Shift"组合键，将其复制一份，并垂直向下移动放置到合适的位置。

步骤05 按下"Ctrl+D"组合键，重复刚才的复制并垂直向下移动操作，此时的图像效果，如图15.108所示。

图15.107 斜线效果　　图15.108 复制效果

步骤06 利用工具箱中的"文字工具" ，再次在文档中输入书名"谈情说爱"，设置字体为"隶书"，大小为80像素，颜色为浅绿色（C:41；M:0；Y:48；K:0），效果如图15.109所示。

步骤07 再次利用工具箱中的"文字工具" ，在文档中输入文字，设置字体为"华文细黑"，大小为12像素，颜色为白色，然后将其移动放置到封底的左上角，其效果如图15.110所示。

图15.109 添加书名　　图15.110 添加文字

步骤08 执行菜单栏中的"文件"|"打开"命令，打开"打开"对话框，选择配套光盘中的"调用素材\第15章\小说封面设计\条形码.ai"文件，单击"打开"按钮，此时，图像就显示到文档中，效果如图15.111所示。

步骤09 确认当前画面为"条形码"。单击"选择工具" 按钮，将鼠标指针移至图片上按下鼠标并拖动，将其拖至到"小说封面展开面设计"画布上。然后再调整其大小和位置，效果如图15.112所示。

步骤10 利用"文字工具" T 在文档中输入定价，设置字体为"宋体"，大小为18像素，颜色为白色，然后将其移动放置到合适的位置，完成封面展开面设计。

图15.111 条形码　　图15.112 图像效果

15.3.4 制作立体效果

步骤01 将封面及其封面上的所有内容全部选中，然后按下"Ctrl + G"组合键，将其进行编组。然后再分别将书脊及书脊上的内容、封底及封底上的内容进行编组。

步骤02 将封面选中，单击鼠标右键在弹出的快捷菜单中选择"变换"|"倾斜"命令，打开"倾斜"对话框，设置"倾斜角度"为-7度，"轴"为垂直，设置完成后，单击"确定"按钮，此时，封面的倾斜效果，如图15.113所示。

步骤03 选中书脊，将其也倾斜25度，然后再将其移动放置到合适的位置，效果如图15.114所示。

图15.113 封面倾斜效果 图15.114 书脊倾斜效果

步骤04 单击工具箱中的"矩形工具"按钮，在文档中绘制一个矩形，将其填充为灰色（C:0；M:0；Y:0；K:30）到淡灰色（C:0；M:0；Y:0；K:10）的线性渐变，描边设置为无，效果如图15.115所示。

步骤05 利用"直接选择工具"，将刚绘制的矩形右边的两个锚点选中，然后向上拖动到合适的位置，其效果如图15.116所示。

步骤06 将矩形上方的两个锚点选中，然后向左拖动到合适的位置，用同样的方法将书脊和封底也进行倾斜，完成封面设计。

图15.115 矩形效果　　图15.116 倾斜效果

第16章 产品包装设计

〔内容摘要〕

所谓包装，从字面上可以理解为包裹、包扎、装饰、装潢之意，为了保证商品的原有状态及质量在运输、流动、交易、贮存及使用时不受到损害和影响，而对商品所采取的一系列技术措施。包装设计是依附于包装立体上的平面设计，是包装外表上的视觉形象，包括了文字、摄影、插图、图案等要素的构成。在市场经济越来越规范的今天，人们对产品包装的认识也越来越深刻。包装已经成为商品经营必不可少的一个环节。一个成功的包装设计应能够准确反映出商品的属性和档次，并且构思新颖，具有较强的视觉冲击力。本章主要讲解各式包装设计的技巧。

〔教学目标〕

- 了解包装基本知识
- 了解包装设计的作用
- 了解各种开本的尺寸
- 掌握包装设计展开面的制作方法
- 掌握泡罩式、听式、套式和瓶式结构包装的设计技巧

16.1 泡罩结构——电池包装设计

设计构思

- "钢笔工具"配合转换"锚点工具"，绘制出包装的外描边。
- 填充渐变色，通过矩形和风格化命令，制作出泡罩的包装效果。最后绘制出电池效果。

案例分类：产品包装设计类
难易程度：★★★☆☆
最终文件：配套光盘\配套素材\源文件\第16章\电池包装设计.ai
视频位置：配套光盘\movie\16.1 泡罩结构——电池包装设计.avi

泡罩结构——电池包装设计效果如图16.1所示。

图16.1 最终效果图

✏️ **操作步骤**

16.1.1 电池包装背板

步骤01 执行菜单栏中的"文件"|"新建"命令，或按"Ctrl＋N"组合键，打开"新建"对话框，设置"名称"为"电池包装设计"，设置"大小"为A4，"取向"为纵向，单击"确定"按钮。

步骤02 单击工具箱中的"钢笔工具" ✒ 按钮，在文档中绘制一个封闭图形，效果如图16.2所示。

步骤03 单击工具箱中的"转换锚点工具" ⌐ 按钮，将钢绘制的封闭图形进行调整，调整后的图形效果如图16.3所示。

图16.2 封闭图形　　图16.3 调整效果

步骤04 将调整后的图形填充为橙红色（C:0；M:80；Y:100；K:0）到黄色（C:0，M:0，Y:100，K:0）再到橙红色（C:0；M:80；Y:100；K:0）的线性渐变，其"角度"为90度，然后将其描边颜色设置为无，效果如图16.4所示。

步骤05 单击工具箱中的"圆角矩形工具" ▢ 按钮，在文档中绘制一个圆角矩形，如图16.5所示。

图16.4 渐变填充　　图16.5 圆角矩形

步骤06 单击工具箱中的"椭圆工具" ⬭ 按钮，按住"Shift"键的同时，按住鼠标并拖动在文档中绘制一个正圆，然后将其移动放置到合适的位置，效果如图16.6所示。

步骤07 将刚绘制的圆角矩形和正圆选中，打开"路径查找器"面板，然后按住"Alt"键的同时，单击"联集" 🔲 按钮，如图16.7所示。

图16.6 正圆效果　　图16.7 "路径查找器"面板

步骤08 此时，圆角矩形和正圆就相加成为一个图形。将文档中的图像全部选中，打开"对齐"面板，然后单击"水平居中对齐" _品 按钮，如图16.8所示。此时，图像的对齐效果如图16.9所示。

图16.8 "对齐"面板　　图16.9 对齐效果

步骤09 再次将文档中的图像全部选中，打开"路径查找器"面板，按住"Alt"键的同时，单击"差集" _□ 按钮，此时的图像效果如图16.10所示。

步骤10 单击工具箱中的"直线段工具" _/ 按钮，在文档中绘制一条1像素的直线，将其填充设置为无，描边颜色为灰色（C:0；M:0；Y:0；K:50），效果如图16.11所示。

图16.10 排除重叠区域效果　　图16.11 绘制直线

步骤11 选中刚绘制的直线，按下鼠标向下拖动的同时，按住"Alt + Shift"组合键，将其复制一份并垂直向下移动，其效果如图16.12所示。

步骤12 按住"Ctrl"键的同时，多次按下"D"键，重复刚才的复制并垂直向下移动的操作，此时的图像效果，如图16.13所示。

图16.12 复制并移动　　图16.13 多次复制

步骤13 将图像中的所有的直线选中，按下"Ctrl + G"组合键，将其进行编组，然后在"透明度"面板中将"不透明度"设置为20%，其效果如图16.14所示。

步骤14 单击工具箱中的"椭圆工具" _○ 按钮，在文档中绘制一个椭圆，然后将其填充为白色，描边设置为无，效果如图16.15所示。

图16.14 降低不透明度的效果　图16.15 绘制椭圆

步骤15 选中刚绘制的椭圆，执行菜单栏中的"效果"|"模糊"|"高斯模糊"命令，打开"高斯模糊"对话框，设置"半径"为10像素，如图16.16所示。

步骤16 高斯模糊的参数设置完成后，单击"确定"按钮，此时，椭圆的高斯模糊效果如图16.17所示。

图16.16 高斯模糊　　图16.17 高斯模糊效果

步骤17 单击工具箱中的"文字工具" T 按钮，在文档中输入文字"东阳DONGYANG"，然后设置不同的字体和大小，其颜色为黄色（C:0；M:0；Y:100；K:0），然后在"段落"面板中单击"居中对齐" 按钮，效果如图16.18所示。

步骤18 执行菜单栏中的"效果"|"风格化"|"外发光"命令，打开"外发光"对话框，设置"模式"为"滤色"，"不透明度"为75%，"模糊"为1mm，颜色为黑色，如图16.19所示。

图16.18 添加文字　　图16.19 设置外发光参数

步骤19 外发光的各项参数都设置完成后，单击"确定"按钮，此时，文字就添加了外发光效果，如图16.20所示。

步骤20 单击工具箱中的"矩形工具" 按钮，在文档中绘制一个矩形，将其填充为黄色（C:0；M:0；Y:100；K:0），描边设置为无，然后放置到文档中图像的下方，如图16.21所示。

图16.20 外发光效果　　图16.21 绘制矩形

步骤21 将文档中渐变填充后的图像复制一份，然后按下"Ctrl + F"组合键，将复制出的图像粘贴在原图像的前面，然后再选中刚绘制的矩形。打开"路径查找器"面板，按住"Alt"键的同时，单击"交集" 按钮，此时，图像相

交后的效果如图16.22所示。

步骤22 单击工具箱中的"文字工具" T 按钮，在文档中输入文字，然后设置不同的字体、大小和颜色后，再稍加调整并放置到合适的位置，其效果如图16.23所示。

使用前请仔细阅读"警告"内容

图16.22 相交后的效果　　图16.23 添加文字

16.1.2 绘制电池

步骤01 单击工具箱中的"矩形工具" 按钮，然后将鼠标指针移至文档中单击，此时，打开"矩形"对话框，设置"宽度"为49mm，"高度"为14mm，如图16.24所示。

步骤02 设置完成后，单击"确定"按钮，此时，文档中就自动生成一个宽为49mm，高为14mm的矩形，如图16.25所示。

提示 ?

AA电池就是我们通常所说的5号电池，一般尺寸为：直径14mm，高度49mm。

图16.24 "矩形"对话框　　图16.25 矩形效果

步骤03 单击工具箱中的"添加锚点工具" 按钮，在矩形的左、右边的中间各添加一个锚点，然后再利用"直接选择工具" 将矩形进行调整，调整后的图形效果如图16.26所示。

步骤04 单击工具箱中的"转换锚点工具" 按钮，将刚添加的两个锚点进行调整，调整后再将其填充为蓝绿色（C:100；M:0；Y:30；K:0），描边设置为无，效果如图16.27所示。

图16.26 添加锚点并调整　图16.27 调整并填充

图16.32 椭圆效果　　　图16.33 相减效果

步骤05 单击工具箱中的"矩形工具" ■按钮，在文档中绘制一个矩形，将其放置到图像的左边，如图16.28所示。

步骤06 将之前填充为蓝绿色的图像复制一份，并将复制出的图像粘贴到原图像的前面。然后将复制出的图像和刚绘制的矩形选中，按住"Alt"键的同时，在打开的"路径查找器"面板中，单击"交集" □按钮，此时，图像相交后的效果如图16.29所示。

步骤11 将相减后的图像移动放置到矩形图像中，然后再重复步骤（10）的操作，此时的图像效果，如图16.34所示。

步骤12 单击工具箱中的"矩形工具" ■按钮，在文档中绘制一个矩形，将其填充为白色，描边设置为无，然后设置"不透明度"为30%，效果如图16.35所示。

图16.28 矩形的位置　　图16.29 相交后的效果

步骤07 将相交后的图像填充为浅灰色到白色再到浅灰色的线性渐变，其"角度"为90度，图像渐变填充后的效果如图16.30所示。

步骤08 单击工具箱中的"矩形工具" ■按钮，在文档中绘制一个矩形，将其填充为深蓝绿色（C:100；M:0；Y:30；K:30），描边设置为无，然后将其移动放置到合适的位置，效果如图16.31所示。

图16.34 图像效果　　　　图16.35 矩形效果

步骤13 执行菜单栏中的"效果" | "模糊" | "高斯模糊"命令，打开"高斯模糊"对话框，设置"半径"为8像素，如图16.36所示。

步骤14 设置完成后，单击"确定"按钮，此时，矩形就添加了高斯模糊效果，如图16.37所示。

图16.30 渐变填充　　　　图16.31 矩形效果

步骤09 单击工具箱中的"椭圆工具" ◯按钮，在文档中绘制一个椭圆，将其填充为深蓝绿色（C:100；M:0；Y:30；K:30），描边设置为无，然后再将其复制一份，效果如图16.32所示。

步骤10 将文档中的这两个椭圆选中，按住"Alt"键的同时，在打开的"路径查找器"面板中，单击"减去顶层" ■按钮，此时，图像相减后的效果，如图16.33所示。

图16.36 设置参数　　　图16.37 高斯模糊效果

步骤15 将添加高斯模糊效果的矩形复制一份，然后将复制出的矩形垂直向下移动到合适的位置，效果如图16.38所示。

步骤16 单击工具箱中的"椭圆工具" ◯按钮，在文档中绘制一个椭圆，将其填充为白色，描边设置为无，放置到合适的位置，效果如图16.39所示。

图16.38 复制并移动　　　图16.39 绘制椭圆

完全掌握Illustrator CC超级手册

步骤17 执行菜单栏中的"效果"|"风格化"|"羽化"命令，打开"羽化"对话框，设置"羽化半径"为2像素，单击"确定"按钮，此时，椭圆的羽化效果如图16.40所示。

步骤18 单击工具箱中的"文字工具" **T** 按钮，在文档中输入文字，然后设置不同的字体、大小和颜色，其效果如图16.41所示。

图16.40 羽化效果　　　图16.41 添加文字

步骤19 单击工具箱中的"钢笔工具" 按钮，在文档中绘制一个封闭图形，然后再利用"转换锚点工具" 将其进行调整，调整后的图形效果如图16.42所示。

步骤20 将调整后的图形填充为灰色（C:0；M:0；Y:0；K:400）到白色再到灰色（C:0；M:0；Y:0；K:40）的线性渐变，其"角度"为90度，然后设置描边颜色为无，效果如图16.43所示。

图16.42 图形效果　　　图16.43 渐变填充

步骤21 执行菜单栏中的"对象"|"排列"|"置于底层"命令，此时，刚渐变填充的图像就自动后移至底层，效果如图16.44所示。然后将绘制好的电池图像全部选中，并进行编组。

16.1.3 制作泡罩效果

步骤01 单击工具箱中的"圆角矩形工具" 按钮，在文档中绘制一个圆角矩形，将其填充为白色，描边设置为无，放置到合适的位置，效果如图16.45所示。

图16.44 置于底层　　　图16.45 圆角矩形

步骤02 选中刚绘制的圆角矩形，打开"透明度"面板，在其中设置"不透明度"为25%，其效果如图16.46所示。

步骤03 选中刚绘制好的电池，然后再将其移动放置到合适的位置，此时的图像效果如图16.47所示。

图16.46 降低不透明度　　　图16.47 图像效果

步骤04 将电池复制多份，然后分别将复制出的电池移动放置到合适的位置，其效果如图16.48所示。然后再将所有的电池进行编组。

步骤05 选中编组后的电池，执行菜单栏中的"效果"|"风格化"|"投影"命令，打开"投影"对话框，设置"模式"为"正片叠底"，"不透明度"为50%，"X位移"为-2mm，"Y位移"为-1mm，"模糊"为1mm，颜色为灰色（C:0；M:0；Y:0；K:50），如图16.49所示。

图16.48 复制并移动　　　图16.49 设置投影效果

步骤06 投影的各项参数设置完成后，单击"确定"按钮，此时，电池就添加了投影效果，如图16.50所示。

步骤07 单击工具箱中的"钢笔工具" 按钮，在文档中绘制如图16.51所示的封闭图形。

步骤09 执行菜单栏中的"效果"|"模糊"|"高斯模糊"命令，打开"高斯模糊"对话框，设置"半径"为5像素，然后单击"确定"按钮，此时，图像添加高斯模糊后的效果如图16.53所示。

图16.50 投影效果　　　图16.51 封闭图形　　　图16.52 填充效果　　　图16.53 高斯模糊

步骤08 选中刚绘制的封闭图形，将其填充为白色，然后设置描边颜色为无，图形的填充效果如图16.52所示。

步骤10 选中高斯模糊后的图像，打开"透明度"面板，将其"不透明度"设置为50%，完成电池包装设计。

16.2 听式结构——饮料包装设计

设计构思

- 利用"钢笔工具"并配合路径查找器的相关命令，制作出听式饮料的描边。
- 对其分别填色，并应用风格化中的命令，制作出高光和立体效果。
- 添加符号和文字。本例以黄色和绿色作为包装的主色调，体现出苹果味果啤的特点，衬托出该产品健康的特性。

案例分类：产品包装设计类
难易程度：★★★★☆
调用素材：配套光盘\配套素材\调用素材\第16章\苹果插图.psd
最终文件：配套光盘\配套素材\源文件\第16章\饮料包装设计.ai
视频位置：配套光盘\movie\16.2 听式结构——饮料包装设计.avi

听式结构——饮料包装设计效果如图16.54所示。

图16.54 最终效果图

操作步骤

16.2.1 绘制听式饮料的轮廓图

步骤01 单击工具箱中的"钢笔工具" ✒ 按钮，在页面中绘制一个封闭图形，如图16.55所示。

步骤02 再次利用"钢笔工具" ✒，在页面中绘制一个封闭图形，然后将其移动放置到合适的位置，如图16.56所示。然后再将步骤（1）所绘制的图形复制一份，并将复制出的图形粘贴在原图形的前面。

图16.55 封闭图形　　　　图16.56 图形效果

步骤03 选中刚绘制好的图形和之前复制出的图形，打开"路径查找器"面板，按住"Alt"键的同时，单击"减去顶层" ⬜ 按钮，此时图形相减后的效果如图16.57所示。

步骤04 单击工具箱中的"椭圆工具" ⬭ 按钮，在页面中绘制一个椭圆，然后再将其移动放置到合适的位置，效果如图16.58所示。

图16.57 相减效果　　　　图16.58 椭圆效果

步骤05 将刚绘制的椭圆复制2份，然后将其中一份椭圆垂直向上移动到合适的位置，效果如图16.59所示。

步骤06 将刚复制出两个椭圆选中的，按住"Alt"键的同时，在打开的"路径查找器"面板中，单击"减去顶层" ⬜ 按钮，相减后的图像效果如图16.60所示。

图16.59 复制并移动　　　图16.60 相减后效果

步骤07 单击工具箱中的"钢笔工具" ✒ 按钮，在页面中绘制一个封闭图形，然后将其移动放置到页面中所有图形的下方，如图16.61所示。

步骤08 将刚绘制的封闭图形复制一份，然后再对其稍加调整，此时的图形效果，如图16.62所示。

图16.61 封闭图形　　　　图16.62 复制并调整

16.2.2 为描边图上色

步骤01 选中页面中最大的图形，将其填充为黄色（C:0；M:0；Y:100；K:0）到深绿色（C:100；M:0；Y:100；K:50）的线性渐变，然后设置其描边为无，效果如图16.63所示。

步骤02 选中瓶颈，然后再将其填充为浅绿色（C:50；M:0；Y:100；K:0），并设置其描边为无，效果如图16.64所示。

图16.63 渐变填充　　　图16.64 填充效果

步骤03 将瓶口处的椭圆填充为深灰色（C:0；M:0；Y:0；K:85）到乳白色（C:0；M:0；Y:0；K:5）到灰色（C:0；M:0；Y:0；K:60）再到乳白色（C:0；M:0；Y:0；K:5）的渐变，其"角度"为115度，再设置其描边为无，效果如图16.65所示。

步骤04 选中瓶口处的另一个图形，将其填充为和上一步骤一样的渐变，再设置其描边为无，效果如图16.66所示。

图16.65 渐变填充　　　图16.66 图像效果

步骤05 执行菜单栏中的"效果"|"风格化"|"内发光"命令，打开"内发光"对话框，设置"模式"为"滤色"，"不透明度"为75%，"模糊"1mm，颜色为灰色（C:52；M:43；Y:41；K:0），如图16.67所示。

步骤06 各项参数设置完成后，单击"确定"按钮，此时，刚填充渐变的图像的内发光效果如图16.68所示。

图16.67 设置内发光参数　　图16.68 内发光效果

步骤07 将描边图下方的两个没有填充的图形分别填充为深绿色（C:100；M:0；Y:100；K:76）和白色（为了让大家看得更清晰，所以暂将白色部分填充为红色），描边都设置为无，效果如图16.69所示。

步骤08 选中刚填充的白色图像，打开"内发光"对话框，设置"模式"为"正常"，"不透明度"为100%，"模糊"1.5mm，颜色为深绿色（C:90；M:55；Y:100；K:27），单击"确定"按钮，图像的内发光效果如图16.70所示。

图16.69 图像效果　　　图16.70 内发光效果

步骤09 单击工具箱中的"圆角矩形工具" 按钮，在页面中绘制一个圆角矩形，将其填充为白色，描边设置为无，效果如图16.71所示。

步骤10 执行菜单栏中的"效果"|"风格化"|"羽化"命令，打开"羽化"对话框，设置"羽化半径"为18像素，单击"确定"按钮，此时，圆角矩形的羽化效果如图16.72所示。

图16.71 圆角矩形　　　图16.72 羽化效果

步骤11 单击工具箱中的"椭圆工具" 按钮，在页面中绘制2个椭圆，将其都填充为白色，描边设置为无，然后再分别对椭圆进行羽化，羽化后的图像效果如图16.73所示。

16.2.3 添加饮料包装内容

步骤01 打开"符号"面板，选择"植物2"符号，将其拖至页面中，调整其大小和位置后，效果如图16.74所示。

图16.73 羽化效果　　　　图16.74 添加符号

步骤02 选中"植物2"符号，打开"透明度"面板，设置"混合模式"为明度，"不透明度"为30%，其效果如图16.75所示。

步骤03 单击工具箱中的"钢笔工具" ✐ 按钮，在页面中绘制一个封闭图形，将其填充为的白色，描边设置为无，然后再将其不透明度设置为25%，如图16.76所示。

图16.75 降低不透明度　　图16.76 绘制封闭图形

步骤04 将刚绘制的图形复制2份，然后分别调整其位置和大小，此时的图像效果如图16.77所示。

步骤05 执行菜单栏中的"文件"|"置入"命令，打开"置入"对话框，选择配套光盘中的"调用素材\第16章\苹果插图.psd"文件，单击"置入"按钮，此时，图像就显示到页面中，在控制栏中单击"嵌入"按钮，然后再调整图像的大小和位置，效果如图16.78所示。

图16.77 复制并调整　　　图16.78 苹果插图

步骤06 单击工具箱中的"椭圆工具" ⬭ 按钮，在页面中绘制一个椭圆，将其填充设置为无，然后为其描绘一个1像素的白色边框，再设置其"混合模式"为叠加，效果如图16.79所示。

步骤07 打开"画笔"面板，单击面板右上角的三角按钮，在弹出的快捷菜单中选择"打开画笔库"|"艺术效果"|"艺术效果—油墨"命令，打开"艺术效果—油墨"面板，然后该面板中单击"油墨飞溅"画笔，此时"画笔"面板中就自动生成了该画笔，如图16.80所示。

技巧

执行菜单栏中的"窗口"|"画笔"命令，或按"F5"键，可以打开或关闭"画笔"面板。

图16.79 椭圆描边　　　　图16.80 "画笔"面板

步骤08 在"画笔"面板中双击"油墨飞溅"画笔，打开"散点画笔选项"对话框，设置"间距"为30%，"分布"为35%、-32%，其他参数值为默认，如图16.81所示。

步骤09 设置完成后，单击"确定"按钮。选中之前绘制的椭圆，然后在打开的"画笔"面板

中单击"油墨飞溅"画笔，此时，椭圆的画笔
描边效果如图16.82所示。

图16.81 设置画笔参数　图16.82 画笔描边效果

步骤10 单击工具箱中的"文字工具" T 按
钮，在页面中输入文字"培凌果啤"，设置字
体为"华文行楷"，颜色为白色，然后再设置
其描边粗细为5像素。

步骤11 将刚输入的文字复制一份，并将复制出
的文字粘贴在原文字的前面，然后再将其填充
为绿色（C:100；M:0；Y:100；K:0），描边设
置为无，效果如图16.83所示。

步骤12 单击工具箱中的"椭圆工具" ⬭ 按
钮，在页面中绘制一个正圆，将其填充为天蓝
色（C:100；M:0；Y:0；K:0），描边设置为
无，如图16.84所示。

图16.83 文字效果　　　图16.84 正圆效果

步骤13 将刚绘制的正圆复制一份，然后将复制
出的正圆粘贴在原图像的前面并稍加缩小。选
中刚绘制的这两个正圆，打开"路径查找器"
面板，按住"Alt"键的同时，单击"减去顶
层" ⬚ 按钮，此时的图像呈圆环效果，如图
16.85所示。

步骤14 将刚绘制好的圆环复制多份，然后分别
移动放置到合适的位置，再将复制出的圆环分
别填充为黑色、红色（C:0；M:100；Y:100；
K:0）、黄色（C:0；M:100；Y:0）和绿色

（C:100；M:0；Y:100；K:0），效果如图16.86
所示。

图16.85 圆环效果　　　图16.86 五环效果

步骤15 将五环选中，打开"路径查找器"面
板，单击面板中的"分割" ⬚ 按钮，如图16.87
所示。然后再按下"Ctrl + Shift + G"组合键，
将五环取消编组。

步骤16 选中蓝色圆环和黄色圆环上方的重叠
处，单击工具箱中的"吸管工具" ⚲ 按钮，将
鼠标指针移至蓝色圆环上单击，此时的图像效
果如图16.88所示。

图16.87 "路径查找器"面板　图16.88 分割效果

步骤17 用两样的方法制作出环环相扣的效果，
如图16.89所示。然后再将页面中的五环选中，
按下"Ctrl + G"组合键，将其进行编组。

步骤18 选中五环，将其移动移动放置到合适
的位置，然后再调整其大小，其效果如图16.90
所示。

图16.89 环环相扣效果　　图16.90 移动并调整

步骤19 执行菜单栏中的"效果"｜"风格
化"｜"外发光"命令，打开"外发光"对
话框，设置"模式"为"正常"，"不透明

完全掌握Illustrator CC超级手册

度"为75%，"模糊"为1mm，颜色为深红色（C:20；M:100；Y:100；K:0），如图16.91所示。单击"确定"按钮，此时，五环的外发光效果，如图16.92所示。

"柔光"，其效果如图16.95所示。

图16.93 绘制圆角矩形　　图16.94 添加文字

图16.91 设置外发光参数　图16.92 外发光效果

步骤20 单击工具箱中的"圆角矩形工具" 按钮，在页面中绘制一个圆角矩形，将其填充为绿色（C:100；M:0；Y:100；K:0），描边设置为无，效果如图16.93所示。

步骤21 利用工具箱中的"文字工具" T，在页面中输入相关的文字，然后分别将其放置到合适的位置，效果如图16.94所示。

步骤22 单击工具箱中的"钢笔工具" 按钮，在页面中绘制一条1像素的白色曲线，然后在"透明度"面板中设置其"混合模式"为

图16.95 曲线效果

步骤23 将刚绘制的曲线复制多份，然后分别将其移动放置到合适的位置，完成听式饮料包装设计。

16.3 套式结构——卫生纸包装设计

设计构思

- 首先利用辅助线，制作出卫生纸包装展开面。
- 通过钢笔、椭圆和矩形工具，并配合路径查找器，制作出的描边图。
- 然后通过多重复制，制作出花朵效果，添加文字和其他内容，完成卫生纸包装展开面的设计制作。

案例分类：产品包装设计类
难易程度：★★★★☆
调用素材：配套光盘\配套素材\调用素材\第16章\条形码.ai
最终文件：配套光盘\配套素材\源文件\第16章\卫生纸包装设计.ai
视频位置：配套光盘\movie\16.3 套式结构——卫生纸包装设计.avi

卫生纸包装展开面效果图如图16.96所示，卫生纸包装的立体效果图如图16.97所示，完成的最终效果。

图16.96 卫生纸包装展开面

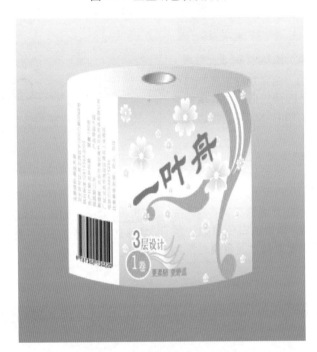

图16.97 卫生纸包装的立体效果

操作步骤

16.3.1 制作卫生纸包装展开面

步骤01 单击"文件"|"新建"命令，或按"Ctrl＋N"组合键，打开"新建"对话框，设置"名称"为"卫生纸包装展开面设计"，设置"宽度"为366mm，"高度"为116mm，单击"确定"按钮。

技巧

卫生纸的一般筒纸高为110mm、直径为115mm，根据圆周长的计算公式：周长＝直径×π，就得出圆周长为360mm，圆的周长就是展开面的宽度。而印刷前的作品与印刷后的作品的实际大小是不一样的，因此要设置"出血"，印刷后的作品的各个边上都会被截去大约3mm的宽度，所以最终设置的尺寸为366mm×116mm。

步骤02 绘制包装展开面的描边图，需要借助辅助线，按如图16.98所示拉出辅助线，为绘制包装展开面描边打下基础。

图16.98 拉辅助线

步骤03 单击工具箱中的"矩形工具" ▧ 按钮，在页面中绘制一个矩形，然后将其填充为浅蓝色（C:60；M:0；Y:0；K:0）到白色再到浅蓝色（C:60；M:0；Y:0；K:0）的线性渐变，其"角度"为90度，描边设置为无，效果如图16.99所示。

图16.99 渐变填充

步骤04 单击工具箱中的"钢笔工具" ✎ 按钮，在页面中绘制一个封闭图形，然后再利用"转换锚点工具" ⊾ ，将其进行调整，调整后的图形效果，如图16.100所示。

步骤05 单击工具箱中的"椭圆工具" ⬭ 按钮，按住"Shift"键的同时，按下鼠标并拖动，在页面中绘制一个正圆，然后将其移动放置到合适的位置，效果如图16.101所示。

图16.100 封闭图形　　图16.101 正圆效果

步骤06 将刚绘制的这两个图形选中，打开"路径查找器"面板，在然后单击"联集" ▣ 按钮，如图16.102所示。

步骤07 此时，页面中两个图形相加后的效果，如图16.103所示。

图16.102 路径查找器 图16.103 图形相加后效果

步骤08 选中相加后的图形，将其填充为蓝色（C:100；M:0；Y:0；K:0），然后再将其描边颜色设置为无，效果如图16.104所示。

步骤09 单击工具箱中的"椭圆工具" ⬭ 按钮，在页面中绘制一个椭圆，然后将其复制一份，并水平向左移动放置到合适的位置，效果如图16.105所示。

图16.104 填充效果　　 图16.105 椭圆效果

步骤10 将绘制的这两个椭圆选中，按住"Alt"键的同时，单击"减去顶层" ▣ 按钮，此时，图像相减的效果如图16.106所示。

步骤11 将修减后的图像稍加旋转，然后将其移动放置到合适的位置，此时的图像效果，如图16.107所示。

步骤12 单击工具箱中的"矩形工具" ▧ 按钮，在页面中绘制一个矩形，然后放置到合适的位置，如图16.108所示。

步骤13 重复步骤（10）的操作，将矩形和修减后的图像再次进行修减，然后再将修减后的图像填充为白色，效果如图16.109所示。

图16.106 相减效果　　图16.107 旋转并移动

图16.108 矩形效果　　图16.109 修减并填充

步骤14 将刚填充为白色的图像选中，然后复制一份，并将复制出的图像水平向左移动，其效果如图16.110所示。

步骤15 将页面中的某些图像复制一份，然后调整其大小和位置后，图像的效果如图16.111所示。

图16.110 复制并移动　　图16.111 复制并缩小

步骤16 单击工具箱中的"钢笔工具" 按钮，在页面中绘制一个心形图形，然后将其填充为白色，描边设置为无，效果如图16.112所示。

步骤17 双击工具箱中的"比例缩放工具" 按钮，打开"比例缩放"对话框，点选"等比"单选按钮，然后设置"比例缩放"为

88%，如图16.113所示。

图16.112 心形图形　　图16.113 设置比例缩放参数

步骤18 比例缩放的各项参数都设置完成后，单击"复制"按钮。然后将复制并缩小后的心形图形，垂直向下稍加移动，其效果如图16.114所示。

步骤19 将复制并缩小后的心形图形填充为浅蓝色（C:60；M:0；Y:0；K:0）到白色的线性渐变，其"角度"为90度，其效果如图16.115所示。

图16.114 复制并缩小　　图16.115 渐变填充效果

步骤20 单击工具箱中的"椭圆工具" 按钮，在页面中绘制一个椭圆，将其填充为白色，描边设置为无，放置到合适的位置，效果如图16.116所示。

步骤21 将页面中的心形图形选中，单击工具箱中的"旋转工具" 按钮，然后将中心点移至心形图形的下面，如图16.117所示。

图16.116 绘制椭圆　　图16.117 中心点位置

完全掌握Illustrator CC超级手册

286

步骤22 按住"Alt"键的同时，按下鼠标并拖动，将图像进行旋转并复制，此时图像的旋转并复制效果，如图16.118所示。

步骤23 按住"Ctrl"键的同时，多次按下"D"键，重复刚才的旋转并复制操作，此时，图像的效果如图16.119所示。

图16.118 旋转并复制　　图16.119 再次变换

步骤24 单击工具箱中的"椭圆工具" ⬭ 按钮，在页面中绘制一个正圆，将其填充为白色，描边设置为无，放置到合适的位置，效果如图16.120所示。

步骤25 将步骤（16）~步骤（24）所绘制的图像进行编组，然后将其稍加缩小并移动放置到合适的位置，效果如图16.121所示。

图16.120 正圆效果　　图16.121 缩小并移动

步骤26 将刚编组后的图像复制多份，然后分别调整其大小和位置，此时的图像效果，如图16.122所示。

步骤27 单击工具箱中的"文字工具" **T** 按钮，在页面中输入文字"一叶舟"，设置字体为"汉仪中隶书简"，大小为87像素，颜色为藏蓝色（C:100；M:40；Y:0；K:10），然后将其稍加旋转，其效果如图16.123所示。

图16.122 图像效果　　图16.123 添加文字

步骤28 单击工具箱中的"椭圆工具" ⬭ 按钮，在页面中绘制一个椭圆，将其填充为蓝色（C:100；M:0；Y:0；K:0），然后设置描边颜色为白色，描边"粗细"为2像素，效果如图16.124所示。

步骤29 单击工具箱中的"文字工具" **T** 按钮，在页面中输入文字"1卷"，然后设置不同的字体和大小，其颜色为白色，效果如图16.125所示。

图16.124 椭圆效果　　图16.125 添加文字

步骤30 单击工具箱中的"钢笔工具" ✒ 按钮，在页面中绘制一个封闭图形，将其移动放置到合适的位置，效果如图16.126所示。

步骤31 将刚绘制的封闭图形，填充为浅蓝色（C:60；M:0；Y:0；K:0）到白色再到浅蓝色（C:60；M:0；Y:0；K:0）的线性渐变，然后给其添加一个2像素的浅蓝色（C:60；M:0；Y:0；K:0）边，如图16.127所示。

图16.126 封闭图形　　图16.127 渐变并描边

步骤32 将刚填充渐变的图像复制2份，然后分别调整其大小和位置，效果如图16.128所示。

步骤33 将步骤（28）所绘制的椭圆和文字"1卷"选中，执行菜单栏中的"对象"|"排列"|"置到顶层"命令，此时的图像效果如图16.129所示。

图16.128 复制并移动　　图16.129 置于顶层效果

步骤34 单击工具箱中的"文字工具" T 按钮，在页面中输入文字"3层设计"，然后设置不同的字体和大小，其颜色为白色，效果如图16.130所示。

步骤35 给刚添加的文字添加一个5像素的白色描边，再将其复制一份，并将复制出的文字的描边删除，然后再将其填充颜色调为深蓝色（C:100；M:30；Y:0；K:0），效果如图16.131所示。

图16.130 添加文字　　图16.131 复制并调整

步骤36 再次单击工具箱中的"文字工具" T 按钮，在页面中输入文字"更柔韧 更舒适"，设置字体为"华文字细黑"，大小为15像素，颜色为深蓝色（C:100；M:30；Y:0；K:0），效果如图16.132所示。

步骤37 单击工具箱中的"矩形工具" ■按钮，在页面中绘制一个矩形，将其填充为白色，描边设置为无，放置到合适的位置，效果如图16.133所示。

图16.132 添加文字　　图16.133 白色矩形

步骤38 单击工具箱中的"文字工具" T 按钮，在页面中输入主要成份、卫生许可证等，将文字设置为浅蓝色（C:60；M:0；Y:0；K:0），然后再将其旋转90度，效果如图16.134所示。

步骤39 执行菜单栏中的"文件"|"打开"命令，打开"打开"对话框。选择配套光盘中的"调用素材\第16章\条形码.ai"文件，单击"打开"按钮，此时，图像就显示到页面中。

步骤40 确认当前画面为"条形码"。单击"选择工具" ▶按钮，将鼠标指针移至图片上按下鼠标并拖动，将其拖至到"卫生纸包装展开面设计"上。然后再调整其大小和位置，效果如图16.135所示。

图16.134 添加文字　　图16.135 条形码

步骤41 将页面中所有的图像全部选中，然后复制了一份，并将其水平向左移动放置到合适的位置，此时，卫生纸包装展开面就完成了。

16.3.2 制作卫生纸包装的立体效果

步骤01 单击工具箱中的"矩形工具" ■按钮，在页面中绘制一个矩形，将其填充为淡蓝色（C:13；M:0；Y:0；K:0）到深蓝色（C:100；M:0；Y:0；K:20）的线性渐变，其"角度"为-90度，描边设置为无，效果如图16.136所示。

步骤02 再次单击工具箱中的"矩形工具" ▣ 按钮，在页面中绘制一个矩形，将其填充为白色，描边设置为无，效果如图16.137所示。

图16.136 渐变填充　　图16.137 矩形效果

步骤03 单击工具箱中的"椭圆工具" ⬭ 按钮，在页面中绘制一个椭圆，将其移动放置到合适的位置，效果如图16.138所示。再将其复制一份留作备用。

步骤04 将刚绘制的矩形和椭圆选中，按住"Alt"键的同时，在打开的"路径查找器"面板中单击"联集" ◱ 按钮，此时的图像效果如图16.139所示。

图16.138 绘制椭圆　　图16.139 相加效果

步骤05 将刚才复制出的椭圆移动放置到相交后图像的上方，然后将其填充为白色到浅灰色（C:0；M:0；Y:0；K:30）的线性渐变，此时的图像效果如图16.140所示。

步骤06 单击工具箱中的"椭圆工具" ⬭ 按钮，在页面中绘制一个椭圆，将其填充泥黄色（C:0；M:37；Y:81；K:19），描边设置为无，效果如图16.141所示。

步骤07 双击工具箱中的"比例缩放工具" ⬚ 按钮，打开"比例缩放"对话框，点选"等比"单选按钮，然后设置"比例缩放"为85%，单击"确定"按钮，然后将其填充为灰色（C:30；M:20；Y:0；K:45）到白色再到灰色

（C:30；M:20；Y:0；K:45）的线性渐变，其效果如图16.142所示。

图16.140 渐变填充　　图16.141 绘制椭圆

步骤08 将绘制好的展开面中多余的图像删除，然后再调整其大小和位置，此时的图像效果，如图16.143所示。

图16.142 缩小并填充　　图16.143 删除并缩小

步骤09 执行菜单栏中的"效果"|"变形"|"拱形"命令，打开"变形选项"对话框，点选"水平"单选按钮，然后设置"弯曲"为-21%，如图16.144所示。

步骤10 拱形效果的各项参数设置完成后，单击"确定"按钮，此时，图像的拱形效果，如图16.145所示。

图16.144 变形选项　　图16.145 拱形效果

步骤11 将步骤（5）~步骤（7）所绘制的图像选中，执行菜单栏中的"对象"|"排列"|"置于顶层"命令，完成卫生纸包装的立体效果图。

设计构思

- 利用"钢笔工具",并配合添加锚点和转换锚点工具绘制出米醋包装展开面描边图,并分别对其填充颜色。
- 添加符号并编辑符号,制作出背景花纹。
- 添加文字,制作出出米醋包装展开面。
- 通过"钢笔工具"绘制出米醋玻璃瓶,将米醋包装展开面贴在瓶子上,完成粘醋包装的立体效果。

案例分类:产品包装设计类
难易程度:★★★☆☆
调用素材:配套光盘\配套素材\调用素材\第16章\质量安全标志.jpg、条形码.ai
最终文件:配套光盘\配套素材\源文件\第16章\米醋包装设计.ai
视频位置:配套光盘\movie\16.4 瓶式结构——米醋包装设计.avi

米醋的展开面效果,如图16.146所示。立体效果图,如图16.147所示,完成的最终效果,

图16.146 米醋包装展开面

图16.147 米醋包装立体效果图

完全掌握Illustrator CC 超级手册

操作步骤

16.4.1 制作展开面背景

步骤01 执行菜单栏中的"文件"|"新建"命令，或按"Ctrl + N"组合键，打开"新建"对话框，设置"名称"为"米醋包装展开面设计"，设置"大小"为A4，"取向"为"横向"，单击"确定"按钮。

技巧

如果新建的文件为CMYK颜色模式，可以执行菜单栏中的"文件"|"文件颜色模式"|"RGB颜色"命令，将CMYK颜色模式转为RGB颜色模式。因为某些滤镜不能应用到CMYK颜色模式的文件。

步骤02 单击工具箱中的"矩形工具" ▇按钮，在页面中绘制多个矩形，然后分别放置到合适的位置，使其成为米醋包装的描边图，如图16.148所示。

图16.148 米醋包装描边图

步骤03 利用工具箱中的"添加锚点工具" ✍ 和"转换锚点工具" ◣ 按钮，对将绘制的描边图进行调整，调整后的图形效果如图16.149所示。

图16.149 调整后效果

步骤04 选中图像中的矩形图形，将其填充为深红色（C:0；M:100；Y:100；K:70），然后再将其描边颜色设置为无，填充效果如图16.150所示。

图16.150 填充效果

步骤05 单击工具箱中的"矩形工具" ▇按钮，按住"Shift"键的同时，按下鼠标并拖动，在页面中绘制一个正方形，然后将其填充为黄色（C:0；M:0；Y:90；K:0），描边设置为无，效果如图16.151所示。

步骤06 打开"符号"面板，单击右上方的三角按钮，如图16.152所示。在打开的快捷菜单中选择"打开符号库"|"艺术纹理"命令。

图16.151 矩形效果　　图16.152 "符号"面板

步骤07 在打开"艺术纹理"面板，选择面板中的"印象派"纹理，如图16.153所示。然后按下鼠标向"米醋包装展开面设计"中拖动，此时印象派纹理就自动显示在页面中，如图16.154所示。

图16.153 艺术纹理　　图16.154 印象派纹理

步骤08 将印象派纹理移至刚绘制的矩形上，然后调整其大小和位置，此时的图像效果，如图16.155所示。

步骤09 选中印象派纹理，单击"符号"面板下方的"断开符号链接" ⬡按钮，然后再将其的填充颜色设置为黄色（C:0；M:20；Y:100；K:0），效果如图16.156所示。

图16.155 调整大小　　图16.156 调整填充颜色

步骤10 将矩形和调整后的印象派纹理选中，然后将其拖至到"色板"面板中，此时，"色板"面板中就生成了一个新的图案填充，如图16.157所示。

步骤11 选择描边图中未填充的两个图形，在打开的"色板"面板中单击将添加的图案，此时，图形的填充效果，如图16.158所示。

图16.157 "色板"面板　图16.158 图案填充效果

技巧 !

使用"旋转工具" 可以旋转图案的而且不旋转图形，方法是在使用"旋转工具" 旋转图形时，按住键盘中的"~"键，旋转的就是图案。该键还可以和"选择工具" 、"镜像工具" 、"比例缩放工具" 和"倾斜工具" 等配合使用控制图案，而不影响图形。

16.4.2 添加正面内容

步骤01 单击工具箱中的"钢笔工具" 按钮，在页面中绘制一条曲线，然后将其描边颜色设置为深红色（C:0；M:100；Y:100；K:70），放置到适合的位置，效果如图16.159所示。

步骤02 单击工具箱中的"矩形工具" 按钮，在页面中绘制一个矩形，将其填充为红色（C:0；M:100；Y:100；K:0）到深红色（C:0；M:100；Y:100；K:50）的径向渐变，描边设置为无，然后将其放置到合适的位置，效果如图16.160所示。

图16.159 曲线效果　　图16.160 矩形效果

步骤03 将图案填充的图像复制一份，然后将复制出的图像和刚绘制的矩形选中，打开"路径查找器"面板，按住"Alt"键的同时，单击"交集" 按钮，此时，图像相交后的效果，如图16.161所示。

步骤04 将修剪后的图像垂直向下移动放置到合适的位置，此时，图像的效果如图16.162所示。

图16.161 相交效果　　图16.162 垂直移动

步骤05 单击工具箱中的"椭圆工具" 按钮，在页面中绘制一个椭圆，将其填充设置为无，描边颜色设置为泥黄色（C:20；M:40；Y:100；K:0），"描边粗细"为1像素。然后再将其复制一份，并稍加缩小，效果如图16.163所示。

步骤06 再次利用"椭圆工具" 在页面中绘制一个正圆，将其填充为橙色（C:0；M:30；Y:100；K:0），描边设置为无，放置到合适的位置，效果如图16.164所示。

图16.163 描边效果　　图16.164 正圆效果

步骤07 单击工具箱中的"钢笔工具" ✒ 按钮，在页面中绘制一个封闭图形，然后将其填充为红色（C:0；M:100；Y:100；K:0），描边颜色为深灰色（C:0；M:0；Y:0；K:65），效果如图16.165所示。

步骤08 将刚绘制的图像复制一份，然后稍加调整，并将其填充设置为橙色（C:0；M:85；Y:100；K:0）到黄色（C:0；M:0；Y:100；K:0）再到橙色（C:0；M:85；Y:100；K:0）的线性渐变，描边设置为无，效果如图16.166所示。

图16.165 填充并描边　　图16.166 渐变填充

步骤09 将刚复制出的图像再复制一份，然后按下"Ctrl + B"组合键，将复制出的图像粘贴在原图像的后面，再将其填充颜色设置为黑色到白色的线性渐变，效果如图16.167所示。

步骤10 将其再复制一份，然后设置填充颜色为无，描边颜色为白色。再单击工具箱中的"文字工具" T 按钮，在页面中输入文字"老升堂"，设置字体为"汉仪中隶书简"，大小为28像素，颜色为黑色，放置到合适的位置，效果如图16.168所示。

图16.167 图像效果　　图16.168 添加文字

步骤11 单击工具箱中的"钢笔工具" ✒ 按钮，在页面中绘制一个封闭图形，然后将共填充为红色（C:0；M:100；Y:100；K:0）到深红色（C:0；M:100；Y:100；K:50）的径向渐变，

描边设置为无，然后将其放置到合适的位置，效果如图16.169所示。

步骤12 单击工具箱中的"文字工具" T 按钮，在页面中输入文字，然后再设置不同的字体、大小和颜色，其效果如图16.170所示。

图16.169 图像效果　　图16.170 添加文字

16.4.3 添加背面和侧面内容

步骤01 将正面的某些内容复制一份，然后移动放置到背面中，其效果如图16.171所示。

步骤02 单击工具箱中的"文字工具" T 按钮，在页面中输入文字，设置字体为"华文字细黑"，大小为10像素，颜色为黑色，效果如图16.172所示。

图16.171 复制并移动　　图16.172 添加文字

步骤03 执行菜单栏中的"文件"|"置入"命令，打开"置入"对话框。选择配套光盘中的"调用素材\第16章\质量安全标志.jpg"文件，单击"置入"按钮，然后再调整其大小和位置，效果如图16.173所示。

步骤04 执行菜单栏中的"文件"|"打开"命令，打开"打开"对话框。选择配套光盘中的"调用素材\第16章\条形码.ai"文件，单击"打开"按钮，此时，图像就显示到页面中，效果如图16.174所示。

图16.173 质量安全标志　　图16.174 条形码

步骤05 确认当前画面为"条形码"。单击"选择工具"按钮，将鼠标指针移至图片上按下鼠标并拖动，将其拖至到"米醋包装展开面"上。然后再将其旋转90度，效果如图16.175所示。

步骤06 单击工具箱中的"文字工具" T 按钮，在页面中输入文字"吃饺子就是香"，设置字体为"华文细黑"，大小为18像素，颜色为白色，效果如图16.176所示。

图16.175 旋转效果　　　图16.176 添加文字

步骤07 单击工具箱中的"矩形工具" ▢ 按钮，确定"色板"面板中的当前所选颜色是之前添加的图案填充。然后在页面中绘制一个矩形，效果如图16.177所示。

步骤08 执行菜单栏中的"效果"|"风格化"|"圆角"命令，打开"圆角"对话框，设置"半径"为10mm，如图16.178所示。

图16.177 矩形效果　　图16.178 设置圆角半径

步骤09 设置完成后，单击"确定"按钮，此时，矩形的圆角后的效果如图16.179所示。

步骤10 单击"工具箱"中的"直排文字工具"按钮，在页面中输入文字，设置字体为"汉仪小隶书简"，大小为13像素，颜色为黑色，效果如图16.180所示。

图16.179 圆角效果　　图16.180 添加文字

步骤11 将步骤（7）~步骤（10）所绘制的图像选中，复制多份，然后分别移动放置到合适的位置，完成展开面设计。

16.4.4 制作立体效果

步骤01 单击工具箱中的"钢笔工具" ✒ 按钮，在页面中绘制一个封闭图形，效果如图16.181所示。

步骤02 单击工具箱中的"转换锚点工具" ⊾ 按钮，对刚绘制的封闭图形进行调整，然后再将调整后的图形填充为黑色，描边设置为无，效果如图16.182所示。将其复制一份，并将复制出的图像粘贴在原图像的前面，留作备用。

图16.181 封闭图形　　图16.182 填充黑色

步骤03 单击工具箱中的"钢笔工具" ✒ 按钮，在页面中绘制一个图形，然后填充为白色，描边设置为无，效果如图16.183所示。

步骤04 执行菜单栏中的"效果"|"风格化"|"羽化"命令，打开"羽化"对话框，设置"羽化半径"为4.5mm，单击"确定"按钮，此时，图像的羽化效果，如图16.184所示。

技巧

利用钢笔绘制描边，然后填充白色，并利用羽化设置白色填充的虚化效果，这是在Illustrator CC中设置高光效果最常用的手法。

图16.187 画笔填充　　　图16.188 羽化效果

图16.183 图像效果　　　图16.184 羽化效果

步骤05 将羽化后的图像复制一份，然后调整其大小和位置后，再将其"羽化半径"改为3mm，效果如图16.185所示。

步骤06 单击工具箱中的"画笔工具" 按钮，在页面中绘制一条曲线，其描边颜色为白色，然后在"画笔"面板中单击炭笔-羽毛，效果如图16.186所示。

步骤09 单击工具箱中的"矩形工具" 按钮，在页面中绘制一个矩形，将其填充为深红色（C:0；M:100；Y:100；K:50）到红色（C:0；M:100；Y:100；K:0）再深红色（C:0；M:100；Y:100；K:50）的线性渐变，描边设置为无，放置到瓶子的上方，如图16.189所示。

步骤10 将步骤（2）复制出的图像和刚绘制的矩形选中，单击"交集" 按钮，此时，图像相交后的效果，如图16.190所示。

图16.185 复制并调整　　　图16.186 曲线效果

图16.189 矩形效果　　　图16.190 相交效果

步骤07 选中刚绘制的曲线，打开"描边"面板，设置"粗细"为10像素，此时的曲线效果，如图16.187所示。

步骤11 执行菜单栏中的"文件"|"打开"命令，打开"打开"对话框。选择配套光盘中的"调用素材\第13章\米醋包装插图.ai"文件，单击"打开"按钮，此时，图像就显示到页面中，如图16.191所示。

技巧

执行菜单栏中的"窗口"|"描边"命令，或按"Ctrl + F10"组合键，可以打开或关闭"描边"面板。

步骤12 选中刚打开的"米醋包装插图"，然后将其的描边颜色调整为深棕色（C:0；M:100；Y:100；K:90），效果如图16.192所示。

步骤13 将"米醋包装插图"移动放置到合适的位置，如图16.193所示。然后将瓶口红色渐变的图像复制一份。

步骤08 打开"羽化"对话框，设置"羽化半径"为3.5mm，单击"确定"按钮，此时，曲线的羽化效果，如图16.188所示。

步骤14 选中刚复制出的图像和"米醋包装插

图"，单击"交集" 按钮，然后再将相交后图像的不透明度设置为25%，效果如图16.194所示。

16.197所示。

步骤18 将展开面中的正面全部选中，复制一份，然后将其稍加缩小，并放置到合适的位置，效果如图16.198所示。

图16.191 米醋包装插图　图16.192 调整描边颜色

图16.197 图像效果　　　图16.198 复制并缩小

步骤19 执 行 菜 单 栏 中 的 " 效 果 "|" 变形"|"弧形"命令，打开"变形选项"对话框，设置"弯曲"为6%，如图16.199所示。设置完成后，单击"确定"按钮，此时，图像的变形效果如图16.200所示。

图16.193 符号位置　　　图16.194 相交效果

步骤15 单击工具箱中的"钢笔工具" 按钮，在页面中绘制一条1像素的曲线，然后将其填充设置为无，描边颜色为黄色（C:0；M:0；Y:100；K:0），效果如图16.195所示。

步骤16 单击工具箱中的"直线段工具" 按钮，在页面中绘制一条2像素的黑色直线，效果如图16.196所示。

图16.199 设置参数　图16.200 图形的弧形效果

步骤20 执 行 菜 单 栏 中 的 " 效 果 "|" 变形"|"膨胀"命令，打开"变形选项"对话框，设置"弯曲"为8%，如图16.201所示。设置完成后，单击"确定"按钮，完成立体效果图的制作。

图16.195 曲线效果　　　图16.196 直线效果

步骤17 单击工具箱中的"矩形工具" 按钮，在页面中绘制一个矩形，将其填充为橙色（C:0；M:50；Y:100；K:0）到黄色（C:0；M:0；Y:100；K:0）再橙色（C:0；M:50；Y:100；K:0）的线性渐变，描边设置为无，然后再将其复制一份并稍加调整，其效果如图16.197所示。

图16.201 设置膨胀弯曲参数

16.5 瓶式结构——红酒包装设计

📖 设计构思

● 首先使用"钢笔工具"绘制出酒瓶的描边，然后使用减去顶层命令修剪出瓶口的包装。

● 通过"高斯模糊"命令和"透明度"设置，制作出葡萄酒瓶的高光

● 绘制红酒标签，通过变形命令处理出拱形的艺术字，完成红酒包装设计

> 案例分类：产品包装设计类
> 难易程度：★★★★☆
> 调用素材：配套光盘\配套素材\调用素材\第16章\葡萄.tif
> 最终文件：配套光盘\配套素材\源文件\第16章\红酒包装设计.ai
> 视频位置：配套光盘\movie\16.5 瓶式结构——红酒包装设计.avi

瓶式结构——红酒包装设计效果如图16.202所示。

图16.202 最终效果图

✏️ 操作步骤

16.5.1 制作瓶身

步骤01 执行菜单栏中的"文件"|"新建"命令，或按"Ctrl + N"组合键，打开"新建"对话框，设置"名称"为"红酒包装设计"，设置"宽度"为188mm"高度"为350mm，单击"确定"按钮。

步骤02 已知葡萄酒瓶身的尺寸是：高为295mm，直径为73mm。绘制酒瓶的描边图，需要借助辅助线，按如图16.203所示拉出辅助线，为绘制包装展开面描边打下基础。

步骤03 单击工具箱中的"钢笔工具" 🖊 按钮，在文档中绘制一个酒瓶的描边图，效果如图16.204所示。

图16.203 拉辅助线　　　图16.204 酒瓶描边图

步骤04 单击工具箱中的"转换锚点工具" 按钮，然后对刚绘制的酒瓶描边图进行调整，调整后的图形效果，如图16.205所示。

步骤05 将调整后的图形填充为黑色，然后再将其描边颜色设置为无，此时图形的填充效果如图16.206所示。

图16.205 调整效果　　　图16.206 填充效果

步骤06 单击工具箱中的"矩形工具" 按钮，在文档中绘制一个矩形，然后将其放置到图像的下方，效果如图16.207所示。

步骤07 将刚填充为黑色的图像复制一份，然后再将其和刚绘制的矩形选中，打开"路径查找器"面板，单击"减去顶层" 按钮，如图16.208所示。

步骤08 然后再将相减的图像填充为深灰色（C:0；M:0；Y:0；K:90），效果如图16.209所示。

步骤09 单击工具箱中的"矩形工具" 按钮，在文档中绘制一个矩形，将其填充为白色，然后放置到合适的位置，效果如图16.210所示。

图16.207 矩形效果　　　图16.208 路径查找器

图16.209 相减效果　　　图16.210 绘制矩形

步骤10 执行菜单栏中的"效果"|"模糊"|"高斯模糊"命令，打开"高斯模糊"对话框，设置"半径"为36像素，如图16.211所示。

步骤11 高斯模糊的参数设置完成后，单击"确定"按钮，此时，矩形就添加了高斯模糊效果，如图16.212所示。

图16.211 高斯模糊　　　图16.212 高斯模糊效果

步骤12 选中刚进行高斯模糊后的矩形，打开"透明度"面板，设置其"不透明度"为50%，此时的图像效果如图16.213所示。

图16.217 直线效果　　图16.218 高斯模糊效果

步骤13 将添加高斯模糊后的矩形复制一份，然后再调整其大小和位置，此时的图像效果，如图16.214所示。

图16.213 降低不透明度　　图16.214 复制并调整

步骤14 单击工具箱中的"矩形工具" ▥ 按钮，在文档中绘制一个矩形，将其填充为白色到泥黄色（C:30；M:50；Y:100；K:0）到白色再到泥黄色（C:30；M:50；Y:100；K:0）的线性渐变，设置其描边为无，效果如图16.215所示。

步骤15 将刚填充渐变后的矩形复制一份并稍加缩小，然后将其垂直向上移动放置到合适的位置，效果如图16.216所示。

图16.215 渐变效果　　图16.216 复制并调整

步骤16 单击工具箱中的"直线段工具"按钮，在文档中绘制一条直线，然后设置其"粗细"为2像素，描边颜色为白色，然后将其放置到瓶口处，如图16.217所示。

步骤17 执行菜单栏中的"效果"|"模糊"|"高斯模糊"命令，打开"高斯模糊"对话框，设置"半径"为8像素，单击"确定"按钮，此时的图像效果，如图16.218所示。

步骤18 单击工具箱中的"椭圆工具" ⬭ 按钮，在文档中绘制一个椭圆，将其填充为白色，描边为无，然后再为其添加10像素的高斯模糊，效果如图16.219所示。

步骤19 单击工具箱中的"钢笔工具" ✎ 按钮，在文档中绘制一个封闭图形，效果如图16.220所示。

图16.219 图像效果　　图16.220 封闭图形

步骤20 将刚绘制的封闭图形填充为白色，设置其描边颜色为无，然后将其不透明度设置为80%，此时的图像效果如图16.221所示。

步骤21 执行菜单栏中的"效果"|"风格化"|"羽化"命令，打开"羽化"对话框，设置"羽化半径"为8mm，如图16.222所示。

图16.221 降低不透明度　　图16.222 设置羽化参数

步骤22 羽化参数设置完成后，单击"确定"按钮，此时，图像就添加了羽化效果，如图16.223所示。

步骤23 将羽化后的图像选中，双击工具箱中的"镜像工具" 按钮，打开"镜像"对话框，设置"轴"为垂直，如图16.224所示。

图16.223 羽化效果　图16.224 "镜像"对话框

步骤24 设置完成后，单击"复制"按钮，然后再调整其大小和位置并将不透明度调整为50%，此时的图像效果如图16.225所示。

16.5.2 制作酒标

步骤01 根据酒瓶的实际尺寸及客户的要求，酒瓶的酒标尺寸是高为114mm，宽高为73mm，再加上四个边各边留出的出血3mm，所以酒瓶的酒标实际尺寸为120mm×79mm，如图16.226所示。

图16.225 复制并调整　图16.226 酒标尺寸图

步骤02 单击工具箱中的"矩形工具" 按钮，在文档中绘制一个矩形，将其填充为泥黄色（C:30；M:50；Y:100；K:0）到淡黄色（C:0；M:0；Y:12；K:0）的线性渐变，描边为无，效果如图16.227所示。

步骤03 双击工具箱中的"比例缩放工具" 按钮，打开"比例缩放"对话框，点选"不等比"单选按钮，然后设置"水平"为88%，"垂直"为92%，如图16.228所示。

图16.227 渐变填充　图16.228 设置比例缩放参数

步骤04 比例缩放参数设置完成后，单击"复制"按钮。然后将复制并缩小后的图像的填充设置为无，描边颜色为深泥黄色（C:30；M:70；Y:100；K:18），效果如图16.229所示。

步骤05 单工具箱中的"文字工具" T 按钮，在文档中输入拼音"MeiSha GanHong"，设置字体为"Monotype Corsiva"，大小为28像素，颜色为深泥黄色（C:30；M:70；Y:100；K:18），效果如图16.230所示。

图16.229 复制、缩小并描边　图16.230 添加拼音

步骤06 执行菜单栏中的"效果"|"变形"|"拱形"命令，打开"变形选项"对话框，点选"水平"单选按钮，设置"弯曲"为22%，如图16.231所示。

步骤07 拱形变形的各项参数设置完成后，单击"确定"按钮，此时，拼音就添加了拱形效果，如图16.232所示。

图16.231 设置拱形参数　图16.232 拱形效果

步骤08 执行菜单栏中的"文件"|"置入"命令，打开"置入"对话框。选择配套光盘中的"调用素材\第16章\葡萄.tif"文件，单击"置入"按钮，此时，图像就显示到文档中，然后再调整其大小和位置，效果如图16.233所示。

步骤09 将刚输入的拼音复制一份，将其颜色调整这深绿色（C:100；M:30；Y:100；K:0），并将的拱形效果删除，然后再移动放置到合适的位置，效果如图16.234所示。

图16.233 置入图片　　　图16.234 复制拼音

步骤10 单击工具箱中的"文字工具" **T** 按钮，在文档中输入年份及酿酒公司的名称，然后再分别设置字体、大小及颜色，放置到合适的位置，效果如图16.235所示。

16.5.3 制作立体效果

步骤01 将绘制好的酒标全部选中，再按下"Ctrl + G"组合键将其进行编组，然后再移动放置到合适的位置，效果如图16.236所示。

图16.235 添加文字　　　图16.236 图像效果

步骤02 单击工具箱中的"矩形工具" ▦ 按钮，在文档中绘制一个矩形，将其填充为深色（C:75；M:68；Y:67；K:100）到深泥黄色（C:30；M:70；Y:100；K:18）的线性渐变，描边为无，效果如图16.237所示。

步骤03 将输入的拼音再复制一份，将其颜色调整这暗绿色（C:34；M:31；Y:63；K:0），然后再移动放置到合适的位置，效果如图16.238所示。

图16.237 矩形效果　　　图16.238 复制效果

步骤04 单击工具箱中的"矩形工具" ▦ 按钮，在文档中绘制一个矩形，将其填充为浅黄色（C:0；M:0；Y:23；K:0），描边为无，效果如图16.239所示。

步骤05 执行菜单栏中的"效果"|"风格化"|"羽化"命令，打开"羽化"对话框，设置"羽化半径"为1mm，单击"确定"按钮，此时，图像羽化后的效果如图16.240所示。

图16.239 绘制矩形　　　图16.240 羽化效果

步骤06 将刚绘制的矩形复制一份，然后将复制出的图像垂直向下移动放置到合适的位置，效果如图16.241所示。

步骤07 将步骤（2）~步骤（6）所绘制的图像选中，按住"Ctrl"键的同时，多次按下"["键，将其移动到高光效果的后面，如图16.242所示。

图16.241 绘制矩形　　　图16.242 羽化效果

第17章 商业广告设计

〔内容摘要〕

随着计算机技术的发展及印刷技术的进步，广告设计在视觉感观领域的表现也越来越丰富，而计算机的应用更使广告设计发展到又一个高度，广告设计成为现代商品经济活动的重要组成部分。广告具有广泛性、快速性、针对性和宣传性等众多特性，我们可以简单地把广告理解为商家以盈利为目的的有偿宣传活动。广告设计的一般流程是：初期沟通、签定合作协议、广告设计分析、制作、客户提出修改意见、设计方案确定、打小样给客户确认、印刷。本章主要讲解各种广告设计的方法和技巧，学习广告设计的手法。

〔教学目标〕

- 了解广告设计的基础知识
- 了解广告设计的基本流程
- 学习广告设计的色彩应用
- 掌握商业广告设计的技巧

17.1 韩式烤肉DM单广告设计

设计构思

- 新建画布并填充浅灰色背景。
- 利用图形工具绘制不同的图形并添加相关文字信息。
- 添加调用素材并利用剪切蒙版的方法在画板中添加菜品图像，最后添加文字信息完成效果制作。
- 本例讲解的是韩式烤肉DM单广告设计制作，简洁而规整的排版是设计的一大亮点所在，使用浅灰色的底色及浅绿色的图形来衬托出DM单中的信息，简洁明了。

案例分类：商业广告设计类
难易程度：★★★☆☆
调用素材：配套光盘\配套素材\调用素材\第17章\韩式烤肉DM单广告设计
最终文件：配套光盘\配套素材\源文件\第17章\韩式烤肉DM单广告设计.ai
视频位置：配套光盘\movie\17.1 韩式烤肉DM单广告设计.avi

韩式烤肉DM单广告设计效果如图17.1所示。

图17.1 最终效果

操作步骤

17.1.1 背景图形设计效果

步骤01 执行菜单栏中的"文件"|"新建"命令，在弹出的对话框中设置"宽度"为175mm，"高度"为230mm，"出血"为3mm，设置完成之后单击"确定"按钮，新建一个画板，如图17.2所示。

图17.2 新建画板

步骤02 选择工具箱中的"矩形工具" ▭，沿画板边缘绘制一个矩形，将其填充颜色更改为灰色（C: 0，M:0，Y:0，K:8），如图17.3所示。

图17.3 绘制图形

步骤03 选择工具箱中的"圆角矩形工具" ▢，在画板右上角位置绘制一个圆角矩形，将填充颜色更改为绿色（C:50，M:0，Y:100，K:0），如图17.4所示。

图17.4 绘制圆角矩形

步骤04 选择工具箱中的"文字工具" T，在刚才所绘制的圆角矩形上添加文字，如图17.5所示。

步骤05 同时选中所添加的文字及圆角矩形图形，单击选项栏中的"水平居中对齐" 🔳 按钮和"垂直居中对齐" 🔳 按钮，将文字与图形对齐，如图17.6所示。

图17.5 添加文字　　图17.6 对齐图形及文字

步骤06 选择工具箱中的"文字工具" Ｔ，在刚才所绘制的圆角矩形下方再次添加文字，如图17.7所示。

图17.7 再次添加文字

步骤07 选中刚才所添加的"韩式烤肉"文字，按Ctrl+C组合键将其复制，再按Ctrl+B组合键将其移至当前文字下方，单击鼠标右键，从弹出的快捷菜单中选择"创建描边"命令，如图17.8所示。

步骤08 在选项栏中将"描边"更改为5pt，描边颜色更改为灰色（C:13，M:10，Y:10，K:0），如图17.9所示。

图17.8 创建描边　　　图17.9 添加描边

步骤09 选择工具箱中的"圆角矩形工具" 🔳，在刚才所添加的文字下方绘制一个圆角矩形，将填充颜色更改为白色，如图17.10所示。

步骤10 选中圆角矩形，在其图形上单击鼠标右键，从弹出的快捷菜单中选择"排列"|"向后一层"，将其移至文字下方，如图17.11所示。

图17.10 绘制图形　　图17.11 更改图形顺序

步骤11 选择工具箱中的"文字工具" Ｔ，在刚才所绘制的圆角矩形上添加文字，如图17.12所示。

图17.12 添加文字

步骤12 选择工具箱中的"圆角矩形工具" 🔳，在刚才所添加的文字左下方位置按住Shift键再次绘制一个圆角矩形，如图17.13所示。

步骤13 选中刚才所绘制的圆角矩形图形，在画布中按住Alt+Shift组合键向右移动，将其复制，如图17.14所示。

图17.13 绘制圆角矩形　　图17.14 复制图形

步骤14 同时选中刚才所绘制的两个圆角矩形，按住Alt键向右下侧移动，将其复制，如图17.15所示。选择工具箱中的"圆角矩形工具" 🔳，在4个圆角矩形的右侧位置再次绘制一个稍大的图形，如图17.16所示。

图17.15 复制图形　　图17.16 绘制图形

步骤15 选中最后一个绘制的稍大的圆角矩形，在画布中按住Alt键向左下角方向拖动，将其复制，如图17.17所示。

步骤16 选中复制所生成的图形，将填充颜色更改为绿色（C:50，M:0，Y:100，K:0），如图17.18所示。

图17.17 复制图形　　图17.18 更改图形颜色

17.1.2 图案排版设计效果

步骤01 执行菜单栏中的"文件"|"置入"命令，选择配套光盘中的"调用素材\第17章\韩式烤肉DM单广告设计\烤肉1.jpg"，在画板中间稍小的圆角矩形上按住鼠标拖动以确定所置入的图像大小及位置，当置入完成之后单击选项栏中的"嵌入"按钮，如图17.19所示。

图17.19 置入图像

步骤02 在图像上单击鼠标右键，从弹出的快捷菜单中选择"排列"|"后移一层"命令，将当前图像移至圆角矩形下方，如图17.20所示。

步骤03 同时选中圆角矩形和图像，执行菜单栏中的"创建剪切蒙版"命令，为当前图像建立剪切蒙版，如图17.21所示。

图17.20 更改图形顺序　　图17.21 建立剪切蒙版

步骤04 执行菜单栏中的"文件"|"置入"命令，选择配套光盘中的"调用素材\第17章\韩式烤肉DM单广告设计\烤肉2.jpg、烤肉3.jpg、烤肉4.jpg"，以刚才同样的方法依次添加图像并创建剪切蒙版，如图17.22所示。

图17.22 添加图像并创建剪切蒙版

步骤05 选择工具箱中的"文字工具" **T**，在画板中部分图形中的适当位置添加文字，这样就完成了效果制作，最终效果如图17.23所示。

图17.23 添加文字及最终效果

17.2 / 瓷器海报广告设计

📖 设计构思

- 新建画布并填充浅黄色制作海报所需背景。
- 在画板中绘制一个椭圆图形，并利用"粗糙化"和"羽化"命令将图形变换。
- 添加调用素材放在所绘制的椭圆图形上。
- 利用"画笔工具" 🖊 为画板添加笔墨效果以增加海报的古韵效果。最后再次添加调用素材及相关文字和图形完成海报效果的制作。
- 本例讲解的是瓷器海报效果制作，海报中利用画笔添加笔墨效果增强了古韵效果，强调了传统古文化，使人过目不忘。

▶	案例分类：商业广告设计类 难易程度：★★★☆☆ 调用素材：配套光盘\配套素材\调用素材\第17章\瓷器海报广告设计 最终文件：配套光盘\配套素材\源文件\第17章\瓷器海报广告设计.ai 视频位置：配套光盘\movie\17.2 瓷器海报广告设计.avi

瓷器海报广告设计效果如图17.24所示。

图17.24 最终效果

✏️ 操作步骤

17.2.1 背景及图片设计

步骤01 执行菜单栏中的"文件"|"新建"命令，在弹出的对话框中设置"宽度"为70mm，"高度"为90mm，"出血"为3mm，设置完成之后单击"确定"按钮，新建一个画板，如图17.25所示。

图17.25 新建画板

步骤02 选择工具箱中的"矩形工具" ▢，在画板中绘制一个与画板大小相同的矩形，将填充颜色更改为黄色（C:14，M:9，Y:45，K:0），"描边"为无，如图17.26所示。

图17.26 绘制图形并填充颜色

步骤03 选择工具箱中的"椭圆工具" ⬭，在画板中间位置按住Shift键绘制一个正圆图形，将填充颜色更改为深黄色（C:74，M:69，Y:88，K:47），"描边"为无，再将其向左侧移动，将少部分图形超出画板，如图17.27所示。

图17.27 绘制图形并填充颜色

步骤04 选中椭圆图形，执行菜单栏中的"效果"|"扭曲和变换"|"粗糙化"命令，在弹出

的对话框中将"大小"更改为2，"细节"更改为10，选中"平滑"单选按钮，设置完成之后单击"确定"按钮，如图17.28所示。

图17.28 设置粗糙化

步骤05 选中图形，执行菜单栏中的"效果"|"风格化"|"羽化"命令，在弹出的对话框中将"半径"更改为5mm，设置完成之后单击"确定"按钮，如图17.29所示。

图17.29 设置羽化

步骤06 执行菜单栏中的"文件"|"置入"命令，在弹出的对话框中选择配套光盘中的"调用素材\第17章\瓷器海报广告设计\瓷器.png"文件，将光标移至圆形位置，按住鼠标左键向右下角方向拖动添加素材，如图17.30所示。

图17.30 添加素材

步骤07 选择工具箱中的"画笔工具" ✎，在选项栏中单击"画笔定义"按钮，在弹出的面板中单击 ▾≡ 按钮，从弹出的菜单中选择"打开画笔库"|"艺术效果"|"艺术效果-油墨"命令，在弹出的面板中选择"书法1"笔触，在画板靠左侧位置从上至下拖动添加画笔效果，如图17.31所示。

图17.31 设置画笔并添加效果

步骤08 以刚才同样的方法使用"画笔工具" ，在画板右下角位置添加效果，如图17.32所示。

步骤09 执行菜单栏中的"文件"|"置入"命令，在弹出的对话框中选择配套光盘中的"调用素材\第17章\瓷器海报广告设计\瓷器1.png"文件，将光标移至左下角位置，按住鼠标左键拖动添加素材，如图17.33所示。

图17.32 添加效果　　　图17.33 添加素材

步骤10 选中刚才所添加的素材图像，执行菜单栏中的"效果"|"风格化"|"投影"命令，在弹出的对话框中将"X位移"更改为0.5mm，"Y位移"更改为0.5mm，"模糊"更改为0.5mm，设置完成之后单击"确定"按钮，如图17.34所示。

图17.34 添加投影

17.2.2 添加艺术文字

步骤01 选择工具箱中的"文字工具" **T**，在画板右上角位置添加文字，如图17.35所示。

步骤02 选择工具箱中"矩形工具" ，在刚才所添加的文字上方绘制一个矩形，将填充颜色更改为黑色，如图17.36所示。

图17.35 添加文字　　　图17.36 绘制图形

步骤03 选择工具箱中"直线段工具" ，沿所绘制的矩形上方边缘按住Shift键绘制一条水平直线，如图17.37所示。

步骤04 选择工具箱中的"文字工具" **T**，在图形附近位置添加文字，如图17.38所示。

图17.37 绘制图形　　　图17.38 添加文字

步骤05 选中文字，在选项栏中单击"变换"，在弹出的面板中将其旋转角度更改为-90，完成之后将其向右侧稍微移动，如图17.39所示。

图17.39 旋转文字

步骤06 选择工具箱中"矩形工具" ▢，在所添加的文字下方按住Shift键绘制一个矩形，将其颜色更改为黑色，如图17.40所示。

步骤07 选中刚才所绘制的图形，按住Alt+Shift组合键向右侧拖动，将其复制两份，如图17.41所示。

步骤11 在刚才复制所生成的图形上单击鼠标右键，从弹出的快捷菜单中选择"排列"|"置于顶层"命令，将图形移至最顶层，再选中画板中的所有图形及文字，执行菜单栏中的"对象"|"剪切蒙版"|"建立"命令，将画板外的图形隐藏，这样就完成了效果制作，最终效果如图17.45所示。

图17.40 绘制图形　　图17.41 复制图形

步骤08 在三个稍小的矩形下方分别添加文字，如图17.42所示。

步骤09 执行菜单栏中的"文件"|"置入"命令，在弹出的对话框中选择配套光盘中的"调用素材\第19章\瓷器海报\马.png"文件，将光标移至直线上方位置，按住鼠标左键拖动添加素材，如图17.43所示。

步骤10 选中与画板相同大小的矩形，按Ctrl+C组合键将其复制，再按Ctrl+F组合键将其粘贴至原图形前方，如图17.44所示。

图17.42 添加文字　　图17.43 添加素材

图17.44 复制图形　　图17.45 建立剪切蒙版及最终效果

17.3 淘宝促销广告设计

📖 设计构思

● 新建画布并填充渐变，制作广告所需背景效果。

● 绘制矩形及椭圆图形，并分别将图形变换后复制变形制作放射状图形效果。

● 添加文字并复制，利用"路径查找器"命令，将图形分割，并分别填充不同的颜色制作出立体文字效果。

● 在画板中添加调用素材图像并为其添加阴影效果，再绘制图形并添加文字，然后将图形及文字变换制作出折纸效果。

● 绘制图形并添加相关文字完成最终效果制作。

● 本例主要讲解的是淘宝促销图的制作，具有强烈的视觉冲击力是本例的一大特点，广告主体信息量丰富，使人瞬间接受到促销信息。

完全掌握Illustrator CC超级手册

案例分类：商业广告设计类
难易程度：★★★★☆
调用素材：配套光盘\配套素材\调用素材\第17章\淘宝促销广告设计
最终文件：配套光盘\配套素材\源文件\第17章\淘宝促销广告设计.ai
视频位置：配套光盘\movie\17.3 淘宝促销广告设计.avi

淘宝促销广告设计效果如图17.46所示。

图17.46 最终效果

✏️ **操作步骤**

17.3.1 背景设计效果

步骤01 执行菜单栏中的"文件"|"新建"命令，在弹出的对话框中设置"宽度"为10cm，"高度"为6cm，"出血"为0cm，设置完成之后单击"确定"按钮，新建一个文档，如图17.47所示。

图17.47 新建画板

步骤02 选择工具箱中的"矩形工具" ▢，沿画板边缘绘制一个与其大小相同的矩形，如图17.48所示。

图17.48 绘制矩形

步骤03 选择工具箱中的"渐变工具" ▢，执行菜单栏中的"窗口"|"渐变"命令，在弹出的面板中设置"类型"为"径向"，渐变颜色为从浅黄色（C:12，M:22，Y:80，K:0）到深黄色（C:35，M:85，Y:100，K:0），此时矩形将自动填充渐变，如图17.49所示。

图17.49 设置渐变并填充渐变

步骤04 使用"渐变工具"▧在画板中从上至下拖动，为画板重新编辑渐变效果，如图17.50所示。

图17.50 编辑渐变

步骤05 选择工具箱中的"矩形工具"▢，在画板中绘制一个垂直矩形图形，并将矩形填充更改为白色，如图17.51所示。

步骤06 选择工具箱中的"自由变换工具"▨，选择"透视扭曲"将光标移至图形底部位置将图形变换，如图17.52所示。

图17.51 绘制图形　　图17.52 扭曲变形

步骤07 选中经过变换的图形，在选项栏中单击"变换"，在弹出的面板中将"旋转"更改为90度，将图形旋转，如图17.53所示。

图17.53 旋转图形

步骤08 选中图形，选择工具箱中的"旋转工具"↻，在画板中按住Alt键将图形变换框的中心点移至左侧位置，此时将弹出一个"旋转"对话框，将"角度"更改为-15度，单击对话框中

的"复制"按钮，将面板关闭，如图17.54所示。

图17.54 复制图形

步骤09 在画板中按Ctrl+D组合键多次，将图形多重复制，如图17.55所示。

图17.55 多重复制图形

步骤10 同时选中刚才绘制的矩形及复制所生成的所有图形，在其图形上单击鼠标右键，从弹出的快捷菜单中选择"编组"命令，将图形编组，在选项栏中将其"不透明度"更改为30，如图17.56所示。

图17.56 将图形编组并更改其不透明度

步骤11 选中图形，按住Alt+Shift组合键将图形等比放大，如图17.57所示。

图17.57 变换图形

步骤12 选择工具箱中的"自由变换工具" ，选择"自由变换"命令，以刚才同样的方法将光标移至图形底部位置将图形变换，如图17.58所示。

图17.58 变换图形

步骤13 选中与画板相同大小的矩形，按Ctrl+C组合键将其复制，再按Ctrl+F组合键将其粘贴至原图形前方，如图17.59所示。

图17.59 复制图形

步骤14 在刚才复制所生成的图形上单击鼠标右键，从弹出的快捷菜单中选择"排列"|"置于顶层"命令，将图形移至最顶层，再选中画板中所有图形及文字，执行菜单栏中的"对象"|"剪切蒙版"|"建立"命令，将画板外的图形隐藏，如图17.60所示。

图17.60 创建剪切蒙版

步骤15 选择工具箱中的"椭圆工具" ，在画板中绘制一个比画板稍小的椭圆图形并且使图形一部分超出画板，将填充更改为浅黄色（C:5，M:31，Y:79，K:0），"描边"为深黄色（C:25，M:69，Y:99，K:0），在选项栏中将"描边粗细"更改为3pt，如图17.61所示。

图17.61 绘制图形

步骤16 选择工具箱中的"删除锚点工具" ，单击椭圆图形下方的锚点，将其删除，如图17.62所示。

步骤17 选择工具箱中的"直接选择工具" ，单击椭圆左右两侧控制框的端点按住Alt键向里侧拖动，将椭圆变成半圆图形，如图17.63所示。

图17.62 删除锚点　　　图17.63 转换控制点

步骤18 选中刚才刚才经过变换所生成的半圆图形，按Ctrl+C组合键将其复制，再按Ctrl+F组合键将其粘贴至原图形上方，如图17.64所示。

步骤19 选中刚才复制所生成的图形将其缩小，如图17.65所示。

图17.64 复制图形　　　图17.65 缩小图形

步骤20 选择工具箱中的"渐变工具" ，执行菜单栏中的"窗口"|"渐变"命令，在弹出的面板中设置"类型"为"线性"，"角度"为-90度，渐变颜色为从深红色（C:45，M:100，Y:100，K:14）到浅红色（C:35，M:85，Y:100，K:0），"描边"为深黄色（C:25，M:69，Y:99，K:0），如图17.66所示。

图17.66 设置渐变并填充渐变

步骤21 选择工具箱中的"钢笔工具" ，在画板底部位置绘制一个图形，将其填充颜色更改为深红色（C: 53，M:97，Y:100，K:38），"描边"为无，如图17.67所示。

图17.67 绘制图形

步骤22 同时选中两个椭圆及椭圆下方的图形，单击选项栏中的"对齐所选对象" 按钮，在弹出的下拉选项中选择"对齐画板"命令，单击选项栏中的"水平居中对齐" 按钮，将图形与画板对齐，这样就完成了背景设计效果，如图17.68所示。

图17.68 对齐画板及背景效果

17.3.2 文字及图形设计效果

步骤01 选择工具箱中的"文字工具" ，在画板中适当位置添加文字，如图17.69所示。

图17.69 添加文字

步骤02 选中文字，单击选项栏中的"制作封套" 按钮，在弹出的对话框中将"弯曲"更改为10，完成之后单击"确定"按钮，如图17.70所示。

图17.70 设置变换选项

步骤03 选中文字，执行菜单栏中的"对象"|"扩展"命令，在弹出的对话框中直接单击"确定"按钮，将当前文字扩展，如图17.71所示。

图17.71 将文字扩展

步骤04 选中文字，选择工具箱中的"渐变工具" ，执行菜单栏中的"窗口"|"渐变"命令，在弹出的面板中设置"类型"为"线性"，"角度"为0度，渐变颜色从深红色（C:45，M:100，Y:100，K:14）到橙色（C:10，M:60，Y:90，K:0）再到深红色（C:47，M:100，Y:100，K:14），如图17.72所示。

完全掌握Illustrator CC超级手册

图17.72 填充渐变

图17.76 取消编组并删除图形

步骤05 选中文字，按Ctrl+C组合键将其复制，再按Ctrl+F组合键将其粘贴至原图形上方，填充颜色更改为黄色（C:8，M:0，Y:78，K:0），在画板中将其向上移动一定距离，如图17.73所示。

提示

在删除图形的时候，注意文字中较小的图形，可将画板适当放大将图形删除。

步骤09 同时选中文字中的白色图形，按Ctrl+G组合键将其编组，如图17.77所示。

图17.73 更改颜色并移动图形

步骤06 选择工具箱中的"钢笔工具" ，在画板绘制一个图形并且覆盖其中部分文字图形，如图17.74所示。

步骤07 同时选中刚才所绘制的图形和文字图形，执行菜单栏中的"窗口"|"路径查找器"命令，在弹出的面板中单击"分割" 按钮，将图形分割，如图17.75所示。

图17.77 将文字编组

步骤10 选中白色图形，执行菜单栏中的"窗口"|"渐变"命令，在弹出的面板中设置"类型"为"线性"，"角度"为90度，渐变颜色为从黄色（C:8，M:0，Y:78，K:0）到浅黄色（C:8，M:0，Y:42，K:0），如图17.78所示。

图17.74 绘制图形　　图17.75 路径查找器

步骤08 在刚才的图形上单击鼠标右键，从弹出的快捷菜单中选择"取消编组"命令，分别选中文字图形外边多余的图形并将其删除，如图17.76所示。

图17.78 设置渐变

步骤11 执行菜单栏中的"文件"|"置入"命令，在弹出的对话框中选择配套光盘中的"调用素材\第17章\淘宝促销广告设计\阿胶.png、阿胶2.png、阿胶3.png、红酒.png、奶粉.png"文件，将光标分别移至画板的左下角和右下角位置并分别调整素材的大小及位置，如图17.79所示。

图17.79 添加素材

令，如图17.84所示。

步骤12 选中刚才所添加的左侧的一个图像，执行菜单栏中的"效果"|"风格化"|"投影"命令，在弹出的对话框中将"不透明度"更改为80%，"X位移"更改为0cm，"Y位移"更改为0.03cm，"模糊"更改为0.05cm，设置完成之后单击"确定"按钮，如图17.80所示。

图17.82 绘制图形

图17.80 添加投影

步骤13 以同样的方法选中右侧所添加的部分图像，执行菜单栏中的"效果"|"风格化"|"投影"命令，在弹出的对话框中设置同样的参数，完成之后单击"确定"按钮，如图17.81所示。

图17.83 添加文字　　图17.84 创建描边

步骤17 同时选中刚才所绘制的图形及添加的文字，选择工具箱中的"自由变换工具"，选择"透视扭曲"命令，将光标移至图形右侧位置，将图形变换使之形成一种透视效果，如图17.85所示。

图17.85 变换图形

图17.81 添加投影

步骤18 选择工具箱中的"矩形工具"，在刚才变换的图形右侧位置再次绘制一个矩形，将其颜色更改为浅橙色（C:5，M:64，Y:91，K:0）。

步骤14 选择工具箱中的"矩形工具"，在画板靠下方位置绘制一个矩形，将填充颜色更改为橙色（C:11，M:84，Y:100，K:0），如图17.82所示。

步骤15 选择工具箱中的"文字工具"，在刚才所绘制的矩形上添加文字，如图17.83所示。

步骤16 选中刚才所添加的文字，单击鼠标右键，从弹出的快捷菜单中选择"创建描边"命

步骤19 以刚才同样的方法添加文字，并创建描边后将图形及文字一起变形，如图17.86所示。

图17.86 变换图形

完全掌握Illustrator CC超级手册

步骤20 继续以刚才同样的方法再次绘制图形，及添加文字并变换，如图17.87所示。

图17.87 绘制图形、添加文字并变换

步骤21 以刚才同样的方法再次绘制两个图形并将其中一个图形变换，之后在另外一个图形上添加文字，如图17.88所示。

图17.88 绘制图形及添加文字

步骤22 同时选中刚才所绘制的图形及添加的文字，按Ctrl+G组合键将其编组，如图17.89所示。

图17.89 将图形及文字编组

步骤23 选中经过编组的图形及文字，执行菜单栏中的"效果"|"投影"命令，为当前图形应用投影效果，在打开的对话框中将"模糊"更改为0.1cm，更改完成之后单击"确定"按钮，如图17.90所示。

图17.90 添加投影效果

提示 ❓

在当前画板中执行过一次"效果"命令之后，可以再次执行菜单栏中的"效果"中的相应命令，此时将弹出相应的"效果设置"对话框，假如执行应用命令，则直接为当前对齐添加之前所设置过的效果参数，而不会打开相对应的对话框。

步骤24 选择工具箱中的"文字工具" **T**，在画板中底部位置添加文字，这样就完成了效果制作，最终效果如图17.91所示。

图17.91 添加文字及最终效果

17.4 会展海报广告设计

📖 **设计构思**

- 新建画板并利用"渐变工具"为画板填充渐变。
- 绘制图形并为部分图形添加效果。最后再次绘制装饰图形并添加文字完成最终效果制作。
- 本例讲解的是会展海报的制作，使用了AI软件完成了海报的整体制作，由于海报中并没有位图图像，所以可以无限放大而不会失真，使海报的整个信息表达明确，并且配色清新舒适。

案例分类：商业广告设计类
难易程度：★★★★☆
最终文件：配套光盘\配套素材\源文件\第17章\会展海报广告设计.ai
视频位置：配套光盘\movie\17.4 会展海报广告设计.avi

会展海报广告设计效果如图17.92所示。

图17.92 最终效果

✏️ 操作步骤

17.4.1 制作背景

步骤01 执行菜单栏中的"文件"|"新建"命令，在弹出的对话框中设置"宽度"为7cm，"高度"为10cm，设置完成之后单击"确定"按钮，新建一个画板，如图17.93所示。

图17.93 新建画板

步骤02 选择工具箱中的"圆角矩形工具" ▢，在画板中绘制一个与画板宽度相同的圆角矩形，如图17.94所示。

图17.94 绘制图形

步骤03 选择工具箱中的"渐变工具" ▨，在"渐变"面板中设置"类型"为"径向"，渐变颜色从浅蓝色（C:74，M:18，Y:12，K:0）到深蓝色（C:88，M:60，Y:28，K:0），此时矩形将自动填充渐变，如图17.95所示。

图17.95 设置渐变并填充渐变

提示
当画布中有路径存在的时候，在使用钢笔工具绘制路径之前可以选中非路径所在的图层进行绘制，这样就可以避免因绘制所产生的路径交叉现象。

步骤04 选择工具箱中的"钢笔工具" ✎，将填充颜色更改为浅蓝色（C:32，M:3，Y:11，K:0），在画板中绘制一个宽度与画板相同的不规则图形，如图17.96所示。

图17.96 绘制图形

步骤05 选择工具箱中的"钢笔工具" ✎，将填充颜色更改为浅蓝色（C:61，M:14，Y:11，K:0），在画板中以刚才同样的方法绘制一个宽度与画板相同的不规则图形，如图17.97所示。

图17.97 绘制图形

步骤06 选择工具箱中的"椭圆工具" ⬭，在画板中绘制一个椭圆图形，并将其颜色更改为浅蓝色（C:61，M:14，Y:11，K:0），在选项栏中将其"描边"更改为白色，"粗细"更改为1.5pt，如图17.98所示。

图17.98 绘制图形

步骤07 选中刚才绘制的椭圆，执行菜单栏中的"效果"|"风格化"|"外发光"命令，在弹出的对话框中将"模式"更改为滤色，"颜色"更改为蓝色（C:63，M:20，Y:15，K:0），"不透明度"更改为90，"模糊"更改为0.1cm，完成之后单击"确定"按钮，如图17.99所示。

图17.99 设置外发光

17.4.2 绘制图形并添加文字

步骤01 选择工具箱中的"钢笔工具" ，在刚才所绘制的椭圆图形左侧位置绘制一个不规则图形，并将其颜色更改为浅蓝色（C:33，M:6，Y:14，K:0），如图17.100所示。

步骤02 选中所绘制的图形并按住Alt+Shift组合键向下拖动，将图形复制3份，分别适当旋转后将其更改相似的不同颜色，如图17.101所示。

图17.100 绘制图形　图17.101 复制图形并旋转

步骤03 同时选中刚才复制的图形及复制所生成的图形，单击鼠标右键，从弹出的快捷菜单中

选择"编组"命令，将图形编组，如图17.102所示。

图17.102 将图形编组

步骤04 选中经过编组的图形，双击工具箱中的"镜像工具" ，在弹出的对话框中选中"垂直"单选按钮，单击"复制"按钮，如图17.103所示。

图17.103 设置镜像

步骤05 选中刚才镜像所生成的图形，按住Shift键将其移至画板靠右侧边缘，如图17.104所示。

图17.104 移动图形

步骤06 分别选择工具箱中的"钢笔工具" 、"椭圆工具" 、"星形工具" ，在刚才所绘制的图形旁边位置继续绘制数个不规则图形，如图17.105所示。

图17.105 绘制图形

步骤07 选择工具箱中的"圆角矩形工具" □ 及"椭圆工具" ○，在画布中再次绘制圆角矩形及椭圆，如图17.106所示。

图17.106 绘制图形

步骤08 选中刚才所绘制的圆角矩形，执行菜单栏中的"效果"|"风格化"|"投影"命令，在弹出的对话框中将"不透明度"更改为50，"X位移"更改为0.05cm，"Y位移"更改为0.05cm，"模糊"更改为0.06cm，完成之后单击"确定"按钮，如图17.107所示。

图17.107 设置投影

步骤09 选中刚才所绘制的正圆，执行菜单栏中的"效果"|"风格化"|"投影"命令，在弹出的对话框中将"不透明度"更改为60，"X位移"更改为0.03cm，"Y位移"更改为0.03cm，"模糊"更改为0.03cm，完成之后单击"确定"按钮，如图17.108所示。

图17.108 设置投影

步骤10 选择工具箱中的"文字工具" T ，在画板中适当位置添加文字，如图17.109所示。

图17.109 添加文字

步骤11 选中"第六届…"文字，执行菜单栏中的"效果"|"风格化"|"投影"命令，在弹出的对话框中将"不透明度"更改为60，"X位移"更改为0.01cm，"Y位移"更改为0.01cm，"模糊"更改为0.02cm，完成之后单击"确定"按钮，如图17.110所示。

图17.110 设置投影

步骤12 选择工具箱中的"矩形工具" ■ ，绘制一个与画板大小相同的矩形，同时选中所绘制的所有图形，单击鼠标右键，从弹出的快捷菜单中选择"建立剪切蒙版"命令，将部分图形隐藏，如图17.111所示。

步骤13 选择工具箱中的"文字工具" T ，在画板中适当位置添加文字，这样就完成了效果制作，最终效果如图17.112所示。

图17.111 绘制图形并建立剪切蒙版

图17.112 添加文字及最终效果

17.5 优惠券广告设计

设计构思

- 新建画板以后绘制一个与画板大小相同的矩形，并为其添加渐变效果。
- 绘制图形并将部分图形变换制作具有视觉冲击的图形效果。
- 添加素材及文字，并为文字添加效果，再绘制一个与画板相同大小的矩形，利用剪切蒙版命令将部分图形隐藏完成名片整体效果制作。
- 本例讲解的是优惠券效果制作，整个制作过程均使用AI来完成，在制作之初就从优惠券的定位入手，通过绘制图形并将图形变换，复制制作出放射状的图形，使视觉效果不凡，而在颜色方面则采用了高贵、神秘的紫色系作为主色调更增强优惠券的神秘感。

案例分类：商业广告设计类
难易程度：★★☆☆☆
调用素材：配套光盘\配套素材\调用素材\第17章\优惠券广告设计
最终文件：配套光盘\配套素材\源文件\第17章\优惠券广告设计.ai
视频位置：配套光盘\movie\17.5 优惠券广告设计.avi

优惠券广告设计效果如图17.113所示。

图17.113 最终效果

操作步骤

17.5.1 背景效果

步骤01 执行菜单栏中的"文件"|"新建"命令，在弹出的对话框中设置"宽度"为210mm，"高度"为90mm，"出血"为3mm，设置完成之后单击"确定"按钮，新建一个画板，如图17.114所示。

图17.114 新建画板

步骤02 选择工具箱中的"矩形工具" ▭，绘制一个与画板高度相同的矩形，如图17.115所示。

图17.115 绘制图形

步骤03 选中所绘制的矩形，选择工具箱中的"渐变工具" ▭，在"渐变"面板中将"类型"更改为径向，渐变颜色更改为红色（R:190，G:60，B:80）到深红色（R:74，G:20，B:40），如图17.116所示。

图17.116 设置渐变

步骤04 选中绘制的矩形，在画布中从左上角向右下角拖动，为图形填充渐变，如图17.117所示。

图17.117 填充渐变

步骤05 选中刚才复制的图形，按Ctrl+C组合键将其复制，再按Ctrl+F组合键将其粘贴至原图形前方，如图17.118所示。

步骤06 选中刚才复制生成的图形，将光标移至图形左侧控制点，向右侧拖动至与画板右侧边缘对齐，再将其颜色更改为黄色（R:230，G:218，B:188），如图17.119所示。

图17.118 复制图形　　图17.119 变换图形

17.5.2 绘制图形

步骤01 选择工具箱中的"钢笔工具" ✎，在画板靠左下角位置绘制一个不规则图形，填充为红色（R:177，G:75，B:35）如图17.120所示。

图17.120 绘制图形

步骤02 选中绘制的图形，双击工具箱中的"镜像工具" ，在弹出的对话框中选中"垂直"单选按钮，再单击"复制"按钮，如图17.121所示。

图17.121 设置镜像

步骤03 选中刚才镜像生成的图形，将光标移至图形右侧并向右侧拖动，将图形宽度增加，再将其颜色更改为红色（R:113，G:20，B:23），如图17.122所示。

图17.122 变换图形

步骤04 同时选中刚才绘制的图形及变换的图形，单击鼠标右键，从弹出的快捷菜单中选择"编组"命令，将图形编组，如图17.123所示。

图17.123 将图形编组

步骤05 选中刚才编组的图形，执行菜单栏中的"效果"|"网格化"|"外发光"命令，在弹出的对话框中将"模式"更改滤色，颜色更改为黄色（R:255，G:224，B:0），"模糊"更改为5mm，完成之后单击"确定"按钮，如图17.124所示。

图17.124 设置外发光

步骤06 选择工具箱中的"矩形工具" ，在画板适当位置绘制一个矩形，并将矩形颜色更改为黄色（R:255，G:176，B:0），如图17.125所示。

图17.125 绘制图形

步骤07 选择工具箱中的"自由变换工具" ，选择"透视扭曲"，将光标移至图形右下角并向里侧拖动，将图形变形制作出透视效果，如图17.126所示。

图17.126 变换图形

步骤08 选择工具箱中的"旋转工具" ⟳，按住Alt键将图形的变形中心点移至图形底部位置，此时将弹出"旋转"对话框，在对话框中将"角度"更改为-20，单击"复制"按钮，如图17.127所示。

图17.127 "旋转"对话框

步骤09 在画板中按Ctrl+D组合键数次，将图形多重复制，此时将生成相应的数个图形，再同时选中这些图形并单击鼠标右键，从弹出的快捷菜单中选择"编组"命令，将图形编组，再将其适当旋转及缩放，如图17.128所示。

步骤10 选中刚才经过变换的图形，按Ctrl+[组合键2次将其向下移动两层，如图17.129所示。

图17.128 变换图形　　图17.129 更改图形顺序

步骤11 选中编组的图形，执行菜单栏中的"效果"|"模糊"|"高斯模糊"命令，在弹出的对话框中将"半径"更改为5像素，完成之后单击"确定"按钮，如图17.130所示。

图17.130 设置高斯模糊

步骤12 选中编组的图形，在选项栏中将"不透明度"更改为15，如图17.131所示。

图17.131 更改不透明度

步骤13 选择工具箱中的"钢笔工具" ✐，沿靠底部的图形边缘绘制一个不规则图形并将其覆盖，如图17.132所示。

图17.132 绘制图形

步骤14 同时选中所绘制的图形及其下方编组的两个矩形的图形，执行菜单栏中的"对象"|"剪切蒙版"|"建立"命令，将部分图形隐藏，如图17.133所示。

图17.133 建立剪切蒙版

17.5.3 添加素材并绘制图形

步骤01 执行菜单栏中的"文件"|"打开"命令，在弹出的对话框中选择配套光盘中的"调用素材\第17章\优惠券广告设计\楼房.psd"文件，将打开的素材图像拖入图像靠上方位置，如图17.134所示。

图17.134 添加素材

步骤02 选择工具箱中的"矩形工具" ，在适当位置绘制一个矩形，如图17.135所示。

步骤03 选择工具箱中的"直接选择工具" ，选中刚才绘制的矩形左下角的锚点，按Delte键将其删除，如图17.136所示。

图17.135 绘制图形　　图17.136 删除锚点

步骤04 选中所绘制的矩形，选择工具箱中的"渐变工具" ，在"渐变"面板中将"类型"更改为径向，渐变颜色更改为红色（R:190，G:60，B:80）到深红色（R:74，G:20，B:40），如图17.137所示。

图17.137 设置渐变

步骤05 选中刚才绘制的图形，在画布中从左上角向右下角拖动，为图形填充渐变，如图17.138所示。

步骤06 选择工具箱中的"椭圆工具" ，在画板中绘制一个椭圆图形，并适当旋转，如图17.139所示。

图17.138 填充渐变　　图17.139 绘制图形

步骤07 选中所绘制的矩形，选择工具箱中的"渐变工具" ，在"渐变"面板中将"类型"更改为径向，渐变颜色更改为紫色（R:205，G:93，B:142）到深红色（R:74，G:20，B:40），如图17.140所示。

步骤08 选中刚才绘制的图形，在画布中其图形上拖动为图形填充渐变，如图17.141所示。

图17.140 设置渐变　　图17.141 填充渐变

步骤09 选中刚才绘制的椭圆图形，按住Alt键将其复制，再选中复制生成的图形，将其渐变颜色更改为红色（R:174，G:103，B:103）到深红色（R:158，G:113，B:133），如图17.142所示。

图17.142 复制图形并更改渐变颜色

步骤10 以同样的方法将图形复制多份并将其更改为不同的渐变颜色，再同时选中这些图形单击鼠标右键，从弹出的快捷菜单中选择"编组"命令，将图形编组，如图17.143所示。

图17.143 复制图形并编组

步骤11 选中经过编组的图形并按住Alt键将其拖至右侧图形上方位置，如图17.144所示。

图17.144 复制图形

步骤12 选中复制生成的图形，双击工具箱中的"镜像工具" ，在弹出的对话框中选中"垂直"单选按钮，完成之后单击"确定"按钮，如图17.145所示。

图17.145 镜像图形

17.5.4 添加文字

步骤01 选择工具箱中的"文字工具" ，在画板中适当位置添加文字，如图17.146所示。

步骤02 选中刚才添加的"优惠券"文字，单击鼠标右键，从弹出的快捷菜单中选择"创建描边"命令，如图17.147所示。

图17.146 添加文字　　图17.147 描边化文字

步骤03 选中所绘制的矩形，选择工具箱中的"渐变工具" ，执行菜单栏中的"窗口"|"渐变"命令，在弹出的面板中将"类型"更改为线性，"角度"更改为90度，渐变颜色更改为黄色（R:220，G:190，B:119）到深黄色（R:219，G:164，B:50）再到黄色（R:220，G:190，B:119），如图17.148所示。

图17.148 设置并填充渐变

步骤04 选中"优惠券"文字，按Ctrl+C组合键将其复制，再按Ctrl+B组合键将其粘贴至原文字后方，在选项栏中将其"描边"更改为白色，"描边粗细"更改为1.5pt，再同时选中复制的文字与原文字并单击鼠标右键，从弹出的快捷菜单中选择"编组"命令，如图17.149所示。

图17.149 复制并粘贴文字及设置描边

步骤05 同时选中"优惠券"及"NO:26993676"文字，按住Alt+Shift组合键向右侧拖动，将文字复制，然后在两行文字中间位置再次添加文字，如图17.150所示。

图17.150 复制并添加文字

步骤06 选中复制生成的优惠券文字，将其填充为深红色（R:16，G:46，B:83），如图17.151所示。

优惠券
（副券）

NO：26993676

图17.151 设置填充

步骤07 选择工具箱中的"矩形工具"，绘制一个与画板大小相同的矩形，如图17.152所示。

图17.152 绘制图形

步骤08 同时选中所有图形，执行菜单栏中的"对象"|"剪切蒙版"|"建立"命令，将部分图形隐藏。

步骤09 选择工具箱中的"文字工具" T，在画板中适当位置添加文字，这样就完成了效果制作，如图17.153所示。

图17.153 添加文字及最终效果

17.6 超市店庆海报设计

📖 设计构思

● 本例首先绘制矩形，并通过"钢笔工具"绘制出流线型效果。

● 利用"星形工具"添加闪光的小星星，然后添加文字，并利用变形命令对其变形，完成超市店庆海报的设计。

● 本实例是一个超市店庆海报设计，以温色调为海报的主体色调，体现温暖、舒心的感觉。

案例分类：商业广告设计类
难易程度：★★★☆☆
调用素材：配套光盘\配套素材\调用素材\第17章\小礼品.ai
最终文件：配套光盘\配套素材\源文件\第17章\超市店庆海报设计.ai
视频位置：配套光盘\movie\17.6 超市店庆海报设计.avi

超市店庆海报设计效果如图17.154所示。

图17.154 最终效果

✎ 操作步骤

17.6.1 制作海报背景

步骤01 执行菜单栏中的"文件"|"新建"命令，或按"Ctrl + N"组合键，打开"新建"对话框，设置"名称"为"超市店庆海报设计"，设置"大小"为A4，"取向"为横向，单击"确定"按钮。

步骤02 单击工具箱中的"矩形工具" ▇ 按钮，在页面中绘制一个矩形，将其填充为浅粉色（C:0；M:30；Y:0；K:0）到洋红色（C:0；M:0；Y:100；K:0）的线性渐变，描边设置为无，效果如图17.155所示。

步骤03 单击工具箱中的"钢笔工具" ✐ 按钮，在页面中绘制一个封闭图形，然后再利用"转换锚点工具" ▷ 将其进行调整，调整后的图形效果，如图17.156所示。

图17.155 渐变填充　　　图17.156 图形效果

步骤04 将调整后的图形填充为白色，然后再在"透明度"面板中设置"不透明度"为30，描边设置为无，效果如图17.157所示。

步骤05 用同样的方法再次在页面中绘制一个封闭图形，并填充为白色，设置"描边"为无，"不透明度"为30，效果如图17.158所示。

图17.157 降低不透明度　　图17.158 图像效果

步骤06 单击工具箱中的"椭圆工具" ◯ 按钮，在页面中绘制多个大小不等的正圆，描边设置为无，然后将其放置到图像的下方，如图17.159所示。

步骤07 将刚绘制的正圆全部选中，按下"Ctrl + G"组合键，将其进行编组。将页面中的矩形复制一份，并将复制出的矩形粘贴在原图像的前面。

步骤08 选中刚复制出的矩形和编组后的正圆，打开"路径查找器"面板，单击"交集" ▢ 按钮，此时图像相交后的效果，如图17.160所示。

图17.159 绘制正圆　　　图17.160 图像效果

步骤09 将修剪后的正圆填充为白色，并将其不透明度设置为30%，此时的图像效果，如图17.161所示。

步骤10 单击工具箱中的"椭圆工具" ⬭ 按钮，在页面中绘制多个大小不等的正圆，描边设置为无，将其"不透明度"设置为30%，然后放置到合适的位置，效果如图17.162所示。

图17.161 填充为白色　　　图17.162 正圆效果

步骤11 单击工具箱中的"星形工具" ⭐ 按钮，在页面中按下鼠标并拖动的同时，然后再按住"Ctrl"键，在页面中绘制一个四角星，填充为白色，描边设置为无，效果如图17.163所示。

步骤12 执行菜单栏中的"效果"|"风格化"|"羽化"命令，打开"羽化"对话框，设置"半径"为1mm，如图17.164所示。

图17.163 四角星　　　图17.164 设置羽化参数

步骤13 羽化参数设置完成后，单击"确定"按钮，此时，四角星的羽化效果如图17.165所示。

步骤14 单击工具箱中的"椭圆工具" ⬭ 按钮，在页面中绘制一个正圆，将其"填充"为白色，"描边"设置为无，"羽化"为1像素，此时的图像效果，如图17.166所示。

图17.165 羽化效果　　　图17.166 添加正圆

步骤15 将羽化后的四角星和正圆选中，进行编组，然后再调整其大小和位置，此时的图像效果，如图17.167所示。

步骤16 将刚编组后的图像复制多份，然后分别调整其大小并移动放置到合适的位置，效果如图17.168所示。

图17.167 缩小并移动　　　图17.168 复制并移动

步骤17 单击工具箱中的"星形工具" ⭐ 按钮，在页面中绘制一个五角星，将其填充为蓝色（C:100；M:0；Y:15；K:0）到浅蓝色（C:60；M:0；Y:0；K:0）的线性渐变，描边设置为无，效果如图17.169所示。

步骤18 单击工具箱中的"钢笔工具" ✐ 按钮，在页面中绘制一个封闭图形，放置到合适的位置，效果如图17.170所示。

图17.169 五角星　　　图17.170 封闭图形

步骤19 将刚绘制的封闭图形填充为白色，"描边"设置为无，然后再将其"不透明度"设置为34%，此时的图像效果，如图17.171所示。

这里填充白色，并通过调整不透明度，可以制作出立体效果。

步骤20 将绘制好的五角星和封闭图像选中并进行编组，复制多份，然后再分别调整其颜色和大小，如图17.172所示。

图17.171 图像效果　　图17.172 复制并调整

步骤21 将步骤（17）～步骤（20）所绘制的图像选中，然后将其稍加缩小并移动放置到合适的位置，效果如图17.173所示。

图17.173 缩小并移动

17.6.2 添加海报内容

步骤01 单击工具箱中的"文字工具" **T** 按钮，在页面中输入文字"满200元送130元礼券"，设置字体为"汉仪综艺体简"，大小为72像素，颜色为白色，放置到合适的位置，效果如图17.174所示。

图17.174 添加文字

步骤02 将刚添加的文字的描边也设置为白色，粗细为8pt，将其复制一份，并将复制出的文字粘贴在原文字的前面，然后再将其描边删除，效果如图17.175所示。

步骤03 选中复制出的文字，在"色板"画框中单击菜单栏中的"打开色板库"|"图案"|"装饰"|"装饰旧版"命令，打开"装饰旧版"面板，再选择"波形颜色"图案，如图17.176所示。对文字进行填充，填充后的文字效果如图17.177所示。

执行菜单栏中的"窗口"|"色板"命令。

图17.175 添加描边并复制　　图17.176 色板

步骤04 将页面中的文字选中进行编组。执行菜单栏中的"效果"|"变形"|"弧形"命令，打开"变形选项"对话框，设置"弯曲"为21，如图17.178所示。

图17.177 文字的填充效果　　图17.178 设置参数

步骤05 弧形弯曲的参数设置完成后，单击"确定"按钮，此时，文字就添加了弧形变形效果，如图17.179所示。

步骤06 单击工具箱中的"椭圆工具" ⬭ 按钮，在页面中绘制一个正圆，将其填充为黄色（C:0；M:0；Y:100；K:0），"描边"设置为无，效果如图17.180所示。

图17.179 文字的弧形效果　　图17.180 绘制正圆

步骤07 选中刚绘制的正圆，按住"Shift + Alt"组合键的同时，按下鼠标向右拖动，将其进行复制并水平向右移动，其效果如图17.181所示（填充为蓝色是为了看清移动的位置）。

步骤08 按下"Ctrl + D"组合键，重复刚才的复制并水平向右移动操作。然后再将这3个正圆选中，打开"路径查找器"面板，单击"联集" 按钮，此时正圆相加后的效果，如图17.182所示。

图17.181 复制并水平移动　　图17.182 图像效果

步骤09 单击工具箱中的"文字工具" **T** 按钮，在页面中输入文字"十周年店庆"，设置字体为"黑体"，大小为32像素，颜色为红色（C:0；M:100；Y:100；K:0），如图17.183所示。

步骤10 重复步骤（2）的操作，然后将复制出的文字填充为黄色（C:0；M:0；Y:100；K:0），效果如图17.184所示。

图17.183 添加文字　　图17.184 文字效果

步骤11 单击工具箱中的"钢笔工具" 按钮，在页面中绘制一个封闭图形，将其填充为黄色（C:0；M:0；Y:100；K:0），"描边"设置为无，效果如图17.185所示。

步骤12 单击工具箱中的"旋转工具" 按钮，然后将其中心点移动放置到合适位置。按

住"Alt"键的同时，按下鼠标并拖动，此时的图像效果，如图17.186所示。

图17.185 填充效果　　图17.186 复制并旋转

步骤13 按住"Ctrl"键的同时，多次按下"D"键，重复刚才的复制并旋转操作，此时的图像效果，如图17.187所示。

步骤14 将刚绘制的黄色图像全部选中，复制一份，然后再将复制出的图像缩小并稍加旋转，将其做成礼花效果，如图17.188所示。

图17.187 重复旋转并复制　　图17.188 图像效果

步骤15 将做成的礼花复制多份，分别填充为不同的颜色，然后再移动放置到合适的位置，效果如图17.189所示。

步骤16 利用"文字工具" **T** 在页面中输入文字，然后再重复步骤（9）、（10）的操作，此时的文字效果，如图17.190所示。

图17.189 礼花效果　　图17.190 文字效果

完全掌握Illustrator CC超级手册

步骤17 将刚输入的文字进行编组，然后执行菜单栏中的"效果"|"变形"|"凸出"命令，打开"变形选项"对话框，设置"弯曲"为7，如图17.191所示。设置完成后，单击"确定"按钮，此时文字的凸出效果，如图17.192所示。

步骤19 单击工具箱中的"文字工具" **T** 按钮，在页面中输入文字，然后对文字进行设计，将其放置到合适的位置，效果如图17.194所示。

图17.193 小礼品　　　图17.194 文字效果

步骤20 再次利用"文字工具" **T** 在页面中输入文字，然后将其移动放置到海报的左下角，完成超市店庆海报设计。

图17.191 设置参数　图17.192 文字的凸出效果

步骤18 执行菜单栏中的"文件"|"打开"命令，打开"打开"对话框。选择配套光盘中的"调用素材\第17章\小礼品.ai"文件，单击"打开"按钮，此时，图像就显示到页面中，然后调整其大小和位置，效果如图17.193所示。

17.7 房地产吊旗广告设计

📖 设计构思

- 本实例首先利用矩形工具绘制矩形。
- 然后利用钢笔工具绘制白条，并通过多重复制，复制出多个白条效果。
- 添加符号并编辑符号，制作出枫叶效果。最后绘制圆环并添加文字，完成整个吊旗广告的设计。

案例分类：商业广告设计类
难易程度：★★★☆☆
调用素材：配套光盘\配套素材\调用素材\第17章\广告插图.jpg
最终文件：配套光盘\配套素材\源文件\第17章\房地产吊旗广告设计.ai
视频位置：配套光盘\movie\17.7 房地产吊旗广告设计.avi

房地产吊旗广告设计效果如图17.195所示。

图17.195 最终效果

操作步骤

17.7.1 制作方形吊旗

步骤01 单击工具箱中的"矩形工具"■按钮，在页面中绘制一个矩形，将其填充为浅蓝色（C:40；M:0；Y:0；K:0）到蓝色（C:100；M:0；Y:0；K:0）的线性渐变，描边设置为无，效果如图17.196所示。

步骤02 单击工具箱中的"钢笔工具"✑按钮，在页面中绘制一个封闭图形，效果如图17.197所示。

图17.199 矩形效果　　图17.197 图形效果

步骤03 选中刚绘制的图像，单击工具箱中的"旋转工具"↻按钮，然后将图像的中心点移动放置到合适的位置，如图17.198所示。

步骤04 按住"Alt"键的同时，按下鼠标并拖动，将图像复制并进行旋转，此时的图像效果如图17.199所示。

图17.198 中心点位置　　图17.199 复制并旋转

步骤05 按住"Ctrl"键的同时，多次按下"D"键，重复刚才的复制并旋转操作，此时的图像效果，如图17.200所示。

步骤06 将复制出的图像选中并进行编组，然后将其稍加旋转并移动放置到合适的位置，效果如图17.201所示。

图17.200 重复复制效果　图17.201 旋转并移动

步骤07 将渐变填充后的矩形复制一份，并将复制出的矩形粘贴在原图像的前面。选中复制出的矩形和编组后的图像，打开"路径查找器"面板，单击"交集" ⬜ 按钮，此时，相交后的图像效果如图17.202所示。

步骤08 将修剪后的图像填充为白色，描边设置为无，然后再将其不透明度设置为50，效果如图17.203所示。

　图17.202 相交效果　　图17.203 图像效果

步骤09 打开"符号"面板，单击其右上角的三角按钮，在弹出的快捷菜单中选择"打开符号库"|"自然"命令，打开"自然"面板，然后选择面板中的"大枫叶"符号，如图17.204所示。然后按下鼠标并在画布中拖动，此时，页面中就自动生成一个"大枫叶"符号，如图17.205所示。

　图17.204 "自然"面板　图17.205 大枫叶符号

步骤10 将页面中的大枫叶选中，然后将其稍加扩大，再移动放置到合适的位置，效果如图17.206所示。

步骤11 选中大枫叶，单击"符号"面板下方的"断开符号链接" ⬚ 按钮，如图17.207所示。

图17.206 调整大小和位置　　图17.207 符号

步骤12 执行菜单栏中的"对象"|"路径"|"描边化描边"命令，然后再将其大枫叶填充为白色，效果如图17.208所示。

步骤13 按"Ctrl + Shift + G"组合键取消编组，然后再将大枫叶符号的外框删除，此时的图像效果如图17.209所示。

　图17.208 填充白色　　　图17.209 删除外框

技巧

在删除外框时，要注意选择图形，如果出现误删除可以按"Ctrl + Z"组合键撤消。

步骤14 打开"透明度"面板，将大枫叶的"不透明度"设置为35%，大枫叶降低不透明度后的图像效果，如图17.210所示。

步骤15 将大枫叶复制多份，然后将其稍加缩小并移动放置到合适的位置，最后在将复制出的大枫叶进行编组，如图17.211所示。

图17.210 降低不透明度　　图17.211 复制并缩小

步骤16 将编组后的图像再复制多份，然后分别调整其大小和位置，此时的图像效果如图17.212所示。

步骤17 单击工具箱中的"椭圆工具" ⬭ 按钮，按住"Shift"键的同时，在页面中绘制一个正圆，如图17.213所示。

图17.212 再次复制并调整　　图17.213 正圆效果

步骤18 双击工具箱中的"比例缩放工具" 🔳 按钮，打开"比例缩放"对话框，设置"比例缩放"为75，如图17.214所示。

步骤19 比例缩放参数设置完成后，单击"复制"按钮，此时的图像效果如图17.215所示。

图17.214 设置比例缩放参数　　图17.215 复制并缩小

步骤20 将正圆全部选中，在打开的"路径查找器"面板中，单击"减去顶层" 🔳 按钮，此时，图像相减后的效果如图17.216所示。

步骤21 将修剪后的图像复制一份，然后将复制出的图像粘贴在原图像的前面并将其缩小，效果如图17.217所示。

图17.216 相减效果　　图17.217 复制并缩小

步骤22 单击工具箱中的"椭圆工具" ⬭ 按钮，在页面中绘制一个小正圆，然后将其与步骤（18）~步骤（21）所绘制的图像进行水平、垂直居中对齐，效果如图17.218所示。然后再将其进行编组。

步骤23 将刚编组后的图像填充为白色，然后再调整其大小和位置，并设置其不透明度为40，效果如图17.219所示。

图17.218 对齐正圆　　图17.219 调整后的效果

步骤24 将刚调整后的图像复制多份，然后分别将其移动放置到合适的位置，效果如图17.220所示。

步骤25 单击工具箱中的"直排文字工具" T 按钮，在页面中输入"至尊级 舒心享受"，设置字体为"华文行楷"，大小为52像素，颜色为深蓝色（C:100；M:0；Y:0；K:58），然后再为其添加6像素的描边，效果如图17.221所示。

技巧

垂直字型的段落对齐是沿着垂直方向而不是沿水平方向。也就是说，左对齐是以边框的顶部为准，右对齐是以边框的底部为准。

图17.220 复制并移动　　　图17.221 添加文字

步骤26 将文字复制一份，然后再将复制出的文字的颜色调整为白色，并将其描边删除，效果如图17.222所示。

步骤27 单击工具箱中的"椭圆工具" ⬭ 按钮，在页面中绘制一个正圆，将其填充为泥黄色（C:0；M:20；Y:100；K:0），并将其复制一份并缩小，然后再将这两个正圆进行水平右对齐，效果如图17.223所示。

步骤28 将对齐后的正圆选中，在打开的"路径查找器"面板中，单击"减去顶层" ⬚ 按钮，相减后的图像效果，如图17.224所示。

步骤29 单击工具箱中的"钢笔工具" ✐ 按钮，在页面中绘制多条1像素的曲线，将其描边颜色设置为土黄色（C:0；M:20；Y:100；K:0），放置到合适的位置，效果如图17.225所示。

图17.222 文字效果　　　图17.223 图像效果

图17.224 相减效果　　　图17.225 曲线效果

步骤30 选中刚绘制的曲线，在打开的"画笔"面板中单击"碳笔"笔触，此时的图像效果，如图17.226所示。

步骤31 单击工具箱中的"文字工具" T 按钮，在页面中输入文字，然后将文字放置到合适的位置，效果如图17.227所示。

图17.226 添加画笔笔触　　　图17.227 添加文字

步骤01 单击工具箱中的"椭圆工具" 按钮,在页面中绘制一个正圆,将其填充为白色到蓝色(C:100;M:0;Y:0;K:0)的线性渐变,再为其添加0.5像素的藏蓝色(C:100;M:40;Y:0;K:50)描边,效果如图17.228所示。

步骤02 双击"比例缩放工具" 按钮,打开"比例缩放"对话框,设置"比例缩放"为90,单击"复制"按钮,然后再将缩小并复制后的图像的填充设置为无,效果如图17.229所示。

图17.230 打开的图像效果　图17.231 后移一层

步骤05 选中打开的图像和复制并缩小后的正圆,选择菜单栏中的"剪切蒙版"|"建立"命令,然后再给剪切后的图像添加0.5像素的藏蓝色(C:100;M:40;Y:0;K:50)描边,效果如图17.232所示。

步骤06 单击工具箱中的"文字工具" 按钮,在页面中输入文字,然后将文字放置到合适的位置,效果如图17.233所示。

图17.228 正圆效果　图17.229 缩小并复制

步骤03 执行菜单栏中的"文件"|"置入"命令,打开"置入"对话框。选择配套光盘中的"调用素材\第17章\广告插图.jpg"文件,单击"置入"按钮,此时,图像就显示到页面中,然后调整其大小和位置,效果如图17.230所示。

步骤04 选中刚打开的图像,按下"Ctrl + ["组合键,将其后移一层,此时,图像的效果如图17.231所示。

图17.232 剪切后效果　图17.233 添加文字

步骤07 利用"椭圆工具" 和"矩形工具" 在页面中绘制出吊旗支架,然后再将其移动放置到合适的位置,完成房地产宣传广告设计。

附录 A Illustrator CC 默认键盘快捷键

用于工具选择的键		
结果	Windows	Mac OS
"选择工具"	V	V
"直接选择工具"	A	A
"魔棒工具"	Y	Y
"套索工具"	Q	Q
"钢笔工具"	P	P
"添加锚点工具"	+（加）	+（加）
"删除锚点工具"	-（减）	-（减）
"转换锚点工具"	Shift + C	Shift + C
"文字工具"	T	T
"修饰文字工具"	Shift+T	Shift+T
"直线段工具"	\（反斜线）	
"矩形工具"	M	M
"椭圆工具"	L	L
"画笔工具"	B	B
"铅笔工具"	N	N
"斑点画笔工具"	Shift+B	Shift+B
"橡皮擦工具"	Shift+E	Shift+E
"旋转工具"	R	R
"镜像工具"	O	O
"按比例缩放工具"	S	S
"宽度工具"	Shift+W	Shift+W
"变形工具"	Shift + R	Shift + R
"自由变换工具"	E	E
"形状生成器工具"	Shift+M	Shift+M
"实时上色工具"	K	K
"实时上色选择工具"	Shift+L	Shift+L
"透视网格工具"	Shift+P	Shift+P
"透视选区工具"	Shift+V	Shift+V
"网格工具"	U	U
"渐变工具"	G	G
"吸管工具"	I	I
"混合工具"	W	W
"符号喷枪工具"	Shift + S	Shift + S
"柱形图工具"	J	J
"画板工具"	Shift + O	Shift + O
"切片工具"	Shift + K	Shift + K
"抓手工具"	H	H
"缩放工具"	Z	Z
在使用"斑点画笔工具"时切换到"平滑工具"	按 Alt	按 Option

用于查看图稿的键盘快捷键		
该表只列出了未显示在菜单命令或工具提示中的快捷键		
结果	Windows	Mac OS
在屏幕模式之间切换：正常屏幕模式、带菜单栏的全屏模式、全屏模式	F	F
适合窗口中的可成像区域	双击"抓手工具"	双击"抓手工具"
放大 100%	双击"缩放工具"	双击"缩放工具"
切换到"抓手工具"（当不处于文本编辑模式时）	空格键	空格键
切换到放大模式中的"缩放工具"	Ctrl + 空格键	空格键 + Command
切换到缩小模式中的"缩放工具"	Ctrl + Alt + 空格键	空格键 + Command + Option
使用"缩放工具"拖动时移动缩放选框	空格键	空格键
隐藏非选定图稿	Control + Alt + Shift + 3	Command + Option + Shift + 3
在水平参考线和垂直参考线之间转换	按住 Alt 键拖动参考线	按住 Option 键拖动参考线
释放参考线	按住 Ctrl + Shift 键并双击参考线	Command + 按住 Shift 键双击参考线
显示 / 隐藏画板	Ctrl + Shift + H	Command + Shift + H
显示 / 隐藏画板标尺	Ctrl + Alt + R	Command + Option + R
在窗口中查看所有画板	Ctrl + Alt + 0（零）	Command + Option + 0（零）
在现用画板上就地粘贴	Ctrl+Shift+V	Command + Shift + V
退出画板工具模式	Esc	Esc
在另一画板中创建画板	按住 Shift 键拖动	按住 Shift 键拖动
在"画板"面板中选择多个画板	按住 Ctrl 键并单击	按住 Command 键并单击
浏览到下一文档	Ctrl + F6	Command + '
浏览到上一文档	Ctrl + Shift + F6	Command + Shift + '
浏览到下一文档组	Ctrl + Alt + F6	Command + Option + '
浏览到上一文档组	Ctrl + Alt + Shift + F6	Command + Option + Shift + '
退出全屏模式	Esc	Esc

用于绘图的键盘快捷键		
该表只列出了未显示在菜单命令或工具提示中的快捷键		
结果	Windows	Mac OS
将形状的比例或方向限制为：• 用于矩形、圆角矩形、椭圆和网格的相等高度和宽度 • 用于直线段和弧线段 45° 增量 • 用于多边形、星形和光晕的原方向	按住 Shift 键拖动	按住 Shift 键拖动
绘制时移动形状	按住空格键拖动	按住空格键拖动
从形状中央拖动（多边形、星形和光晕除外）	按住 Alt 键拖动	按住 Option 键拖动
增加或减少多边形的边，星形的点，弧线段的角度，螺旋线的螺旋，或光晕的射线	开始拖动，然后按向上箭头键或向下箭头键	开始拖动，然后按向上箭头键或向下箭头键
保持星形内半径为常量	开始拖动，然后按住 Ctrl	开始拖动，然后按住 Command
保持星形边为直线	按住 Alt 键拖动	按住 Option 键拖动
在开放和封闭弧形之间切换	开始拖动，然后按住 C	开始拖动，然后按住 C
翻转一条弧线，保持参考点为常量	开始拖动，然后按住 F	开始拖动，然后按住 F
增加螺旋线长度时，从螺旋线中添加或减少螺旋	按住 Alt 键拖动	按住 Option 键拖动
改变螺旋线的衰减率	按住 Ctrl 键拖动	按住 Command 键拖动
从矩形网格添加或删除水平线或从极坐标网格添加或删除同心圆线	开始拖动，然后按向上箭头键或向下箭头键	开始拖动，然后按向上箭头键或向下箭头键
从矩形网格添加或删除垂直线或从极坐标网格添加或删除径向线	开始拖动，然后按向右箭头键或向左箭头键	开始拖动，然后按向右箭头键或向左箭头键
将矩形网格中的水平分隔线或极坐标网格中的径向分隔线的切变值按 10% 减少	开始拖动，然后按 F 开	开始拖动，然后按 F 开

将矩形网格中的水平分隔线或极坐标网格中的径向分隔线的切变值按 10% 增加	开始拖动，然后按 V	开始拖动，然后按 V
将矩形网格中的垂直分隔线或极坐标网格中的同心圆分隔线的切变值按 10% 减少	开始拖动，然后按 X	开始拖动，然后后按 X
将矩形网格中的垂直分隔线或极坐标网格中的同心圆分隔线的切变值按 10% 增加开	始拖动，然后按 C	始拖动，然后后按 C
单步创建并扩展"实时描摹"对象	在"控制"面板中按住 Alt 键并单击"实时描摹"，或按住 Alt 并选择一个描摹预设。	在"控制"面板中按住 Option 并单击"实时描摹"，或按住 Option 并选择一个描摹预设
增大"斑点画笔工具"的尺寸	］（右方括号）	］（右方括号）
减小"斑点画笔工具"的尺寸	［（左方括号）	［（左方括号）
限制"斑点画笔工具"路径为水平或垂直	Shift	Shift
在多种绘图模式之间切换	Shift+D	Shift+D
连接两个或更多路径	选择这些路径，然后按 Ctrl+J 组合键	选择这些路径，然后按 Command+J 组合键
创建角点连接或平滑连接	选择这些路径，然后按 Shift+Ctrl + Alt + j 组合键	选择这些路径，然后按 Shift + Command + Option + j 组合键

用于透视绘图的键盘快捷键
该表只列出了未显示在菜单命令或工具提示中的快捷键

结果	Windows	Mac OS
透视网格	Ctrl+Shift+I	Command + Shift + I
垂直移动对象	按住波浪字符（~）键，然后单击并拖动该对象	按住波浪字符（~）键，然后单击并拖动该对象

切换透视平面	使用透视选区工具，然后按 1 选择左侧网格、按 2 选择水平网格，按 3 选择右侧网格或按 4 选择无现用网格	使用透视选区工具，然后按 1 选择左侧网格、按 2 选择水平网格，按 3 选择右侧网格或按 4 选择无现用网格
在透视中复制对象	按住 Ctrl+Alt 拖动	按住 Command+Alt 拖动
在透视中变换对象	Ctrl+D	Command + D
在多种绘图模式之间切换	Shift+D	Shift+D

用于选择的键
该表只列出了未显示在菜单命令或工具提示中的快捷键

结果	Windows	Mac OS
切换到上次使用的选择工具（选择工具、直接选择工具或编组选择工具）	Ctrl	Command
在"直接选择工具"和"编组选择工具"之间切换	Alt	Option
用"选择工具"、"直接选择工具"、"编组选择工具]、"实时上色选择工具"或者"魔棒工具"向选区添加内容	按住 Shift 键单击	按住 Shift 键单击
使用"选择工具"、"直接选择工具"、"编组选择工具"或"实时上色选择工具"从选区中减少内容	按住 Shift 键单击	按住 Shift 键单击
使用"魔棒工具"从选区中减少内容	按住 Alt 键单击	按住 Option 键单击
用"套索工具"添加到选区	按住 Shift 键拖动	按住 Shift 键拖动
用"套索工具"从选区减少内容	按住 Alt 键拖动	按住 Option 键拖动
将套索工具的指针改为十字线	Caps Lock	Caps Lock
选择现用画板中的图稿	Ctrl + Alt + A	Command + Option + A
围绕选定对象创建裁剪标记	Alt + C + O	

选择对象的下方	按住 Ctrl 单击两次	按住 Command 单击两次
在隔离模式中选择下方	按住 Ctrl 双击	按住 Command 双击

用于移动选区的键		
该表只列出了未显示在菜单命令或工具提示中的快捷键		
结果	Windows	Mac OS
以用户定义的增量移动选区	向右箭头键、向左箭头键、向上箭头键或向下箭头键	向右箭头键、向左箭头键、向上箭头键或向下箭头键
以用户定义增量的 10 倍移动选区	Shift + 向右箭头键、向左箭头键、向上箭头键或向下箭头键	Shift + 向右箭头键、向左箭头键、向上箭头键或向下箭头键
锁定所有取消选择的图稿	Ctrl + Alt + Shift + 2	Command + Option + Shift + 2
将移动限制为 45° 角（使用"镜像工具"时除外）	按住 Shift	按住 Shift

用于编辑形状的键		
该表只列出了未显示在菜单命令或工具提示中的快捷键		
结果	Windows	Mac OS
切换"钢笔工具"到"转换锚点工具"	Alt	Option
在"添加锚点工具"和"删除锚点工具"之间切换	Alt	Option
从"剪刀工具"切换到"添加锚点工具"	Alt	Option
从"铅笔工具"切换到"平滑工具"	Alt	Option
用"钢笔工具"绘图时，移动当前锚点	按住空格键拖动	按住空格键拖动
用"美工刀工具"剪切一条直线	按住 Alt 键拖动	按住 Option 键拖动
用"美工刀工具"在 45° 或 90° 剪切	按住 Shift + Alt 组合键拖动	按住 Shift + Option 组合键拖动
将"路径查找器"面板中的形状模式按钮变为路径查找器命令	Alt + 形状模式	Option + 形状模式

抹除使用形状生成器工具创建的不必要的闭合区域	按住 Alt 单击该闭合区域	按住 Option 单击该闭合区域
选择形状生成器工具	Shift+M	Command + M
显示矩形选框可轻松合并多个路径（使用形状生成器工具时）	按住 Shift 单击并拖动	按住 Shift 单击并拖动

用于为对象上色的键		
该表只列出了未显示在菜单命令或工具提示中的快捷键		
结果	Windows	Mac OS
在填色和描边之间转换	X	X
把填色和描边设置为默认	D	D
互换填色和描边	Shift + X	Shift + X
选择渐变填色模式	>	>
选择颜色填充模式	<	<
选择无描边 / 填充模式	/ （正斜线）	/ （正斜线）
从图像中提取颜色样本或从渐变中提取中间色样本	Shift + "吸管工具"	Alt + "吸管工具"
提取样式样本，追加当前选定项目的外观	Alt + 按住 Shift 键单击 + "吸管工具"	Option + 按住 Shift 键单击 + "吸管工具"
添加新填色	Ctrl + / （正斜线）	Command + / （正斜线）
添加新描边	Ctrl + Alt + / （正斜线）	Command + Option + / （正斜线）
将渐变重置为黑白状态	按住 Ctrl 键单击工具面板或"渐变"面板中的渐变按钮	按住 Command 键单击工具面板或"渐变"面板中的渐变按钮
打开选定栅格对象的"马赛克"选项	Alt + O + J	
减小毛刷画笔大小	[	[
增加毛刷画笔大小	]	]

完全掌握 Illustrator CC 超级手册

设置毛刷画笔绘制的不透明度值	数字键 1 – 0；按数字键 1 可使该值增加 10%；按数字键 0 可使该值增加 100%。	数字键 1 – 0；按数字键 1 可使该值增加 10%；按数字键 0 可使该值增加 100%。

用于处理实时上色组的键		
该表只列出了未显示在菜单命令或工具提示中的快捷键		
结果	**Windows**	**Mac OS**
切换到"吸管工具"，进行填色和 / 或描边取样	按住 Alt 键单击 + "实时上色工具"	按住 Option 键单击 + "实时上色工具"
切换到"吸管工具"，从图像中进行颜色取样或从渐变中进行间色取样	Alt + 按住 Shift 键单击 + "实时上色工具"	Option + 按住 Shift 键单击 + "实时上色工具"
切换到另一个"实时上色工具"选项（如果当前已选定"填充上色"和"描边上色"，则只切换到"填充上色"）	Shift + "实时上色工具"	Shift + "实时上色工具"
跨过未描边的边缘，对相邻的表面填色	双击 + "实时上色工具"	双击 + "实时上色工具"
对具有相同填色的所有表面填色，对具有相同描边的所有边缘描边。	三击 + "实时上色工具"	三击 + "实时上色工具"
切换到"吸管工具"，进行填色和 / 或描边取样	按住 Alt 键单击 + "实时上色选择工具"	按住 Option 键单击 + "实时上色选择工具"
切换到"吸管工具"，从图像中进行颜色取样或从渐变中进行间色取样	Alt + 按住 Shift 键单击 + "实时上色选择工具"	Option + 按住 Shift 键单击 + "实时上色选择工具]
从选区中添加 / 减去按住	Shift 键单击 + "实时上色选择工具"	Shift 键单击 + "实时上色选择工具"
选择具有相同填色 / 描边的所有相连的表面 / 边缘	双击 + "实时上色选择工具"	双击 + "实时上色选择工具"
选择具有相同填色 / 描边的所有表面 / 边缘	三击 + "实时上色选择工具"	三击 + "实时上色选择工具"

用于变换对象的键		
该表只列出了未显示在菜单命令或工具提示中的快捷键		
结果	**Windows**	**Mac OS**
使用"旋转工具"、"比例缩放工具"、"镜像工具"或"倾斜工具"时设置原点并打开对话框	按住 Alt 键单击	按住 Option 键单击
使用"选择工具"、"比例缩放工具"、"镜像工具"或"倾斜工具"时复制并变换所选对象	按住 Alt 键拖动	按住 Option 键拖动
使用"选择工具"、"比例缩放工具"、"镜像工具"或"倾斜工具"时变换图案（独立于对象）	按住波浪字符 (~) 拖动	按住波浪字符 (~) 拖动

用于创建多种宽度点数的键盘快捷键		
该表只列出了未显示在菜单命令或工具提示中的快捷键		
结果	**Windows**	**Mac OS**
选择多个宽度点数	Shift+ 单击	Shift+ 单击
创建非统一宽度	按住 Alt 键拖动	按住 Option 键拖动
创建宽度点数的副本	按住 Alt 键拖动该宽度点数	按住 Options 键拖动该宽度点数
更改多个宽度点数的位置	Shift+ 拖动	Shift+ 拖动
删除所选宽度点数	Delete	Delete

取消选择宽度点数	Esc	Esc

用于文字处理的键		
该表只列出了未显示在菜单命令或工具提示中的快捷键		
结果	Windows	Mac OS
向右或向左移动一个字符	向右箭头键或向左箭头键	向右箭头键或向左箭头键
向上或向下移动一行	向上箭头键或向下箭头键	向上箭头键或向下箭头键
向右或向左移动一个单词	Ctrl + 向右箭头键或向左箭头键	Command + 向右箭头键或向左箭头键
向上或向下移动一个段落	Ctrl + 向上箭头键或向下箭头键	Command + 向上箭头键或向下箭头键
选择左侧后或右侧的单词	Shift + Ctrl + 向右箭头键或向左箭头键	Shift + Command + 向右箭头键或向左箭头键
选择前一个或后一个段落	Shift + Ctrl + 向上箭头键或向下箭头键	Shift + Command + 向上箭头键或向下箭头键
扩展现有的选区	按住 Shift 键单击	按住 Shift 键单击
段落向左对齐、右对齐或居中对齐	Ctrl + Shift + L、R 或 C	Command + Shift + L、R 或 C
段落对齐	Ctrl + Shift + J	Command + Shift + J
插入软回车	Shift + Enter	Shift + Return
突出显示字偶间距调整	Ctrl + Alt + K	Command + Option + K
将水平缩放重置为100%	Ctrl + Shift + X	Command + Shift + X
增加或减小文字大小	Ctrl + Shift + > 或 <	Command + Shift + > 或 <
增加或减小行距	Alt + 向上或向下箭头键（横排文本）或者向右或向左箭头键（直排文本）	Option + 向上或向下箭头键（横排文本）或者向右或向左箭头键（直排文本）
将行距设置为文字大小	在"字符"面板中双击行距图标	在"字符"面板中双击行距图标
将字符间距调整/字偶间距调整重置为0	Ctrl + Alt + Q	Command + Option + Q
增大或减小字偶/字符间距调整	Alt + 向右或向左箭头键（横排文本）或者向上或向下箭头键（直排文本）	Option + 向右或向左箭头键（横排文本）或者向上或向下箭头键（直排文本）
将字偶和字符间距调整增大或减小五倍	Ctrl + Alt + 向右或向左箭头键（横排文本）或者向上或向下箭头键（直排文本）	Command + Option + 向右或向左箭头键（横排文本）或者向上或向下箭头键（直排文本）
增加或减少基线偏移	Alt + Shift + 向上或向下箭头键（横排文本）或者向右或向左箭头键（直排文本）	Option + Shift + 向上或向下箭头键（横排文本）或者向右或向左箭头键（直排文本）
在"文字"和"直排文字"，"区域文字"和"直排区域文字"，以及"路径文字"和"直排路径文字"这些工具之间切换	Shift	Shift
在"区域文字"和"文字"，"路径文字"和"区域文字"，以及"直排路径文字"和"直排区域文字"这些工具之间切换	按住 Alt 键单击"文字工具"	按住 Option 键单击"文字工具"

用于使用面板的键		
该表只列出了未显示在菜单命令或工具提示中的快捷键		
结果	Windows	Mac OS
设置选项（"动作"、"画笔"、"色板"以及"符号"面板除外）	按住 Alt 键单击"新建"按钮	按住 Option 单击"新建"按钮
删除而无需进行确认（"图层"面板除外）	按住 Alt 键单击"删除"按钮	按住 Option 键单击"删除"按钮
应用值并使文本框保持启用状态	Shift + Enter	Shift + Return
选择动作、画笔、图层、链接、样式或色板的范围	按住 Shift 键单击	按住 Shift 键单击

完全掌握 Illustrator CC 超级手册

选择不连续的动作、画笔、图层（只限于同一层）、链接、样式或色板	按住 Ctrl 键单击	按住 Command 键单击
显示 / 隐藏所有面板	Tab	Tab
显示 / 隐藏所有面板（"工具"面板和"控制"面板除外）	Shift + Tab	Shift + Tab

用于画笔面板的键
该表只列出了未显示在菜单命令或工具提示中的快捷键

结果	Windows	Mac OS
打开"画笔选项"对话框	双击画笔	双击画笔
复制画笔	将画笔拖动到"新建画笔"按钮上	将画笔拖动到"新建画笔"按钮上

用于颜色面板的键
该表只列出了未显示在菜单命令或工具提示中的快捷键

结果	Windows	Mac OS
为当前填色 / 描边选择补色	按住 Ctrl 键单击颜色条	按住 Command 键单击颜色条
更改非启用状态的填色 / 描边	按住 Alt 键单击颜色条	按住 Option 键单击颜色条
为非启用状态的填色 / 描边选择补色	按住 Ctrl + Alt 键单击颜色条	Command + Option 键单击颜色条
对当前的填色 / 描边进行反向选择	按住 Ctrl + Shift 键单击颜色条	Command + Shift 键单击颜色条
对非启用状态的填色 / 描边进行反向选择	按住 Ctrl + Shift + Alt 键单击颜色条	按住 Command + Shift + Option 键单击颜色条
更改颜色模式	按住 Shift 键单击颜色条	按住 Shift 键单击颜色条
一前一后地移动颜色滑块	按住 Shift 拖动颜色滑块	按住 Shift 拖动颜色滑块
将 RGB 值在百分比和 0-255 之间切换	双击数字栏的右侧	双击数字栏的右侧

用于渐变面板的键
该表只列出了未显示在菜单命令或工具提示中的快捷键

结果	Windows	Mac OS
复制色标	按住 Alt 键拖动	按住 Option 键拖动
互换色标	按住 Alt 键，将色标拖动到另一个色标上	按住 Option 键，将色标拖动到另一个色标上
将色板颜色应用于现用（或选定的）色标	按住 Alt 并单击"色板"面板中的色板	按住 Option 并单击"色板"面板中的色板
将渐变填充重置为默认的黑白线性渐变	按住 Ctrl 键并单击"渐变"面板中的"渐变填充"框	按住 Command 键单击"渐变"面板中的"渐变填充"框
显示 / 隐藏渐变箭头	Ctrl + Alt + G	Command + Option + G
同时修改角度和终点	按住 Alt 键拖动渐变箭头的终点	按住 Option 键拖动渐变箭头的终点
拖动时限制渐变工具或渐变箭头	按住 Shift 键拖动	按住 Shift 键拖动
查看选定的渐变填充对象中的渐变箭头	G	G

用于图层面板的键
该表只列出了未显示在菜单命令或工具提示中的快捷键

结果	Windows	Mac OS
选择图层上的所有对象	按住 Alt 键单击图层名称	按住 Option 键单击图层名称
显示 / 隐藏除选定图层以外的所有图层	按住 Alt 键单击眼睛图标	按住 Option 键单击眼睛图标
为选定的图层选择描边 / 预览视图	按住 Ctrl 键单击眼睛图标	按住 Command 键单击眼睛图标
为所有其他图层选择描边 / 预览视图	按住 Ctrl + Alt 键单击眼睛图标	按住 Command + Option 键单击眼睛图标
锁定 / 解锁所有其他图层	按住 Alt 键单击锁状图标	按住 Option 键单击锁状图标
扩展所有子图层来显示整个结构	按住 Alt 键单击扩展三角形	按住 Option 键单击扩展三角形
创建新图层时设置选项	按住 Alt 键单击"新建图层"按钮	按住 Option 键单击"新建图层"按钮
创建新的子图层时设置选项	按住 Alt 键单击"新建子图层"按钮	按住 Option 键单击"新建子图层"按钮
将新的子图层置于图层列表的底部	按住 Ctrl + Alt 键单击"新建子图层"按钮	按住 Command + Option 键单击"新建子图层"按钮

将图层置于图层列表顶部	按住 Ctrl 键单击"新建图层"按钮	按住 Command 键单击"新建图层"按钮
将图层置于选定图层的下方	按住 Ctrl + Alt 键单击"新建图层"按钮	按住 Command + Option 键单击"新建图层"按钮
将所选对象复制到一个新图层、子图层或组	按住 Alt 键拖动	按住 Option 键拖动

用于色板面板的键
该表只列出了未显示在菜单命令或工具提示中的快捷键

结果	Windows	Mac OS
创建新的专色	按住 Ctrl 键单击"色板"按钮	按住 Command 键单击"新建色板"按钮
创建新的全局印刷色	按住 Ctrl + Shift 键单击"新建色板"按钮	按住 Command + Shift 键单击"新建色板"按钮
用另一种色板替换色板	按住 Alt 键将一种色板拖动到另一种上	按住 Option 键将一种色板拖动到另一种上
按名称(使用键盘)选择色板	按住 Ctrl + Alt 键并在色板颜色列表中单击	按住 Command + Option 键并在色板颜色列表中单击

用于变换面板的键
该表只列出了未显示在菜单命令或工具提示中的快捷键

结果	Windows	Mac OS
应用一个值并保持专注于编辑区	Shift + Enter	Shift + Return
应用一个值并复制对象	Alt + Enter	Option + Return
对宽度或高度应用一个值并按比例缩放	Ctrl + Enter	Command + Return

用于透明度面板的键
该表只列出了未显示在菜单命令或工具提示中的快捷键

结果	Windows	Mac OS
变蒙版为编辑用的灰度图像	按住 Alt 键单击蒙版缩览图	按住 Option 键单击蒙版缩览图
停用不透明蒙版	按住 Shift 键单击蒙版缩览图	按住 Shift 键单击蒙版缩览图
重新启用不透明蒙版	按住 Shift 键单击停用的蒙版缩览图	按住 Shift 键单击停用的蒙版缩览图
以 1% 的增量增加/降低不透明度	单击不透明区 + 向上箭头键或向下箭头键	单击不透明区 + 向上箭头键或向下箭头键
以 10% 的增量增加/降低不透明度	按住 Shift 键单击不透明区 + 向上箭头键或向下箭头键	按住 Shift 键单击不透明区 + 向上箭头键或向下箭头键

功能键
该表只列出了未显示在菜单命令或工具提示中的快捷键

结果	Windows	Mac OS
调用帮助	F1	F1
剪切	F2	F2
复制	F3	F3
粘贴	F4	F4
显示/隐藏"画笔"面板	F5	F5
显示/隐藏"颜色"面板	F6	F6
显示/隐藏"图层"面板	F7	F7
创建新元件	F8	F8
显示/隐藏"信息"面板	Ctrl + F8	Command + F8
显示/隐藏"渐变"面板	Ctrl + F9	Command + F9
显示/隐藏"描边"面板	Ctrl + F10	Command + F10
显示/隐藏"属性"面板	Ctrl + F11	Command + F11
恢复	F12	F12
显示/隐藏"图形样式"面板	Shift + F5	Shift + F5
显示/隐藏"外观"面板	Shift + F6	Shift + F6
显示/隐藏"对齐"面板	Shift + F7	Shift + F7
显示/隐藏"变换"面板	Shift + F8	Shift + F8
显示/隐藏"路径查找器"面板	Shift + Ctrl + F9	Shift + Command + F9
显示/隐藏"透明度"面板	Shift + Ctrl + F10	Shift + Command + F10
显示/隐藏"符号"面板	Shift + Ctrl + F11	Shift + Command + F11
显示/隐藏透视网格	Ctrl+Shift+I	Command + Shift + I

附录 B 本书视频讲座速查索引表

完全掌握 Illustrator CC 超级手册